西门子 PLC 编程及应用

主　编　刘美俊
副主编　牛晓颖　曾立华
参　编　郝　雷　邵利敏

机械工业出版社

本书介绍了西门子 S7-200 PLC 的硬件特性、编程元件、基本指令及功能指令，STEP7-Micro/WIN 编程软件的安装、功能以及程序的调试运行，S7-200 PLC 的通信网络、PID 闭环控制、PLC 的工程应用等内容；重点阐述了控制程序梯形图的设计方法，使读者较快地掌握一套系统的编程方法。书中还介绍了应用控制系统设计规则、安装和维护，提供了 S7-200 PLC 的工程应用案例，为学生将来从事自动化技术、工作打下良好的基础。书中各章配有习题。

本书配有免费电子课件，欢迎选用本书作教材的老师发邮件到 Jinacmp@163.com 索取或登录 www.cmpedu.com 注册下载。

本书系统性、实用性强，内容深入浅出、简明易懂，可作为高等院校电类和机电一体化专业的教材，也可供工程技术人员自学使用，对 S7-200 PLC 的用户也有参考作用。

图书在版编目（CIP）数据

西门子 PLC 编程及应用 / 刘美俊主编. —北京：机械工业出版社，2011.7（2024.8 重印）
ISBN 978-7-111-34410-0

Ⅰ. ①西… Ⅱ. ①刘… Ⅲ. ①可编程序控制器—程序设计—高等学校—教材 Ⅳ. ①TM571.6

中国版本图书馆 CIP 数据核字（2011）第 078306 号

机械工业出版社（北京市百万庄大街 22 号 邮政编码 100037）
策划编辑：吉 玲 责任编辑：吉 玲
版式设计：张世琴 责任校对：常天培
封面设计：张 静 责任印制：刘 媛
涿州市般润文化传播有限公司印刷
2024 年 8 月第 1 版第 8 次印刷
184mm×260mm · 15 印张 · 370 千字
标准书号：ISBN 978-7-111-34410-0
定价：45.00 元

电话服务　　　　　　　　网络服务
客服电话：010-88361066　　机 工 官 网：www.cmpbook.com
　　　　　010-88379833　　机 工 官 博：weibo.com/cmp1952
　　　　　010-68326294　　金 书 网：www.golden-book.com
封底无防伪标均为盗版　　　机工教育服务网：www.cmpedu.com

前 言

可编程序控制器（PLC）是集计算机技术、现代控制技术、通信技术为一体的先进工业控制装置。它具有抗干扰能力强、编程简单方便、使用灵活、控制系统易于设计、通用性强、连网功能强等特点，在工业控制的各个领域获得了十分广泛的应用。PLC 在工程上的应用技术已成为工业自动化应用技术之一。

本书以西门子 S7-200 PLC 为主线，以 STEP7-Micro/WIN 4.0 编程系统为平台，系统介绍了 PLC 的硬件组成、编程技巧、通信组网以及应用实例等知识。新颖、实用、易读以及可操作是本书的编写宗旨，在讲解 PLC 理论的基础上，注重理论与工程实践相结合，把 PLC 控制系统工程设计思想、方法及其工程实例相融合，便于读者在学习过程中理论联系实际，较好地掌握 PLC 基础理论知识和工程应用技术。作者对全书的内容和结构进行了精心组织和安排：第 1 章介绍了 PLC 的基本概念；第 2 章介绍了 PLC 的硬件组成；第 3、4 章介绍了 PLC 的指令系统和程序语言；第 5 章介绍了数字量控制梯形图的一整套先进完整的设计方法，这些方法易学易用，可以节约大量的设计时间；第 6 章介绍了 PLC 的通信网络、USS 协议以及使用 USS 协议库控制 MicroMaster 变频器的设计方法；第 7 章讲解了 STEP 7-Micro/WIN 4.0 编程软件的安装、功能以及程序的调试运行，仿真软件的使用等；第 8 章介绍了 PLC 控制系统的设计方法、提高 PLC 控制系统可靠性的措施、节省 PLC 输入/输出点数的方法、模拟量控制、PID 闭环控制以及五个工程应用项目，每个项目给出了具体的硬件接线方法、程序清单与注释，便于初学者掌握开发 PLC 控制生产过程的基本方法。全书各章配有习题。

本书内容阐述循序渐进，深入本质，切中要害，结构合理严谨，概念准确，易读易懂。编写者具体分工为厦门理工学院刘美俊负责第 3、8 章及第 5 章部分章节的编写并统稿；河北大学牛晓颖、河北农业大学邵利敏负责第 4、6 章的编写；河北农业大学曾立华负责第 1、7 章的编写；河北大学郝雷负责第 2 章以及第 5 章部分章节的编写。在编写过程中，作者借鉴和参考了 S7-200 PLC 的最新参考文献，在此谨向文献作者致以衷心的感谢。同时，本书获得了厦门理工学院教材出版基金资助。

由于作者水平有限，书中错误在所难免，恳请广大读者批评指正，联系邮箱：liumeijun@xmut.edu.cn。

作 者

目 录

前言
第1章 可编程序控制器基础 1
1.1 可编程序控制器的基本概念与硬件结构 1
1.1.1 可编程序控制器的基本概念 1
1.1.2 可编程序控制器的硬件结构 1
1.2 可编程序控制器的特点、主要功能及性能指标 3
1.2.1 可编程序控制器的特点 3
1.2.2 可编程序控制器的主要功能及性能指标 4
1.2.3 S7-200 PLC 概述 6
1.2.4 S7-300/400 PLC 的概述 8
1.3 可编程序控制器的工作原理与编程语言 10
1.3.1 可编程序控制器的工作方式 10
1.3.2 可编程序控制器的扫描工作过程 11
1.3.3 可编程序控制器的编程语言 11
1.4 可编程序控制器的应用及发展 14
1.4.1 可编程序控制器的应用领域 14
1.4.2 可编程序控制器的发展方向 14
思考与练习 15
第2章 S7-200 PLC 硬件的组成 16
2.1 S7-200 PLC 的系统组成 16
2.1.1 S7-200 PLC 的系统基本构成 16
2.1.2 主机单元 17
2.1.3 数字量扩展模块 18
2.1.4 模拟量扩展模块 20
2.1.5 通信模块及智能模块 23
2.1.6 其他设备 26
2.2 S7-200 PLC 的性能特点及基本功能 27
2.2.1 S7-200 PLC 的主要技术性能指标 28
2.2.2 S7-200 PLC 的输入/输出特性 29
2.2.3 存储系统 34
2.2.4 S7-200 PLC 的工作方式 36
思考与练习 36
第3章 S7-200 PLC 的基本指令 37
3.1 S7-200 PLC 的内部元件及程序结构 37
3.1.1 S7-200 PLC 的基本数据类型 37
3.1.2 S7-200 PLC 的寻址方式 38
3.1.3 S7-200 PLC 的编程元件 40
3.1.4 S7-200 PLC 的程序结构 45
3.2 S7-200 PLC 的基本逻辑指令 46
3.2.1 位逻辑指令 47
3.2.2 定时器指令 57
3.2.3 计数器指令 61
3.2.4 定时器及计数器指令的使用扩展 64
3.2.5 移位寄存器指令 65
3.2.6 比较触点指令 67
3.2.7 顺序控制指令 68
3.3 S7-200 PLC 的运算指令 69
3.3.1 加、减、乘、除指令与加1、减1指令 70
3.3.2 数学功能指令 76
3.3.3 逻辑运算指令 77
3.4 S7-200 PLC 的数据处理指令 79
3.4.1 数据传送指令 79
3.4.2 字节交换指令 80
3.4.3 字填充指令 81
3.4.4 移位和循环移位指令 81
思考与练习 83
第4章 S7-200 PLC 的功能指令 86
4.1 S7-200 PLC 的指令规约 86
4.1.1 使能输入与使能输出 86
4.1.2 梯形图中的网络与指令 87

4.2 程序控制类指令 ·················· 87
4.3 局部变量表与子程序 ············ 90
　4.3.1 局部变量表 ·················· 90
　4.3.2 子程序的编写与调用 ········ 91
4.4 数据处理类指令 ·················· 93
　4.4.1 数据转换指令 ················ 93
　4.4.2 表指令 ························ 96
　4.4.3 时钟指令 ····················· 98
　4.4.4 字符串指令 ·················· 99
4.5 中断程序与中断指令 ············ 99
　4.5.1 中断源 ······················· 100
　4.5.2 中断优先级 ················· 102
　4.5.3 中断指令 ···················· 102
4.6 高速计数器与高速脉冲输出指
　　 令 ································· 103
　4.6.1 高速计数器的工作模式与输入端
　　　　口 ······························ 103
　4.6.2 高速计数器指令 ············ 106
　4.6.3 高速计数器的程序设计 ···· 107
　4.6.4 高速脉冲输出 ··············· 108
思考与练习 ···························· 109

第 5 章 S7-200 PLC 程序设计方法 ······ 110
5.1 编程原则 ·························· 110
　5.1.1 程序设计内容 ··············· 110
　5.1.2 程序设计步骤 ··············· 111
　5.1.3 编程基本规则 ··············· 111
5.2 基本电路编程 ···················· 114
5.3 经验设计法 ······················ 120
　5.3.1 基本方法 ···················· 120
　5.3.2 设计举例 ···················· 120
5.4 顺序控制设计法 ················· 123
　5.4.1 顺序功能图的组成 ········· 124
　5.4.2 顺序功能图的实现 ········· 126
　5.4.3 顺序功能图的注意事项 ···· 136
5.5 使用起保停电路的编程方法 ··· 136
　5.5.1 编程方法 ···················· 136
　5.5.2 虚拟步的应用 ··············· 137
思考与练习 ···························· 139

第 6 章 S7-200 PLC 的通信及网络 ······ 140
6.1 通信基础知识 ···················· 140
　6.1.1 基本概念和术语 ············ 140
　6.1.2 异步串行通信接口标准 ···· 141
6.2 计算机通信网络及拓扑结构 ··· 143
　6.2.1 构成局域网的四大要素 ···· 143
　6.2.2 网络协议和体系结构 ······ 146
　6.2.3 现场总线概述 ··············· 147
6.3 西门子 SIMATIC NET ········· 149
　6.3.1 西门子工业以太网 ········· 150
　6.3.2 PROFIBUS 现场总线 ······ 151
　6.3.3 AS-i 现场总线 ·············· 151
6.4 S7-200 PLC 的网络通信 ······· 152
　6.4.1 S7-200 PLC 的通信协议 ·· 152
　6.4.2 S7-200 PLC 的通信网络配置 · 153
　6.4.3 PPI 网络的组成形式 ······· 155
6.5 S7-200 PLC 的网络应用 ······· 156
　6.5.1 网络指令及应用 ············ 156
　6.5.2 自由口指令及应用 ········· 157
6.6 USS 协议控制电动机驱动器 ··· 161
　6.6.1 使用 USS 协议的优点 ····· 161
　6.6.2 USS 通信硬件连接 ········· 161
　6.6.3 USS 协议的通信报文结构 · 162
　6.6.4 利用基本指令实现 USS 通信的
　　　　编程 ··························· 163
6.7 使用 USS 协议库控制
　　 MicroMaster 变频器 ··········· 164
　6.7.1 使用 USS 协议专用指令的要求 ··· 164
　6.7.2 与变频器通信的时间要求 · 165
　6.7.3 使用 USS 协议指令的步骤 · 165
　6.7.4 USS 协议指令 ··············· 165
　6.7.5 连接和设置 4 系列 MicroMaster
　　　　变频器 ························ 168
思考与练习 ···························· 170

第 7 章 STEP 7-Micro/WIN 编程软件 ··· 171
7.1 编程软件概述 ···················· 171
　7.1.1 编程软件的安装与项目的组成 ··· 171
　7.1.2 通信参数的设置与在线连接的建
　　　　立 ······························ 174
　7.1.3 帮助功能的使用与 S7-200 的出

错处理 ································ 176	8.2.4 S7-200 PLC 的电源计算与抗干扰 ······························· 205
7.2 程序的编写与传送 ················ 179	8.3 节省 PLC 输入/输出点数的方法 ································ 206
7.2.1 编程的准备工作 ··············· 179	8.3.1 减少输入点数的方法 ········· 206
7.2.2 编写与传送用户程序 ········ 180	8.3.2 减少输出点数的方法 ········· 207
7.2.3 数据块的使用 ··············· 182	8.4 S7-200 PLC 的模拟量 PID 控制及应用 ·························· 207
7.3 用编程软件监控与调试程序 ······ 183	8.4.1 PID 算法简介 ················· 207
7.3.1 基于程序编辑器的程序状态监控 ···· 183	8.4.2 PID 回路指令 ················· 209
7.3.2 用状态表监控与调试程序 ······ 186	8.4.3 应用举例 ······················ 212
7.3.3 用状态表强制改变数值 ········ 188	8.5 运输机顺序控制系统 ············· 214
7.3.4 在 RUN 模式下编辑用户程序 ···· 188	8.5.1 控制要求 ······················ 214
7.3.5 调试用户程序的其他方法 ······ 189	8.5.2 系统设计 ······················ 214
7.4 使用系统块设置 PLC 的参数 ······ 189	8.6 反应池送液控制系统 ············· 217
7.4.1 断电数据保持的设置 ············ 189	8.6.1 控制要求 ······················ 217
7.4.2 创建 CPU 密码 ················ 190	8.6.2 系统设计 ······················ 217
7.4.3 输出表与输入滤波器的设置 ···· 192	8.7 电梯控制系统 ······················ 220
7.4.4 脉冲捕捉功能与后台通信时间的设置 ···· 193	8.7.1 控制要求 ······················ 220
7.5 S7-200 PLC 仿真软件的使用 ······ 194	8.7.2 系统设计 ······················ 221
思考与练习 ······························· 196	8.8 炉温控制系统 ······················ 223
第 8 章 S7-200 PLC 控制系统的设计与应用 ························· 197	8.8.1 控制要求 ······················ 223
8.1 PLC 控制系统设计简介 ··········· 197	8.8.2 系统设计 ······················ 224
8.1.1 系统设计的原则 ··············· 197	8.9 组合机床动力滑台控制系统 ····· 228
8.1.2 系统设计和调试的主要步骤 ···· 198	8.9.1 控制要求 ······················ 228
8.2 PLC 应用系统的可靠性措施 ····· 200	8.9.2 系统设计 ······················ 229
8.2.1 安装和布线 ··················· 200	思考与练习 ······························· 231
8.2.2 控制系统的接地 ··············· 202	参考文献 ·································· 233
8.2.3 抑制电路的使用 ··············· 203	

第1章 可编程序控制器基础

1.1 可编程序控制器的基本概念与硬件结构

1.1.1 可编程序控制器的基本概念

可编程序控制器（PLC，Programmable Logic Controller）是在传统顺序控制器的基础上引入微电子技术、计算机技术、自动控制技术和通信技术等形成的新型工业控制装置。它具有控制能力强、可靠性高、配置灵活、编程简单等优点，是当代工业自动化技术领域中应用场合最多的工业控制装置之一，也被公认为是现代工业自动化的三大支柱（PLC、机器人、CAD/CAM）之一。

国际电工委员会（IEC）于1987年颁布了可编程序控制器标准草案第三稿，在草案中对可编程序控制器定义如下：可编程序控制器是一种数字运算操作的电子系统，专为在工业环境下应用而设计。它采用可编程序的存储器，在其内部存储、执行逻辑运算、顺序控制、定时、计数和算术运算等操作的指令，并通过数字式和模拟式的输入和输出，控制各种类型的机械或生产过程。可编程序控制器及其有关外部设备，都应按易于与工业系统连成一个整体、易于扩充其功能的原则设计。

定义强调了PLC应直接应用于工业环境，必须具有很强的抗干扰能力、广泛的适应能力和广阔的应用范围，这是区别于一般微机控制系统的重要特征；同时，也强调了PLC用软件方式实现的"可编程"与传统控制装置中通过硬件或硬接线的变更来改变程序的本质区别。

近年来，可编程序控制器发展很快，几乎每年都推出不少新系列产品，其功能也远远超出了上述定义的范围。

本书以西门子公司的S7-200系列小型PLC为主要讲授对象，可提供4个不同的基本型号的8种CPU供使用。S7-200具有极高的可靠性、强大的通信能力和丰富的扩展模块，可以用编程软件中的梯形图、语句表和功能块图3种语言来编程。它的指令丰富、功能强，易于掌握，操作方便，集成有高速计数器、高速输出、PID控制器和RS-485通信/编程接口，可以使用多种通信协议。例如，CPU224最多可以扩展到168路数字量I/O点或35路模拟量I/O点。

1.1.2 可编程序控制器的硬件结构

PLC是微机技术和继电器常规控制概念相结合的产物。从广义上讲，PLC也是一种计算机系统，只不过它比一般计算机具有更强的、与工业过程相连接的I/O接口，具有更适用于控制要求的编程语言，具有更适应于工业环境的抗干扰性能。因此，PLC是一种工业控制用的专用计算机，它的实际组成与一般微型计算机系统基本相同，由硬件系统和软件系统两大部分组成。

PLC 的类型种类繁多，功能和指令系统也不尽相同，但其结构和工作方式大同小异。硬件系统由主机、I/O 接口、电源、编程器、I/O 扩展接口和外部设备接口等主要部分构成，如图 1-1 所示。

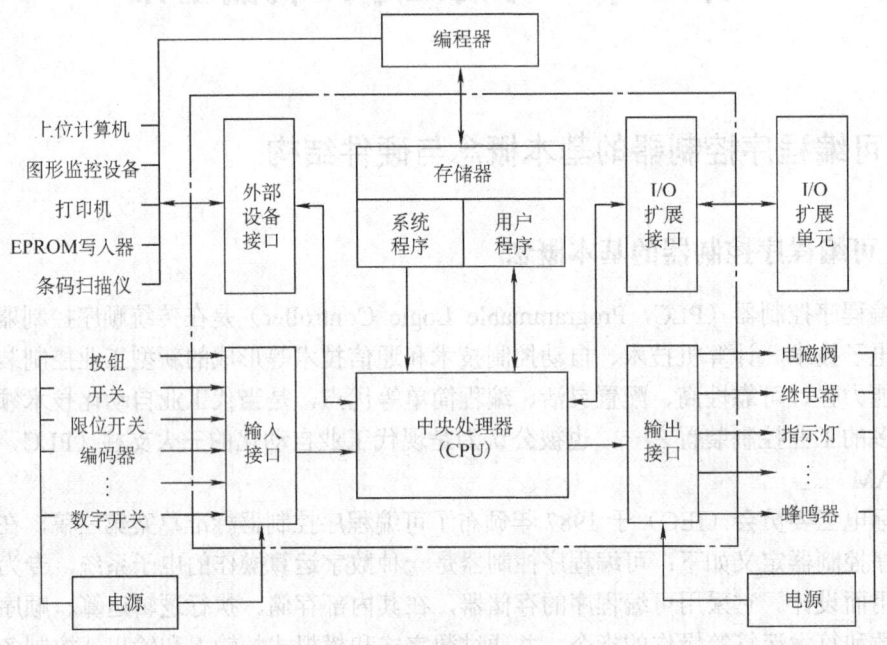

图 1-1　PLC 系统的基本结构

如果将 PLC 看作一个系统，外部的各种开关信号或模拟信号均为输入变量，它们经输入接口输入并寄存到 PLC 内部的数据寄存器中，而后按用户程序要求进行逻辑运算或数据处理，最后以输出变量形式送到输出接口，从而控制输出设备。

1. 主机

主机部分包括中央处理器（CPU）、系统程序存储器和用户程序及数据存储器。

CPU 是 PLC 的核心，起着总指挥的作用，它主要用来运行用户程序、监控输入/输出接口状态、做出逻辑判断和进行数据处理，即读入输入变量，完成用户指令规定的各种操作，将结果送到输出端，并响应外部设备（如打印机、条码扫描仪等）的请求以及进行各种内部诊断等。

PLC 的内部存储器有两类：一类是系统程序存储器，主要存放系统管理、监控程序和对用户程序作编译处理的程序，系统程序已由厂家固定，用户不能更改；另一类是用户程序及数据存储器，主要存放用户编制的应用程序及各种暂存数据和中间结果。

2. 输入/输出（I/O）接口

I/O 接口是系统的眼、耳、手、脚，是 PLC 与输入/输出设备连接的部件。输入接口用来接收和采集输入信号，开关量输入模块用来接收从按钮、选择开关、数字拨码开关、限位开关、接近开关、光电开关、压力继电器等传来的开关量输入信号；模拟量输入模块用来接收电位器、测速发电机、各种变送器提供的连续变化的模拟量电流电压信号。开关量输出模块用来控制接触器、电磁阀、电磁铁、指示灯、数字显示装置和报警装置等输出设备；模拟量输出模块用来控制调节阀、变频器等执行装置。

主机的工作电压一般是5V，而PLC外部的输入/输出电路的电源电压较高，如DC 24V和AC 220V。从外部引入的尖峰电压和干扰噪声可能损坏主机中的元器件，或使PLC不能正常工作。在I/O接口模块中，用光耦合器、光敏晶闸管、小型继电器等器件来隔离PLC内部电路和外部的I/O电路。I/O接口除了传递信号外，还有电平转换与隔离的作用。

3. 电源

PLC的电源是指为CPU、存储器、I/O接口等内部电子电路工作所配备的直流开关稳压电源，PLC通常使用AC 220V或DC 24V工作电源。它的电源模块为其他各功能模块提供DC 5V、DC 12V、DC 24V等各种内部直流工作电源。一般情况下，许多PLC可以为输入电路和外部的传感器提供DC 24V的工作电源，但是驱动PLC负载的直流电源或交流电源一般由用户提供。

4. 编程器

编程器是编制、调试PLC用户程序的外部设备，是人机交互的窗口。通过编程器可以把用户程序输入到RAM中，或者对RAM中已有程序进行编辑；通过编程器还可以对PLC的工作状态进行监视和跟踪，对调试和试运行用户程序非常有用。

除手持编程器外，目前使用较多的是利用通信电缆将PLC和计算机连接，利用专用的工具软件进行编程或监控。

5. 输入/输出（I/O）扩展接口

I/O扩展接口是PLC主机为了扩展输入/输出点数和类型的部件，输入/输出扩展单元、远程输入/输出扩展单元、智能输入/输出单元等都通过它与主机相连。I/O扩展接口有并行接口、串行接口等多种形式。

6. 外部I/O接口

外设I/O接口是PLC主机实现人机对话、机机对话的通道。通过它，PLC可以和编程器、彩色图形显示器、打印机等外部设备相连，也可以与其他PLC或上位机连接。外设I/O接口一般是RS-232C、RS-422A、USB等串行通信接口，该接口能够进行串行/并行数据转换、通信格式识别、数据传输出错检验、信号电平转换等。对于一些小型PLC，外设I/O接口中还有与专用编程器连接的并行数据接口。

1.2 可编程序控制器的特点、主要功能及性能指标

1.2.1 可编程序控制器的特点

PLC之所以能够迅速发展，除了工业自动化的客观需要外，还因为它具有许多独特的优点，主要有：

1. 可靠性高、抗干扰能力强

PLC用程序来实现逻辑顺序和时序控制，最大限度地取代了传统继电器系统中的硬件电路，大大减少了机械触点和连线的数量，因触点接触不良造成的故障也大为减少。

可靠性是指PLC的平均无故障工作时间（Mean Time Between Failures，MTBF）。可靠性高、抗干扰能力强是PLC的重要特点之一，其MTBF可达几十万个小时，可以直接用于有强烈干扰的工业生产现场，PLC已被公认为是可靠的工业控制设备之一。PLC在硬件和软件方

面采取了多种措施，来提高其可靠性和抗干扰能力。

硬件方面，对所有的 I/O 接口电路均采用光电隔离，使工业现场的外电路与 PLC 内部电路之间在电气上隔离；各模块均采用屏蔽措施，以防止辐射干扰；采用性能优良的开关电源并对供电系统和各输入电路均采用多种形式的滤波，以消除或抑制高频干扰；采用模块式结构，一旦某一模块出现故障，可以迅速更换，从而尽可能地缩短系统的故障停机时间。

软件方面，PLC 具有良好的自诊断功能，一旦电源或其他软、硬件发生异常情况，CPU 立即采取有效措施，以防止故障扩大；PLC 设置了监视定时器（Watchdog），如果循环执行时间超过了设置值，则表明程序进入了死循环，可以立即报警。

大型 PLC 还可以采用由双 CPU 构成冗余系统或由三 CPU 构成表决系统，使可靠性进一步提高。

2. 编程简单、使用方便

梯形图是可编程序控制器使用最多的编程语言，是面向生产、面向用户的编程语言，与电器控制电路图相似；梯形图形象、直观、简单、易学，广大工程技术人员很容易上手。当生产流程需要改变时，可现场改变程序，使用方便灵活。同时，PLC 编程器的操作和使用也很简单，这也是 PLC 获得普及和推广的原因之一。

3. 功能完善、通用性强

如今，PLC 不仅具有逻辑运算、定时、计数、顺序控制等功能，而且还具有 A/D 和 D/A 转换、数值运算、数据处理、PID 控制、通信连网等许多功能。同时，由于 PLC 产品的系列化、模块化，以及品种齐全的硬件装置，可以组成满足各种要求的控制系统。

4. 设计安装简单、维护方便

由于 PLC 用软件代替了传统电气控制系统的硬件，使控制柜的设计、安装、接线工作量大为减少，缩短了施工周期。PLC 的用户程序大部分可在实验室模拟调试，模拟调试好后再将 PLC 控制系统在生产现场进行安装、接线、调试，发现问题可通过修改程序加以解决。维修方面，由于 PLC 的故障率极低，维修工作量很小；而且，PLC 具有很强的自诊断功能，若出现故障，可根据 PLC 上指示或编程器上提供的故障信息，迅速查明原因，维修极为方便。

5. 体积小、质量轻、能耗低

由于 PLC 采用了集成电路，其结构紧凑、体积小、能耗低，因而是实现机电一体化的理想控制设备。目前 PLC 已普遍应用于 CNC 设备和机器人装置的控制器。

1.2.2 可编程序控制器的主要功能及性能指标

1. 可编程序控制器的主要功能

（1）逻辑控制功能

逻辑控制功能实际上就是位处理功能，是可编程序控制器的最基本的功能之一。PLC 设置有"与"、"或"、"非"等逻辑指令。利用这些指令，根据外部现场元件（开关、按钮或其他传感器）的状态，按照预定的逻辑进行运算处理后，将结果输出到现场的被控对象（电磁阀、接触器、继电器、指示灯等）。PLC 可以代替继电器进行开关控制，完成触点的串联、并联等各种连接。另外，在 PLC 中一个逻辑位的状态可以无限次地使用，逻辑关系的修改变更也十分方便。

（2）定时控制功能

PLC 中有许多可供用户使用的定时器，功能类似于继电器电路中的时间继电器。定时器的设置值（定时时间）可以在编程时设置，也可以在运行过程中根据需要进行修改，使用方便灵活。程序执行时，PLC 将根据用户指定的定时器指令对某个操作进行限制或延时控制，以满足生产工艺的要求。

（3）计数控制功能

PLC 为用户提供了很多计数器。计数器计到某一定值（设置值）时，产生一个状态信号，利用该状态信号实现对某个操作的计数控制。计数器的设置值可以在编程时设置，也可以在运行过程中根据需要进行修改。程序执行时，PLC 将根据用户用计数器指令指定的计数器对某个控制信号的状态改变次数（如某个开关的闭合次数）进行计数，以完成对某个工作过程的计数控制。

（4）步进控制功能

PLC 为用户提供了若干个状态器，可以实现由时间、计数或其他指定逻辑信号为转移条件的步进控制，即在一道工序完成以后，在转移条件满足时，自动进行下一道工序。大部分 PLC 都有专用的步进控制指令，应用步进控制指令编程十分方便。

（5）数据处理功能

大部分 PLC 都有数据处理功能，可以实现算术运算、数据比较、数据传送、数据移位、数制转换、译码编码等操作。现在一些新型的 PLC 数据处理功能更加齐全，可以完成开方、PID 运算、浮点运算等操作，还可以和 CRT、打印机连接，实现程序、数据的显示和打印。

（6）过程控制功能

有些 PLC 具有 A/D、D/A 转换功能，可以方便地完成对模拟量的控制和调节。

（7）通信连网功能

有些 PLC 采用通信技术，可以实现多台 PLC 之间的同位连接、PLC 与计算机之间的通信连接等。利用 PLC 之间的同位连接，可以把数十台 PLC 用同级或分级的方式连成网络，使各台 PLC 的 I/O 状态相互透明。采用 PLC 和计算机之间的通信连接，可用计算机为上位机，下面连接数十台 PLC 作为现场控制。目前 PLC 的连网和通信技术正趋于完善并迅速发展。

（8）监控功能

PLC 设置了较强的监控功能。操作人员利用编程器或监视器可对 PLC 的运行状态进行监视。利用编程器可以调整定时器、计数器的设置值和当前值，并根据需要改变 PLC 内部逻辑信号的状态及数据区的数据内容，为调试和维护提供了极大的方便。

（9）停电记忆功能

PLC 内部的部分存储器所使用的 RAM 设置了停电保持器件（如备用电池等），以保证断电后这部分存储器中的信息不会丢失。

（10）故障自诊断功能

PLC 可对系统组成、某些硬件状态及指令的合法性等进行自诊断，若发现异常情况，则发出报警信号并显示错误类型，如属于严重错误则自动终止运行。它的故障自诊断功能大大提高了 PLC 控制系统的安全性和可维护性。

2. PLC 的性能指标

PLC 的主要性能，一般可用以下 8 种指标表述。

（1）存储容量

PLC 的存储器由系统程序存储器、用户程序存储器和数据存储器三部分组成。PLC 存储容量通常指用户程序存储器和数据存储器容量之和，表征系统提供给用户的可用资源，是系统性能的重要技术指标。

（2）I/O 点数

I/O 点数是 PLC 可以接收的输入、输出信号的总和，是衡量 PLC 性能的重要指标。I/O 点数越多，外部可接的输入设备和输出设备就越多，控制规模就越大。

（3）扫描速度

扫描速度是指 PLC 执行用户程序的速度，一般以扫描 1KB 用户程序所需时间来表示，通常以 ms/KB 为单位。PLC 用户手册一般给出执行各条指令所用的时间，可以通过比较各种 PLC 执行相同的操作所用的时间，来衡量扫描速度的快慢。影响扫描速度的主要因素有用户程序的长度和 PLC 产品的类型，CPU 的类型、机器字长等直接影响 PLC 运算精度和运行速度。

（4）指令系统

指令系统指 PLC 所有指令的总和，PLC 具有基本指令和功能指令。指令的种类、数量也是衡量 PLC 性能的重要指标。PLC 的编程指令越多、软件功能越强，PLC 的处理能力和控制能力也越强，用户编程越简单、方便，越容易完成复杂的控制任务。

（5）内部元件的种类与数量

在编制 PLC 程序时，需要用到大量的内部元件来存放变量、中间结果、保持数据、定时计数、模块设置和各种标志位等信息，这些元件的种类与数量越多，表示 PLC 存储和处理各种信息的能力越强。

（6）特殊功能单元

特殊功能单元种类的多少与功能的强弱是衡量 PLC 产品的一个重要指标。近年来，各 PLC 厂商非常重视特殊功能单元的开发，特殊功能单元的种类日益增多、功能日益增强、控制功能日益扩大。

（7）可扩展能力

PLC 的可扩展能力包括 I/O 点数的扩展、存储容量的扩展、连网功能的扩展、各种功能模块的扩展等。在选择 PLC 时，经常需要考虑 PLC 的可扩展能力。

（8）通信能力

通信分为 PLC 之间的通信和 PLC 与其他设备之间的通信。通信主要涉及通信模块、通信接口、通信协议和通信指令等内容，PLC 的组网和通信能力也已成为衡量 PLC 产品水平的重要指标之一。

1.2.3 S7-200 PLC 概述

西门子公司较早地进行了 PLC 的研发和生产，欧洲第一台 PLC 就是由西门子公司在 1973 年研制成功的，此后，相继在 1975 年推出了 SIMATIC S3 系列 PLC，1979 年推出了 SIMATIC S5 系列 PLC，20 世纪末又推出了 SIMATIC S7 系列 PLC，SIMATIC 是西门子自动化系列产品品牌统称，来源于 SIEMENS + Automatic（西门子+自动化）。

西门子公司目前最新的 PLC 产品是 SIMATIC M7、C7 和 S7 三个系列。M7 系列 PLC 是嵌入式的高档机，用于解决对时间要求非常高的技术问题，它既可作为 CPU，也可作为功能模块使用，目前国内引进比较少；C7 系列 PLC 往往在一个单元中集成一个 PLC 和一个控制操作面板（OP），由于 PLC 和 OP 同是 SIMATIC 系列产品，因此，C7 控制系统的扩展也很容易，并可简便地在 SIMATIC 自动化网络中进行集成；S7 系列又分为 S7-200、S7-300、S7-400 几个子系列，分别为小型、中型和大型 PLC，这个系列的 PLC 体积小、速度快、标准化高，具有网络通信能力，功能更强、可靠性更高。

S7-200 PLC 作为西门子 SIMATIC PLC 家族中的最小成员，以其超小的体积、灵活的配置、强大的内置功能，在诸多领域得到了广泛应用。它可以用于输入/输出点数较少的小型机械与设备的单机控制，也可以利用其较强的通信与网络功能，作为复杂系统的"子站"使用，构成 PLC 网络。

采用整体式固定 I/O 型（CPU221）与基本单元加扩展的结构，PLC 集 CPU、电源、输入/输出安装于一体，结构紧凑、安装简单。它的运算速度快，基本逻辑控制指令 0.22μs/条，可以实现高速控制；编程指令、编程元件较丰富，性价比高。

S7-200 PLC 均带有固定点数的高速计数输入与高速脉冲输出，输入/输出频率可以达到 20~100kHz。S7-200 PLC 带有 RS-485 串行通信接口，可以支持自由口通信（无协议通信）与 PPI（点到点通信）、MPI（多点通信）、PROFIBUS 现场总线通信。

S7-200 PLC 的用户程序存储在 EEPROM 中，最大数字量输入、输出映像区均为 128 点，最大模拟量输入、输出映像区均为 32 点；内部标志位（M 寄存器）为 256 位，其中掉电永久保存为 112 位，超级电容或电池保存为 256 位；256 个定时器中有 4 个 1ms 定时器，16 个 10ms 定时器，236 个 100ms 定时器；256 个计数器均能用超级电容或电池保存；顺序控制继电器为 256 点；布尔量运算执行速度为 0.37μs/指令；有 2 个 1ms 分辨率的定时中断，4 个硬件输入边沿中断，可选输入滤波时间为 0.25~12.8ms。

其中，CPU 221 无扩展功能，适于作小点数的微型控制器；CPU 222 有扩展功能；CPU 224 是具有较强控制功能的控制器；新型 CPU 224XP 集成有 2 路模拟量输入，1 路模拟量输出，有 2 个 RS-485 通信口，单相高速脉冲输出频率提高到 200kHz，2 相高速计数器频率提高到 100kHz，有 PID 自整定功能，这种新型 CPU 增强了 S7-200 在运动控制、过程控制、位置控制、数据监视和采集及通信方面的功能；CPU 226 适用于复杂的中小型控制系统，可扩展到 248 点数字量，有 2 个 RS-485 通信口。

S7-200 PLC 的 CPU 模块均集成有 1~2 个串行通信接口，它不仅可以连接外部设备、构成简单的网络，而且支持比较复杂的网络。利用 STEP 7-Micro/WIN 可方便快捷地构建和配置网络。PLC 的通信功能见表 1-1。

Modem 通信和以太网解决方案是最新推出的通信方式。现在的 PPI 通信的速率已升至 187.5kbit/s；自由口通信的速率升至 1.2~115.2kbit/s，去掉了原来的 300bit/s 和 600bit/s，增加了 57.6kbit/s 和 115.2kbit/s，速度更快，效率更高。在开放系统互联（OSI）七层模式通信结构的基础上，PPI、MPI、PROFIBUS-DP 这些通信协议可在一个令牌环网络上实现。通信结构依赖于特定的起始字符和停止字符，源和目地站地址，持久长度和数据校验和。如果使用相同的波特率，这些协议可以在同一个网络中同时运行而互不干扰。

除了 CPU 集成通信口外，S7-200 还可以通过通信扩展模块连接成更大的网络。S7-200 系列目前有两种通信扩展模块：PROFIBUS-DP 扩展从站模块（EM277）和 AS-i 接口扩展模块（CP243-2）。

表 1-1　S7-200 PLC 通信功能一览表

项目		功能				
		CPU221	CPU222	CPU224	CPU224XP	CPU226
接口类型		RS-485 串行通信接口				
接口数量		1				2
波特率	PPI、DP/T	9.6kbit/s、19.2kbit/s、187.5kbit/s				
	无协议通信	1.2～115.2kbit/s				
通信距离	不使用中继器	50m				
	使用中继器	与波特率有关，187.5kbit/s 时为 1000m				
PLC 网络连接方式		PPI、MPI、PROFIBUS-DP、Ethernet（需要网络模块支持）				

1.2.4　S7-300/400 PLC 的概述

1. S7-300 PLC 的概述

S7-300 PLC 是模块化小型系统，能满足中等性能要求的应用，其模块化结构设计使得各种单独的模块之间可进行广泛组合以用于扩展。S7-300 PLC 产品的规格众多，而且在不断扩充中，产品性能主要通过不同的 CPU 模块进行区分，I/O 模块、电源模块、功能模块之间可通用。目前，S7-300 CPU 有标准型、紧凑型、故障安全型、技术功能型四种，前期产品还包括"户外型"等，同系列产品的性能与型号也有不同程度的变化。

（1）标准型

S7-300 系列标准型 CPU 包括 CPU312、CPU314、CPU315-2DP、CPU315-2PN/DP、CPU317-2DP、CPU317-2PN/DP、CPU319-3PN/DP 七种规格。标准型 CPU 均为模块式结构，CPU 无集成 I/O 点。CPU312 不可以连接扩展机架，主机架上的最大安装模块数为 8 个，每模块的最大 I/O 点数为 32 点，因此，PLC 的最大输入/输出点数为 256 点。其余 CPU 均可以连接最多 3 个扩展机架，每一机架的安装模块数均为 8 个，连同主机架 PLC 的最大安装模块数为 32 个，因此，PLC 的最大输入/输出点数为 1024 点。

（2）紧凑型

S7-300 系列紧凑型 CPU 包括 CPU312C、CPU313C、CPU313C-2PtP、CPU313C-2DP、CPU314C-2PtP、CPU314C-2DP 六种规格。紧凑型 CPU 与标准型 CPU 的主要区别是 CPU 本身带有数量不等的集成 I/O 点，具有集成计数、脉冲输出等功能，当然，也可以根据需要进行扩展。

（3）故障安全型

S7-300 系列故障安全型 CPU 包括 CPU315F-2DP、CPU315F-2PN/DP、CPU317F-2DP、CPU317F-2PN/DP 四种规格。该系列 PLC 内部安装有经德国技术监督委员会认可的基本功能块与安全型 I/O 模块参数化工具，可以用于锅炉、索道以及对安全性要求极高的特殊控制场合，它可以在系统出现故障时立即进入安全状态或安全模式，以确保人身与设备的安全。

（4）技术功能型

S7-300 系列技术功能型 CPU 包括 CPU315T-2DP、CPU317T-2DP 两种规格，是一种专门用于运动控制的 PLC，最大可以控制 16 轴，可以控制轴定位，也可以实现简单的插补与同步控制，还可以根据需要进行坐标位置、速度等控制。S7-300 系列 PLC 的主要功能特点如下：

1）运算速度快、PLC 循环周期短。0.1～0.6μs 的指令处理时间在中等到较低的性能要求范围内开辟了全新的应用领域。

2）编程能力强。可以用于复杂功能的编程与控制，支持多种编程语言。浮点数运算功能可有效地实现更为复杂的算术运算。

3）人机界面（HMI）。方便的人机界面服务已经集成在 S7-300 操作系统内，因此人机对话的编程要求大大减少。SIMATIC 人机界面从 S7-300 中取得数据，S7-300 按用户指定的刷新速度传送这些数据。S7-300 操作系统自动地处理数据的传送。

4）诊断功能。CPU 的智能化的诊断系统连续监控系统的功能是否正常、记录错误和特殊系统事件（如超时、模块更换等）。

5）口令保护。多级口令保护可以使用户高度、有效地保护其技术机密，防止未经允许的复制和修改。

6）强大的通信功能。方便用户的 STEP 7 的用户界面提供了通信组态功能，这使得组态非常容易、简单。SIMATIC S7-300 具有多种不同的通信接口，多种通信处理器用来连接 AS-i 接口和工业以太网总线系统；串行通信处理器用来连接点到点的通信系统；多点接口（MPI）集成在 CPU 中，用于同时连接编程器、PC、人机界面系统及其他 SIMATIC S7/M7/C7 等自动化控制系统。

CPU 支持下列通信类型：

过程通信：通过总线（AS-i 或 Profibus）对 I/O 模块周期寻址（过程映像交换）。

数据通信：在自动控制系统之间、人机界面和几个自动化功能块间相互调用。

2. S7-400 PLC 的概述

SIMATIC S7-400 是用于中、高档性能范围的可编程序控制器。模块化及无风扇的设计、坚固耐用、容易扩展和广泛的通信能力、容易实现的分布式结构以及用户友好的操作，使 SIMATIC S7-400 成为中、高档性能控制领域中首选的理想解决方案。

SIMATIC S7-400 的应用领域包括通用机械工程、汽车工业、立体仓库、机床与工具、过程控制、控制技术与仪表、纺织机械、包装机械、控制设备制造、专用机械等。功能逐步升级的多种级别的 CPU，带有各种用户友好功能的种类齐全的功能模块，使用户能够构成最佳的解决方案，满足自动化的任务要求。当控制任务变得更加复杂时，任何时候控制系统都可以逐步升级，而不必过多的添加额外的模块。

从 PLC 用途与功能上分，S7-400 PLC 可以分为标准型（S7-400）、冗余型（S7-400H）、故障安全型（S7-400F/FH）三种基本类型，适用于不同的控制场合。

标准型是常用产品，适用于绝大多数对安全性能无特别严格要求的一般场合。冗余型用于对控制系统可靠性要求极高、不允许控制系统出现停机的控制场合，需要选用"冗余"型模块。所谓"冗余"系统，事实上是通过一套在系统正常工作时并不需要、完整的"多余"系统作为系统的备件（称为备用系统或待机系统），而且，备用系统始终处于待机状态（也称为"热待机"），只要工作控制系统发生故障，"备用系统"可以立即投入正常工作，并成为工作控制系统，以保证整个控制系统的连续、不间断运行。

S7-400 自动化系统采用模块化结构设计。它所具有的模块的扩展和配置功能使其能够按照每个不同的需求灵活组合。一个系统包括电源模块、中央处理器（CPU）、各种信号模块

（SM）、通信模块（CP）、功能模块（FM）、接口模块（IM）和 SIMATIC S5 模块。除了具有 S7-300 系列系统的功能外，S7-400 还具有如下的增强功能：

1）冗余设计的容错自动化系统。硬件冗余 CPU 同步速率更快，同步光缆最长可达 10km。

2）处理速度显著提高。CPU 处理速度比同型号其他机器整体提高 3～70 倍，417 型 CPU 最快高达 0.03μs/bit。执行复杂数学运算的速度最高提高到原来的 70 倍。工作内存加倍，最高达 20MB。S7 定时器和计数器个数提高 8 倍，达到 2048 个。

3）多 CPU 处理。在 S7-400 中央机架上，最多 4 个有多 CPU 处理能力的 CPU 同时运行。这些 CPU 自动地、同步地变换其运行模式，可以同步执行控制任务。使用多 CPU 中断（OB60）可以在相应的 CPU 中同步地响应一个事件。而且，由于工作方式的复杂，CPU 模块上的指示灯也很多。

4）扩展能力。中央机架能插入最多 6 块发送型的接口模块，每个模块有两个接口，每个接口可以连接 4 个扩展机架，最多能连接 21 个扩展机架。扩展机架中的接口模块只能安装在最右边的槽内。

5）诊断功能。诊断能力比 S7-300 强大，比如多达 8 个硬件中断功能，其他中断功能也比 S7-300 多。

6）CPU 通信性能显著增强。由于等时模式工作中循环周期更短，现场级通信连接性能有了显著提高，特别是与驱动装置的通信能力进一步增强，数据传输速率加倍，垂直集成通信及 PLC-PLC 的通信响应时间缩短一半。

1.3 可编程序控制器的工作原理与编程语言

1.3.1 可编程序控制器的工作方式

最初研制生产的 PLC 主要用于代替传统的由继电器、接触器构成的控制装置，但这两者的运行方式是不相同的：

1）继电器控制装置采用硬逻辑并行运行的方式，即如果这个继电器的线圈通电或断电，该继电器所有的触点（包括其常开或常闭触点）无论在继电器控制电路的哪个位置上都会立即同时动作。

2）PLC 的 CPU 则采用顺序逻辑扫描用户程序的运行方式，即如果一个输出线圈或逻辑线圈被接通或断开，该线圈的所有触点（包括其常开或常闭触点）不会立即动作，必须等扫描到该触点时才会动作。

为了消除二者之间由于运行方式不同而造成的差异，考虑到继电器控制装置各类触点的动作时间一般在 100ms 以上，而 PLC 扫描用户程序的时间一般均小于 100ms，因此，PLC 采用了一种不同于一般微型计算机的运行方式——扫描技术。这样在对于 I/O 响应要求不高的场合，PLC 与继电器控制装置在处理结果上就没有什么区别了。

PLC 控制任务的完成建立在硬件支持下，通过执行反映控制要求的用户程序来实现，其工作原理与计算机控制系统基本相同。

PLC 采用"顺序扫描，不断循环"的方式进行工作。运行时，CPU 根据用户按控制要求编制好并存于用户存储器中的程序，按指令步序号（或地址号）作周期性循环扫描，如无跳转指令,则从第一条指令开始逐条顺序执行用户程序,直至程序结束,然后重新返回第一条指令,开始新一轮扫描。在每次扫描过程中,还要完成对输入信号的采样和对输出状态的刷新等工作。

1.3.2 可编程序控制器的扫描工作过程

当 PLC 投入运行后,其工作过程一般分为三个阶段,即输入采样、程序执行和输出刷新三个阶段,完成上述三个阶段称为一个扫描周期。在整个运行期间,PLC 的 CPU 以一定的扫描速度重复执行上述三个阶段,如图 1-2 所示。

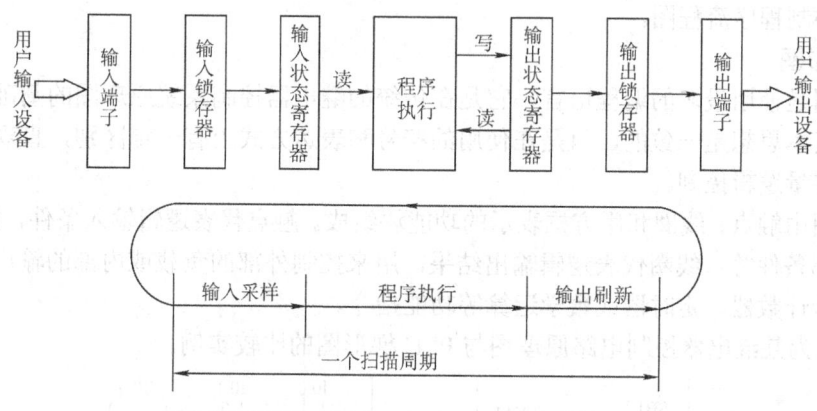

图 1-2 PLC 的扫描工作过程

1) 输入采样阶段:首先以扫描方式按顺序读入所有暂存在输入锁存器中的输入端子的通断状态或输入数据,并将其存入(写入)各对应的输入状态寄存器中,即刷新输入。随即关闭输入端口,进入程序执行阶段。在程序执行阶段,即使输入状态有变化,输入状态寄存器也不会改变,只能等下一个扫描周期的输入采样阶段被读入。

2) 程序执行阶段:按用户程序指令存放的先后顺序扫描执行每条指令,所需的执行条件可从输入状态寄存器和当前输出状态寄存器中读入,经相应的运算和处理后,其结果再写入输出状态寄存器中,输出状态寄存器中所有的内容随着程序的执行而改变。

在程序执行阶段,除输入映像寄存器外,各个元件映像寄存器的内容是随着程序的执行而不断变化的。

3) 输出刷新阶段:当所有指令执行完毕后,输出状态寄存器的通断状态在输出刷新阶段送至输出锁存器中,并通过一定的方式(继电器、晶体管或晶闸管)输出,驱动相应输出设备工作。

在输出刷新阶段结束后,CPU 进入下一个扫描周期,重新执行输入采样,周而复始。

1.3.3 可编程序控制器的编程语言

PLC 编程时通常不直接采用微机的编程语言,而常常采用面向控制过程、面向问题的"自然语言"。

PLC 各厂家的编程语言、指令的条数和表达方式有较大区别。为电子技术制定全球性标准的世界性组织 IEC(国际电工委员会)于 1994 年 5 月公布了 PLC 标准(IEC 61131),其第

3部分是PLC的编程语言标准。目前已有越来越多的PLC厂家提供符合IEC 61131-3标准的产品。IEC 61131-3标准中定义了5种PLC编程语言的表达方式：

1）梯形图LAD（Ladder Diagram）。
2）语句表STL（Statement List）。
3）功能块图FBD（Functional Block Diagram）。
4）顺序功能图SFC（Sequential Function Chart）。
5）结构文本ST（Structured Text）。

其中，梯形图和功能块图为图形语言，语句表和结构文本为文字语言，顺序功能图是一种结构块控制程序流程图。

1. 梯形图

梯形图是使用最多的编程语言，它是在传统的继电器控制系统原理图的基础上演变而来的，与其基本思想是一致的，只是在使用的符号和表达方式上有一定区别，直观易懂，特别适用于数字量逻辑控制。

梯形图由触点、线圈和用方框表示的功能块组成。触点代表逻辑输入条件，如外部开关、按钮和内部条件等；线圈代表逻辑输出结果，用来控制外部的负载或内部的输出条件；功能块用来表示计数器、定时器或数学运算等功能指令。

图1-3为某继电器控制电路原理图与PLC梯形图的比较实例。

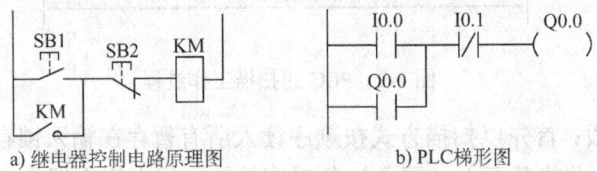

a) 继电器控制电路原理图　　　　b) PLC梯形图

图1-3　继电器控制电路原理图与PLC梯形图比较

梯形图的特点如下：

1）梯形图按自上而下、从左到右的顺序排列。每一个继电器线圈为一个逻辑行，称为一个网络。每一个逻辑行起始于左母线，然后是触点的各种连接，最后是线圈与右母线相连，整个图形呈阶梯形。

2）梯形图中的继电器不是继电器控制电路中的物理继电器，它实质上是变量存储器中的位触发器，因此称为"软继电器"。相应某位触发器为"1"状态时，表示该继电器线圈通电，其常开触点闭合、常闭触点打开。

梯形图中继电器的线圈是广义的，除输出继电器、内部继电器线圈外还包括定时器、计数器、移位寄存器及各种比较运算的结果。

3）梯形图中，一般情况下（除有跳转指令和步进指令的程序段外）某个编号的继电器线圈只能出现一次，而继电器触点可无限次使用，既可为常开触点也可为常闭触点。

4）梯形图是PLC形象化的编程方式，其左右两侧母线并不接任何电源，因而图中各支路也没有真实的电流流过。为了方便，常用"有电流"、"得电"等术语来形象地描述用户程序运算中满足输出线圈的动作条件。所以，仅仅是概念上的"电流"，或称为"能流"，而且认为它只能由左向右流动，层次的改变也只能先上后下。

5）输入继电器的触点表示相应的外部输入信号的状态。输入继电器用于接收PLC的外部输入信号，而不能由内部其他继电器的触点驱动。因此，梯形图中只出现输入继电器的触点而不出现输入继电器的线圈。

6）输出继电器供 PLC 做输出控制，但它只是输出状态寄存表的相应位，不能直接驱动现场执行部件，必须通过开关量输出模块的相应功率开关去驱动。当梯形图中的输出继电器得电接通时，则相应模块上的功率开关闭合。

7）PLC 的内部继电器不能做输出控制用，它们只是一些逻辑运算用的中间存储单元的状态，其触点可供 PLC 内部使用。

8）PLC 在解算用户逻辑时就是按照梯形图自上而下、从左向右的先后顺序逐行运行处理，即按扫描方式顺序执行程序。因此，不存在几条并列支路的同时动作，这在设计梯形图时可以减少许多有约束关系的联锁电路，从而使电路设计大大简化。

2. 语句表

PLC 的指令又称为语句，是一种与微机的汇编语言指令相似的助记符表达式。若干条指令组成的程序称为语句表程序。每条语句表示给 CPU 发出一条指令，规定 CPU 如何操作。

与图 1-3 所示电路相对应的语句表如下：

```
LD    I0.0
O     Q0.0
AN    I0.1
=     Q0.0
```

可以看出，指令由操作码和操作数两部分组成。操作码表明 CPU 要完成的操作功能，操作数包括为执行某种操作所必须的信息。语句表比较适合熟悉 PLC 和程序设计经验丰富的程序员使用，实现某些不能用梯形图或功能块图实现的功能。

3. 功能块图

功能块图是类似于数字逻辑门电路的编程语言，有数字电路基础的人很容易掌握。该语言用类似"与门"、"或门"的方框来表示逻辑运算关系，方框的左侧为逻辑运算的输入变量，右侧为输出变量，输入、输出端的小圆圈表示"非"运算，方框由"导线"连接在一起，信号从左向右流动。图 1-4 中的控制逻辑与图 1-3 所示功能相同。

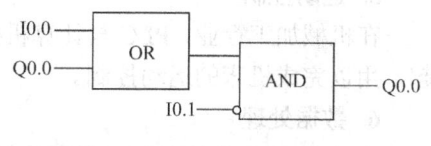

图 1-4 功能块图

4. 顺序功能图

顺序功能图也称为状态转移图，它是描述控制系统的控制过程、功能和特性的一种图形，用来编制顺序控制程序。顺序功能图提供了一种组织程序的图形方法，主要由步、转换条件和动作组成。

5. 结构文本

结构文本是为 IEC 61131-3 标准创建的一种专用的高级编程语言，能实现复杂的数学运算，编写的程序非常简洁和紧凑。

当前，梯形图和语句表仍是 PLC 的最主要编程语言。梯形图程序中输入、输出信号关系清楚，易于理解。梯形图一定能也较易于转化为语句表，建议在设计以开关量控制为主的控制程序时使用梯形图。语句表程序较难阅读，其逻辑关系难以一眼看出，可处理一些梯形图不易处理的问题，且输入快捷、可加注释，建议在设计通信、数学运算等高级应用程序时使用语句表程序。

1.4 可编程序控制器的应用及发展

1.4.1 可编程序控制器的应用领域

目前在国内外，PLC已广泛应用于与自动检测、自动化控制有关的工业及民用领域，如应用于各种机械设备、电力设施、民用设施、环境保护设备等。随着PLC性价比的不断提高，其应用领域也会不断扩大。从应用类型看，PLC的功能大致可归纳为以下几个方面：

1. 开关逻辑和顺序控制

开关逻辑和顺序控制是PLC应用最广泛、最基本的场合。利用PLC最基本的逻辑运算、定时、计数等功能实现逻辑控制，可以取代传统的继电器控制，用于单机控制、多机群控制、生产自动线控制等，如机床、注塑机、印刷机械、装配生产线、电镀流水线及电梯的控制等。

2. 模拟控制（A/D和D/A控制）

在工业生产过程中，许多连续变化的物理量需要进行控制，如温度、压力、流量、液位等，这些都属于模拟量。过去，PLC对于模拟量的控制主要靠仪表或分布式控制系统。目前，大部分PLC产品都具备处理这类模拟量的功能，而且编程和使用都很方便。

3. 定时/计数控制

PLC具有很强的定时、计数功能，可以为用户提供数十甚至上百个定时器与计数器。定时器的定时间隔可以由用户加以设置；对于计数器，如果需要对频率较高的信号进行计数，则可以选择高速计数器。

4. 步进控制

PLC为用户提供了一定数量的移位寄存器，可方便地完成步进控制功能。

5. 运动控制

在机械加工行业，PLC与计算机数控（Computerized Numerical Control，CNC）集成在一起，用以完成机床的运动控制。

6. 数据处理

大部分PLC都具有不同程度的数据处理能力，不仅能进行算术运算、数据传送，而且还能进行数据比较、数据转换、数据显示及打印等操作，有些还可以进行浮点运算和函数运算。

7. 通信连网

PLC具有通信连网功能，可使PLC与PLC之间、PLC与远程I/O之间以及其他智能控制设备（计算机、变频器、数控装置）之间交换信息，形成统一的整体，实现"集中管理、分散控制"的分布式控制系统。

1.4.2 可编程序控制器的发展方向

随着PLC技术的推广、应用，PLC将向两方面发展：即向着大型化和小型化发展。PLC向大型化方向发展，主要表现在大中型PLC向着大功能、大容量、智能化、网络化的方向发展，使之能与计算机组成集成控制系统，对大规模、复杂系统进行综合的自动控制。PLC向小型化方向发展，主要表现在下列几个方面：为了减小体积、降低成本，向高性能的整体型发展，在提高系统可靠性的基础上，产品的体积越来越小，功能越来越强，应用的专业性使得控制质量大大提高。

另外，PLC 在软件方面也将有较大的发展，系统的开放使第三方的软件能方便地在符合开放系统标准的 PLC 上得到移植。

总之，大功能、高速度、高集成度、容量大、体积小、成本低、通信连网功能强是 PLC 总的发展趋势。

思考与练习

1-1 简述可编程序控制器的定义。
1-2 可编程序控制器有哪些主要特点？
1-3 可编程序控制器主要由哪几部分组成？
1-4 简述可编程序控制器的工作过程。
1-5 可编程序控制器可以用在哪些领域？
1-6 可编程序控制器发展方向是什么？
1-7 为什么可编程序控制器中软继电器的触点可无数次使用？
1-8 可编程序控制器按 I/O 点数和结构形式可分为几类？

第 2 章　S7-200 PLC 硬件的组成

2.1　S7-200 PLC 的系统组成

西门子公司的 S7-200 PLC 是一种叠装式结构的小型 PLC。由于它结构紧凑、扩展性好、功能丰富、性价比高，目前已经成为各种小型控制系统的理想控制器。S7-200 PLC 的主机可以按照工程要求与各种功能扩展模块相连，组成不同控制规模、不同控制功能的小型控制系统，还可以与计算机、其他 PLC 等设备相连，共同构成不同规模的控制网络。

2.1.1　S7-200 PLC 的系统基本构成

S7-200 PLC 的系统基本构成包括基本单元和编程器（或安装有编程软件的 PC）。在需要进行系统扩展时，系统构成还可包括数字量扩展模块、模拟量扩展模块、通信模块、网络设备、人机界面等。S7-200 PLC 基本单元的外形如图 2-1 所示，其系统基本构成如图 2-2 所示。

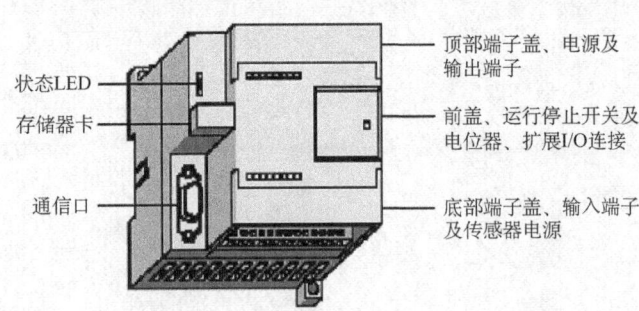

图 2-1　S7-200 PLC 基本单元的外形

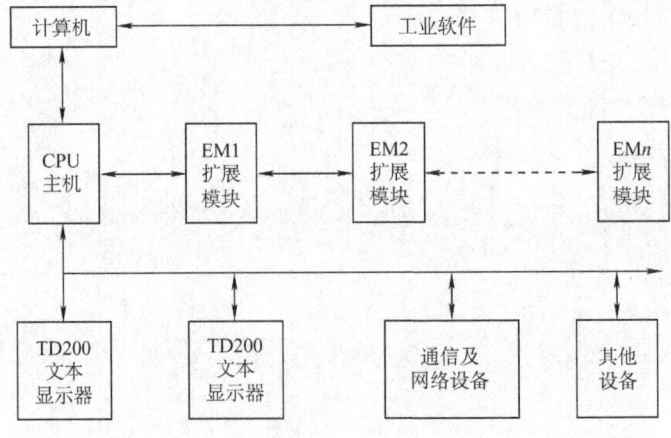

图 2-2　S7-200 PLC 的系统基本构成

从图2-1可以看出，S7-200 PLC是整体式结构，即CPU、电源、I/O接口等部分都是集成到一个小盒子里的，这种结构的突出特点就是节约成本，使得整体式PLC价格更低。

主机的上端有个端子盖，下面就是输出端子排，拆卸主机时可以整体拔下，非常方便。而主机的下端也有个端子盖，下面是输入端子，一般情况下数量要多于输出端子。端子盖的内侧是与I/O点对应的状态指示灯，这是查看是否有输入/输出的主要依据。

右侧有个四方的翻盖，下面有三部分：一是CPU工作方式开关扳手，分为三个挡位：RUN、TERM、STOP；二是两个模拟调节电位器；三是扩展I/O连接排线接口。

左侧有状态指示灯，当CPU运行时，RUN对应的绿色指示灯亮；当CPU停止时，STOP对应的暗黄色指示灯亮；当CPU检测出程序错误等情况时，上面的SF/DIGA灯亮。

RS-485串行通信口可以通过通信电缆与其他PLC、编程器、人机界面、计算机、打印机等相连，与上位机相连时需使用PC/PPI专用电缆。

2.1.2 主机单元

1. 主机单元的类型

现在应用的S7-200 PLC主要是第二代产品，包括CPU221、CPU222、CPU224、CPU224XP、CPU226等几种型号。CPU22x系列PLC速度快、功能多、具有较强通信能力、控制灵活。每条布尔逻辑指令的执行仅为0.22μs，这使得在程序不很复杂的场合下，大大缩短了扫描周期；频率高达30kHz的高速计数器可以对快速信号做出及时响应；外部输入中断可以完成对一些过程事件的响应；扩展模块功能使得PLC可以灵活配置硬件，以适应不同规模、不同要求的对象；具有的PPI/MPI通信协议、自由口通信协议使得PLC可以方便地与上位机、其他PLC或现场总线相互通信，实现网络中控制层或现场层控制；除了CPU221没有带扩展模块的功能外，其他CPU均可进行系统扩展。

2. 主机模块的硬件接线

S7-200 PLC主机的硬件接线都是相似的，下面以CPU226为例说明，其接线方式可适用于CPU221、CPU222、CPU224。图2-3为CPU226直流输入继电器输出型的硬件接线图。

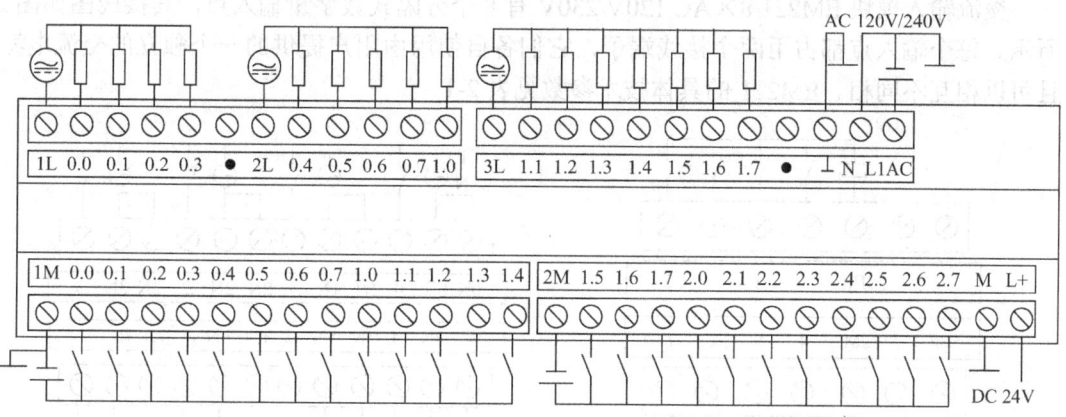

图2-3 CPU226直流输入继电器输出型的硬件接线图

24个数字量输入分成以下两组：

1) 输入端I0.0~I0.7、I1.0~I1.4共13点，共用一个公共端1M。外部的输入信号（如按钮、开关)一端直接与输入端接线柱相连,另外一端接电源的正极,电源的负极与 1M 相连。

2)输入端 I1.5～I1.7、I2.0～I2.7 共 11 点,共用一个公共端 2M,接线方式与第一组相同。

由于是直流输入模块,所以采用直流电源作为各输入检测点的电源。M、L+两个端子提供 DC 24V/400mA 传感器电源,可以作为传感器的电源输出。

16 个数字量输出分成以下三组:

1)输出端由 Q0.0～Q0.3 共 4 个输出点与公共端 1L 组成。输出负载(如指示灯)一端接到 PLC 的输出端口接线柱,另外一端经电源接 M 端。

2)输出端由 Q0.4～Q1.0 共 5 个输出点与公共端 2L 组成。接线方式同第一组。

3)输出端由 Q1.1～Q1.7 共 7 个输出点与公共端 3L 组成。接线方式同第一组。

由于是继电器输出型,所以既可以带直流负载,也可以带交流负载。负载的激励源由负载性质决定。输出端子排的右端 N、L1 端子是供电电源 AC 120V/240V 的输入端。

2.1.3 数字量扩展模块

当主机的 I/O 点数无法满足对象的控制要求时,可以不必升级主机,而是选择 I/O 扩展模块(除 CPU221 外),增加 I/O 点数,或改变 I/O 点数的比例。

数字量输入模块的每个输入点接收一个与其相连输入设备的信号(ON/OFF),如按钮、限位开关等。输入接口的作用是将现场输入设备的开关信号转换成 PLC 能处理的标准电信号。

数字量输出模块的每个输出点能控制一个与其相连的负载,如继电器线圈、接触器线圈、电磁阀线圈、指示灯等。输出接口的作用是将 CPU 运算的结果转换成能驱动现场执行机构所需的开关信号。

1. 直流输入模块

直流输入模块 EM221 8×DC 24V 有 8 个数字量输入点,其接线图如图 2-4 所示。I0.0～I0.3 与 1M 为一组,I0.4～I0.7 与 2M 为一组,每组需用户提供一个 DC 24V 电源。

2. 交流输入模块

交流输入模块 EM221 8×AC 120V/230V 有 8 个分隔式数字量输入点,其接线图如图 2-5 所示。每个输入点都占用两个接线端子,它们各自使用由用户提供的一个独立的交流电源,且可以相互不同相。EM221 的具体技术参数见表 2-1。

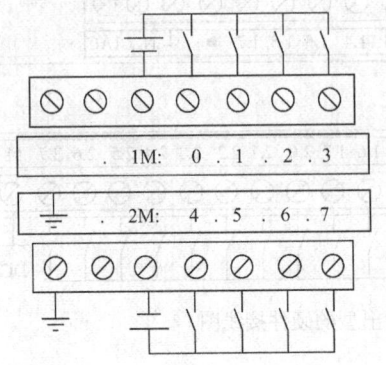

图 2-4 直流输入模块接线图

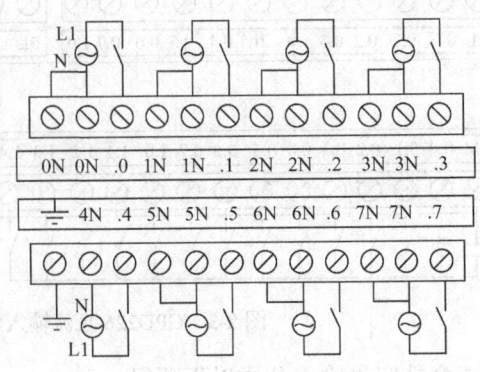

图 2-5 交流输入模块接线图

3. 直流输出模块

直流输出模块 EM222 8×DC 24V 有 8 个数字量输出点,其接线图如图 2-6 所示。Q0.0~Q0.3 与 1L+为一组,Q0.4~Q0.7 与 2L+为一组,每组需用户提供一个 DC 24V 电源。

4. 交流输出模块

交流输出模块 EM222 8×AC 120V/230V 有 8 个分隔式数字量输出点,其接线图如图 2-7 所示。每个输出点占用两个接线端子,由用户提供一个独立的交流电源,且相互可以不同相。

表 2-1 EM221 的技术参数

	EM221 的参数
外形	46mm×80mm×62mm
功耗	2W
输入特性	8 点输入;输入电压:DC 24V/4mA,最大 DC 30V 输入延时:最大 4.5ms 最大电缆长度:350m(不屏蔽),500m(屏蔽)

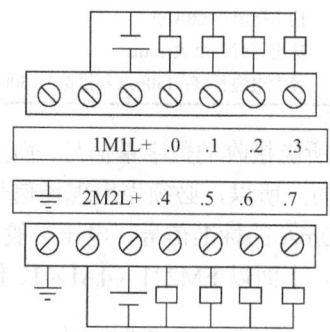

图 2-6 直流输出模块接线图

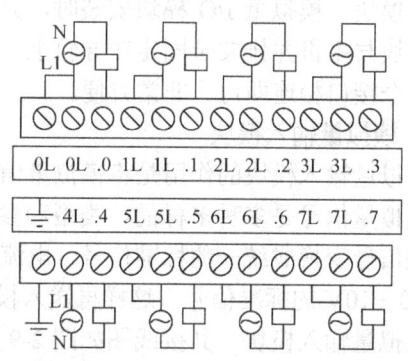

图 2-7 交流输出模块接线图

5. 交直流输出模块

交直流输出模块 EM222 8×继电器有 8 个数字量输出点,其接线图如图 2-8 所示。Q0.0~Q0.3 与 1L 为一组,Q0.4~Q0.7 与 2L 为一组,每组需用户提供一个交流或直流电源。

继电器输出方式的特点是输出电流可达 2~4A,带负载(可带交、直流负载)能力强,但响应速度比其他两种输出方式较慢。EM222 的具体技术参数见表 2-2。

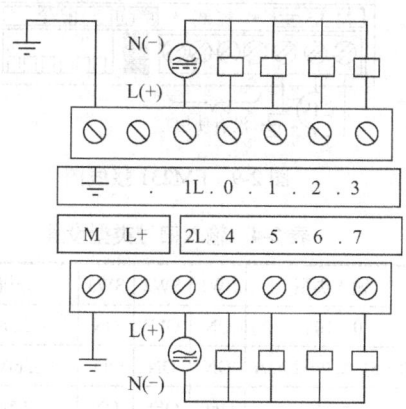

图 2-8 交直流输出模块接线图

表 2-2 EM222 的技术参数

	EM222 的参数
外形	46mm×80mm×62mm
功耗	2W
输出特性	8 点输出;输出电压:DC 20.4~28.8V,标准 DC 24V 输出电流:0.75A/点 输出延时:OFF 到 ON 为 50μs,ON 到 OFF 为 200μs 最大电缆长度:150m(不屏蔽),500m(屏蔽)

6. 输入/输出模块

数字量的 I/O 模块除了上述的几种单独用于输入扩展或输出扩展的模块外,还有既有输入又有输出的模块 EM223，其具体技术参数见表 2-3。

2.1.4 模拟量扩展模块

在工业控制中，经常要对模拟量进行控制，常见的如温度、压力、流量、液位、成分等，而这些量必须先进行模/数转换后，才能采集并送入 PLC 的 CPU 中进行处理。

S7-200 PLC 主机并不具有模拟量输入/输出端口，在对模拟量进行控制时，需添加模拟量 I/O 模块。模拟量 I/O 模块安装时，只需将扩展模块与主机并排安装固定在导轨上，用排线将两个接口相连即可，非常方便。

表 2-3 EM223 的技术参数

外形	71.2mm×80mm×62mm
功耗	3W
输入特性	输入点数：4/8/16 路数字量输入 输入电压：标准 DC 24V/4mA，最大 DC 30V 输入延时：最大 4.5ms 最大电缆长度：350m（不屏蔽），500m（屏蔽）
输出特性	输出点数：4/8/16 路数字量输出 输出电压：DC 5～30V，AC 5～250V 输出电流：2.0A/点 输出延时：最大 10ms 最大电缆长度：150m（不屏蔽），500m（屏蔽）

1. 模拟量输入模块

模拟量输入模块的作用是将模拟量信号转换成 PLC 所能接收的数字量信号。而生产过程中的模拟量信号是多种多样的，类型和参数大小也不相同，所以，必须先用现场信号变送器把这些信号变换成统一的标准信号，电流一般变为 4～20mA 的标准信号，电压一般变为 1～5V 或 0～10V 的标准信号，这样再送入模拟量输入模块。下面以 EM231（4AI×12 位）为例介绍模拟量输入模块，其接线图如图 2-9 所示。

EM231 上部共有 12 个端子，每 3 个为一组（如 RA、A+、A−）作为一路模拟量输入通道。如果为电压信号只用两个端子（见图 2-9 中 A+、A−），电流信号需要 3 个端子（见图 2-9 中 RC、C+、C−），其中 RC 与 C+ 短接。对于未用的通道应短接（见图 2-9 中 B+、B−）。模块下部 M、L+ 两端应接入 DC 24V 电源，右端为标准电位器和配置设定开关（DIP）。

EM231（4AI×12 位）具有 4 路模拟量输入通道，输入信号可以是电压也可以是电流。每个通道占用存储器 AI 区两个字节。模块的输入值为只读数据。输入信号的范围由 DIP 开关 SW1、SW2、SW3 设置，未使用的 DIP 开关 SW4～SW6，必须设置到 OFF 的位置，见表 2-4。

模拟量输入模块的分辨率通常以 A/D 转换后的二进制数据位数来表示，EM231（4AI×12 位）的输入信号经转换后的二进制数据位数是 12 位，其数据格式如图 2-10 所示。最高有效位是符号位："0"表示正值数据，"1"表示负值数据。

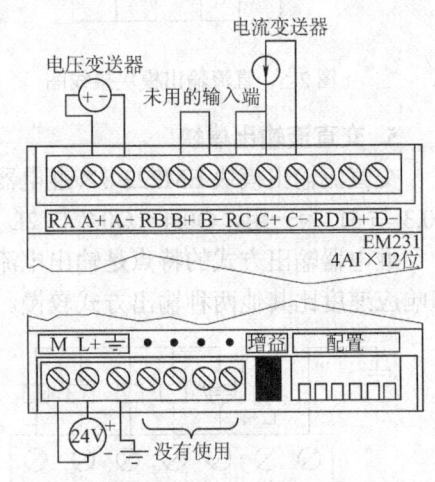

图 2-9 EM231 接线图

表 2-4 输入信号类型设置

输入类型	SW1	SW2	SW3	分辨率
0～10V	ON	OFF	ON	2.5mV
0～5V 或 0～20mA	ON	ON	OFF	1.25mV/5μA
±5V	OFF	OFF	ON	2.5mV
±2.5V	OFF	ON	OFF	1.25mV

下面解释模拟量采样时使用的两个常用的数据格式：单极性数据格式和双极性数据格式。双极性就是信号在变化的过程中要经过"零"，单极性不过"零"。由于模拟量转换为数字量

是有符号整数,所以双极性信号对应的数值会有负数。

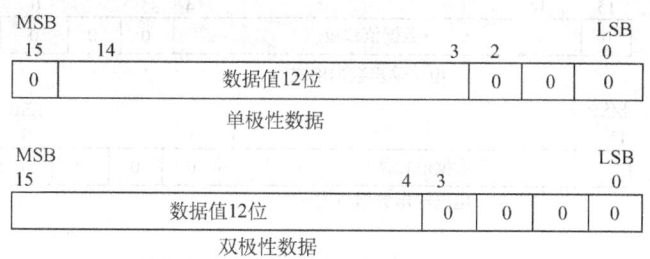

图 2-10 EM231(4AI×12 位)输入数据字格式

(1) 单极性数据格式

单极性数据的两个字节的存储单元的低 3 位为 0,数据值的 12 位(单极性数据)存放在 3～14 位区域,第 15 位为 0,表示正值数据。12 位数据的最大值应为 $2^{15}-8=32760$。EM231 将输入信号转换后的单极性数据的全量程范围设置为 0～32000,差值 32760−32000=760 则用于偏置/增益,由系统完成。

(2) 双极性数据格式

双极性数据存储单元的低 4 位为 0,数据值的 12 位(双极性数据)存放在 4～15 位区域,最高有效位是符号位。双极性数据格式的全量程范围设置为 −32000～+32000。

2. 模拟量输出模块

在工业控制中,有些现场设备需要用模拟量信号控制,如电动阀门、液压电磁阀等,而 PLC 主机的输出信号是数字量,这就需要模拟量输出模块,将数字量控制信号转换成模拟量,用以驱动这些执行机构。

下面以 EM232(2AQ×12 位)为例介绍模拟量输出模块。EM232 具有两个模拟量输出通道,每个输出通道占用 AQ 区两个字节。模块的输出模拟量可以是电压信号也可以是电流信号。输出电压信号的范围为 −10～+10V,输出电流信号的范围为 0～20mA。电压信号稳定时间为 100μs,电流信号稳定时间为 2ms。

EM232(2AQ×12 位)接线图如图 2-11 所示。

模块的上部有 7 个端子,左端起每 3 个为一组,作为一路模拟量输出通道。第一组中 V0 端接电压负载、I0 端接电流负载,M0 为公共端。模块的下部 M、L+ 两端接入 DC 24V 电源。模拟量输出模块的分辨率以 D/A 转换前的二进制数据位数表示,其格式如图 2-12 所示。最高有效位是符号位:"0" 表示正值数据,"1" 表示负值数据。

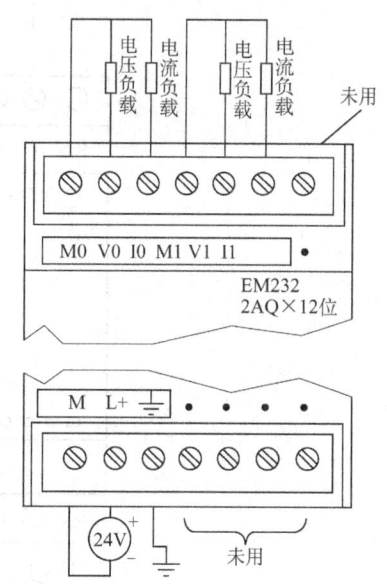

图 2-11 EM232(2AQ×12 位)接线图

(1) 电流输出数据格式

电流输出数据,其存储单元的低 3 位为 0,数据值的 12 位存放在 3～14 位区域,范围为 0～+32000。第 15 位为 0,表示正值数据。

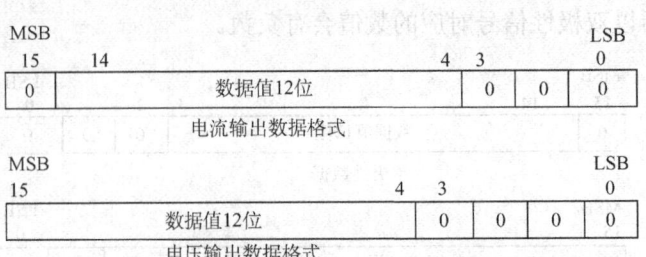

图 2-12 EM232 模拟量输出数据字格式

（2）电压输出数据格式

电压输出数据，其存储单元的低 4 位为 0，数据值的 12 位存放在 4～15 位区域，范围为 –32000～+32000。

3. 模拟量输入/输出模块

模拟量输入/输出模块 EM235（4AI/1AQ×12 位）在工程中应用较多，该模块具有 4 路模拟量输入通道，1 路模拟量输出通道，输入/输出特性与 EM231、EM232 类似，其接线图如图 2-13 所示。

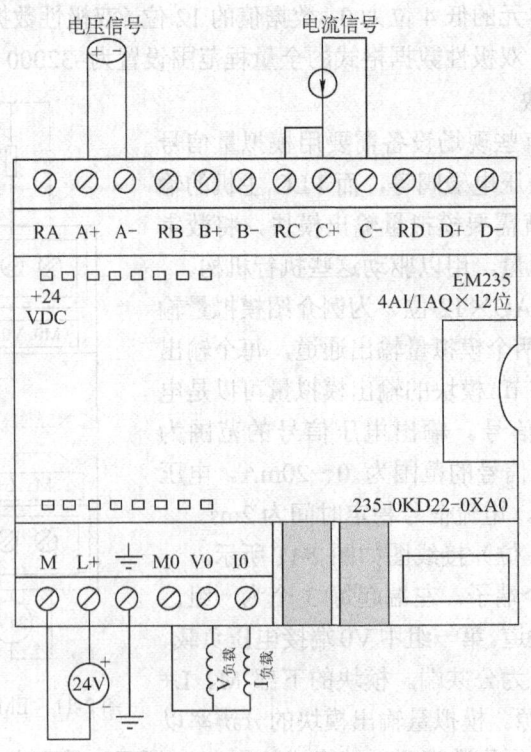

图 2-13 EM235（4AI/1AQ×12 位）接线图

M 为 DC 24V 电源负极端，L+ 为电源正极端；M0、V0、I0 为模拟量输出端。电压输出时，V0 为电压正端，M0 为电压负端；电流输出时，I0 为电流流入端，M0 为电流流出端。

RA、A+、A- 为一组；RB、B+、B- 为一组；RC、C+、C- 为一组；RD、D+、D- 为一组。

电压输入时,"+"为电源正端;电流输入时,将 R 与"+"短接作为电流流入端。电压、电流的量程由 DIP(SW1~SW6)设置,见表 2-5。

表 2-5　EM 235 选择模拟量输入范围和分辨率的开关表

单 极 性						满量程输入	分辨率
SW1	SW2	SW3	SW4	SW5	SW6		
ON	OFF	OFF	ON	OFF	ON	0~50mV	12.5mV
OFF	ON	OFF	ON	OFF	ON	0~100mV	25mV
ON	OFF	OFF	OFF	ON	ON	0~500mV	125mV
OFF	ON	OFF	OFF	ON	ON	0~1V	250mV
ON	OFF	OFF	OFF	OFF	ON	0~5V	1.25mV
ON	OFF	OFF	OFF	OFF	ON	0~20mA	5mA
OFF	ON	OFF	OFF	OFF	ON	0~10V	2.5mV

双 极 性						满量程输入	分辨率
SW1	SW2	SW3	SW4	SW5	SW6		
ON	OFF	OFF	ON	OFF	OFF	±25mV	12.5mV
OFF	ON	OFF	ON	OFF	OFF	±50mV	25mV
OFF	OFF	ON	ON	OFF	OFF	±100mV	50mV
ON	OFF	OFF	OFF	ON	OFF	±250mV	125mV
OFF	ON	OFF	OFF	ON	OFF	±500mV	250mV
OFF	OFF	ON	OFF	ON	OFF	±1V	500mV
ON	OFF	OFF	OFF	OFF	OFF	±2.5V	1.25mV
OFF	ON	OFF	OFF	OFF	OFF	±5V	2.5mV
OFF	OFF	ON	OFF	OFF	OFF	±10V	5mV

输入数据格式与 EM231 类似,输出数据格式与 EM232 类似。

2.1.5　通信模块及智能模块

1. PROFIBUS-DP 通信模块 EM277

通过 EM 277 扩展模块,可将 S7-200 CPU 作为从站连接到 PROFIBUS-DP 网络。EM277 经过串行 I/O 总线连接到 S7-200 CPU。PROFIBUS 网络经过其 DP 通信端口,连接到 EM277 模块。作为 DP 从站,EM277 模块接受从主站来的多种不同的 I/O 配置,向主站发送和接收不同数量的数据。EM277 模块如图 2-14 所示。

EM 277 模块的 DP 端口可连接到网络上的一个 DP 主站上,但也能作为一个 MPI 从站与同一网络上如 SIMATIC 编程器、OP 操作面板、TD200 文本显示器或 S7-300/400 CPU 等其他主站进行通信。图 2-15 所示为一个 CPU 224 和一个 EM 277 模拟的 PROFIBUS 网络。图中,CPU 315-2 DP 是主站,并且已通过一个带有 STEP 7 编程软件的 SIMATIC 编程器进行组态。CPU 224 是 CPU 315-2 DP 所拥有的一个 DP 从站,ET 200 B I/O 模块也是 CPU 315-2 DP 的从站。另有一个 S7-400 CPU 连接到 PROFIBUS 网络中,可应用 S7-400 CPU 用户程序中的 XGET 指令从 CPU 224 读取数据。

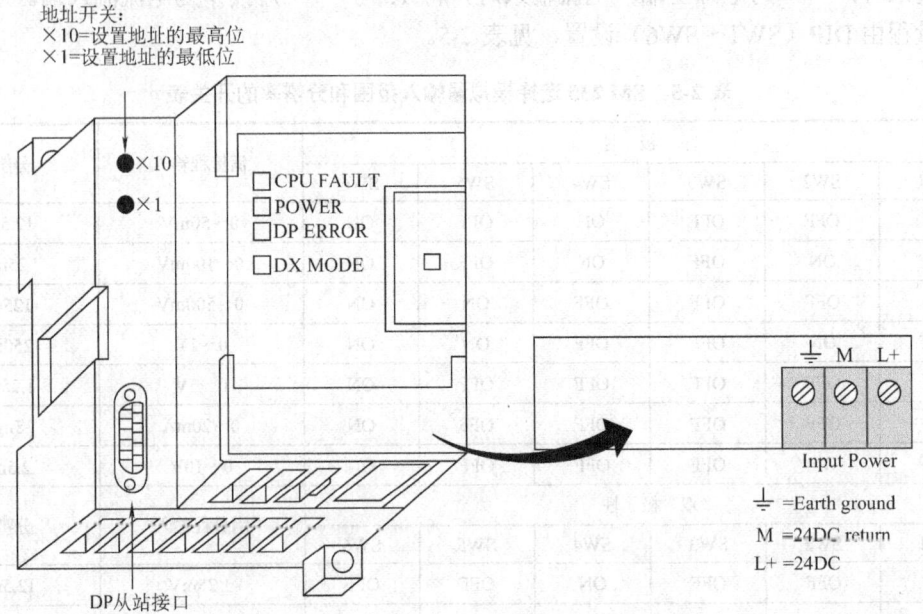

图 2-14 EM277 模块

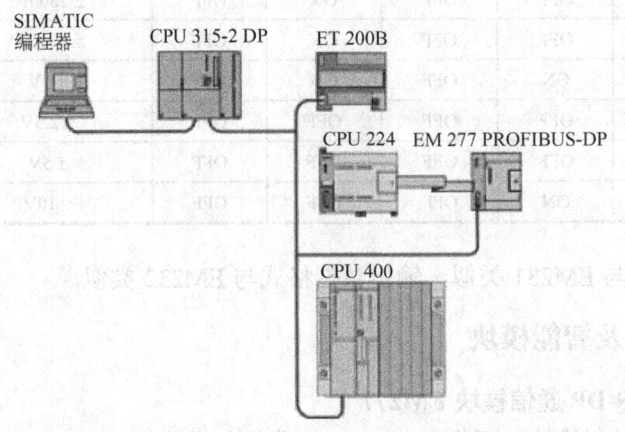

图 2-15 PROFIBUS 网络中的 EM 277 模块和 CPU 224

2. 工业以太网通信模块 CP 243-1

在开放式 SIMATIC NET 通信系统中，工业以太网可以用作协调级和单元级网络。在技术上，工业以太网是一种基于屏蔽同轴电缆、双绞电缆而建立的电气网络，或是一种基于光纤电缆的光网络。

CP 243-1 是一种通信处理器，如图 2-16 所示，用于在 S7-200 自动化系统中运行。它可用于将 S7-200 系统连接到工业以太网（IE）中。CP 243-1 有助于 S7 系列通过因特网进行通信。因此，可以使用 STEP 7-Micro/WIN 4.0 对 S7-200 进行远程组态、编程和诊断。而且，一台 S7-200 PLC 还可通过以太网与其他 S7-200、S7-300 或 S7-400 控制器进行通信，并可与 OPC 服务器进行通信。

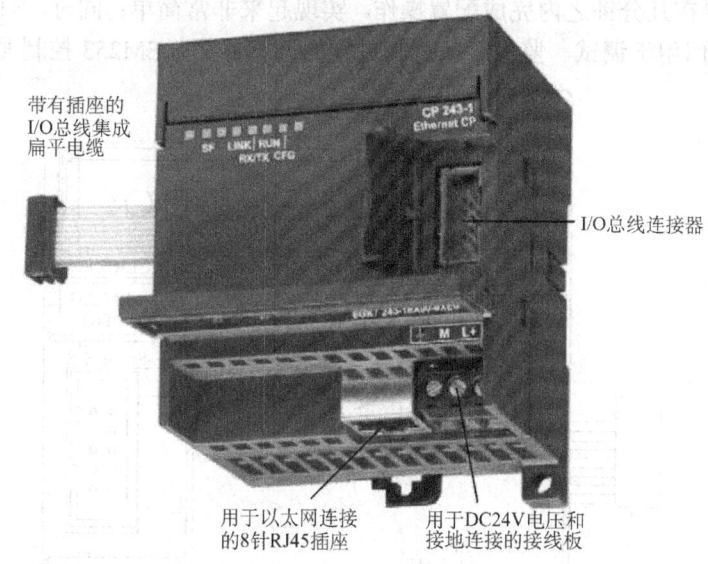

图 2-16　CP 243-1 工业以太网通信处理器

3. AS-i 接口模块 CP 243-2

CP243-2 是 S7-200 的 AS-i 主站。AS-i 接口是执行器/传感器接口。每个 CP243-2 的 AS-i 上最大可达到 248 点输入和 186 点输出。内置模拟量处理系统最多可以连接 31 个模拟量从站，每个从站可以为 4 个开关元件提供地址。S7-200 PLC 同时可以处理最多两个 CP243-2 通信处理器。通过连接 AS-i 可以大大增加 S7-200 的数字量输入和输出的点数。

CP243-2 与 S7-200 PLC 的连接方法和扩展模块相同。它具有两个端子，可与 AS-i 接口电缆相连。其前面板的 LED 显示所有连接的和激活的从站状态与准备状态。两个按钮可以切换运行状态，并可以设置当前组态。

在 S7-200 PLC 的过程映像区中，CP243-2 占用 1 个数字量输入字节（状态字节）、1 个数字量输出字节（控制字节）及 8 个模拟量输入字和 8 个模拟量输出字。因此，CP243-2 占用了两个逻辑插槽。通过用户程序，用状态字节和控制字节设置 CP243-2 的工作模式。根据工作模式的不同，CP243-2 在 S7-200 PLC 模拟量地址区既可以存储 AS-i 从站的 I/O 数据或存储诊断值，也可以使主站调用（如改变一个从站地址）有效。通过按钮所连接的 AS-i 从站可作为设定组态被接管。

CP243-2 支持扩展 AS-i 特性的所有特殊功能。CP243-2 有两种工作模式：标准模式可以访问 AS-i 从站的 I/O 数据；扩展模式为主站调用（如写参数）方式。CP243-2 可以在 AS-i 上处理 62 个数字量或 31 个模拟量。

CP243-2 的功耗为 2W，通过 AS-i 的最大电流为 100mA，通过背板总线需 DC 5V 电流为 220mA。

4. 定位模块 EM253

定位模块 EM253，如图 2-17 所示，集成有 5 个数字量输入点、6 个数字量输出点，用于 S7-200 PLC 定位控制系统中。EM253 通过产生高速脉冲来控制单轴步进电动机的开环速度和位置（无法实现位置闭环控制）。利用 STEP 7-Micro/WIN 提供的一个 EM253 配置向导（位置控制向导），可以在几分钟之内完成配置操作，实现起来非常简单；同时，STEP 7-Micro/WIN 还提供了一个专门用于调试、监控运动控制过程的调试界面（EM253 控制面板）。

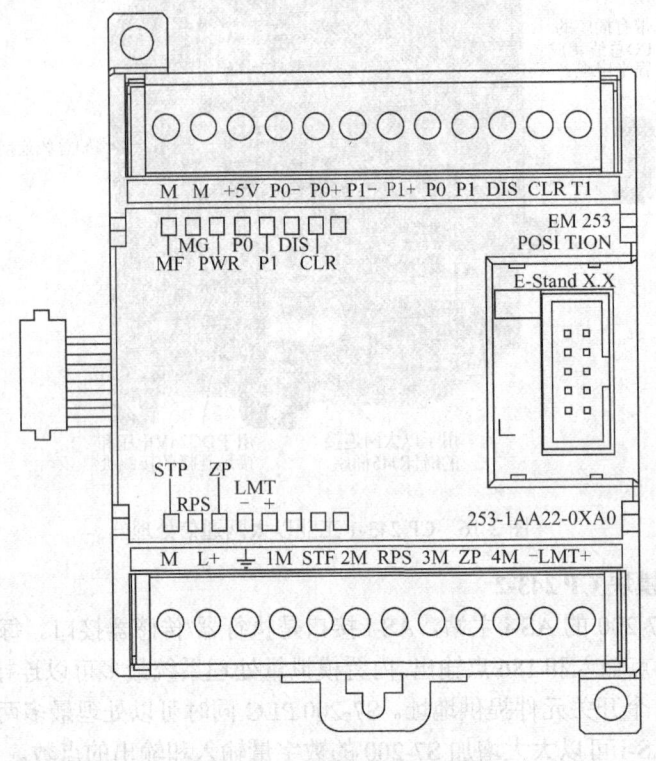

图 2-17 定位模块 EM253

2.1.6 其他设备

1. 电源

S7-200 PLC 采用专用直流开关式稳压电源（AC 120V/230V，DC 24V/3.5A）为内部电路供电，在整个系统中起着十分重要的作用。开关电源的输入电压范围宽、体积小、质量轻、效率高、抗干扰性能好。模块化 PLC 采用独立的电源模块；而整体式 PLC 的电源集成在箱体内。

2. 编程工具

编程工具是开发应用和检查维护 PLC 以及监控系统运行不可缺少的外部设备。编程工具的主要作用是编程、调试程序和监视程序的运行，还可以在线测试 PLC 内部的状态和参数，与 PLC 进行人机对话。编程工具可以是专用的编程器，也可以是安装有专用编程软件的计算机。

S7-200 PLC 的编程软件为 STEP 7-Micro/WIN32 软件包，可运行在 PG 7xx 或带有 80486 或 Pentium 处理器的 PC 上。PC/PPI 电缆用于 S7-200 PLC 与 PC 或 DTE 设备之间的连接，如打印机、条码阅读器等，长 5m，具备光电隔离，内置 RS-232C/RS-485 转换功能。

3. 文本显示器 TD200

TD200 是 S7-200 专用的文本显示器，可以根据 CPU 内部的逻辑条件显示信息，也可以由操作人员进行设置，或对开关量输入/输出进行强制诊断，如图 2-18 所示。

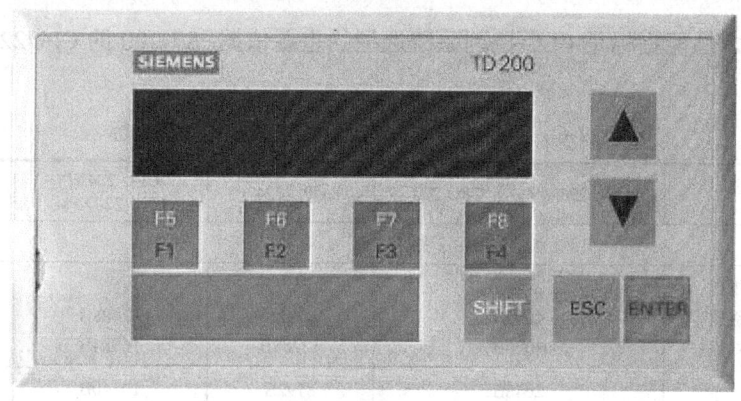

图 2-18　TD200 正视图

TD200 可以设置密码，以限制对设备的操作。具备可编程的 8 个功能键，可以作为普通的控制按钮，从而增加 8 个输入点。TD200 无需独立电源供电，可由 PLC CPU22x 的 PPI 接口通过连接电缆供电。

4．TP 系列触摸屏

TP 系列触摸屏包括 TP170micro（见图 2-19）、TP170A、TP170B 等，具有性价比高、可靠性好、使用方便等特点，可通过 MPI 及 PROFIBUS-DP 与 S7-200 PLC 连接。

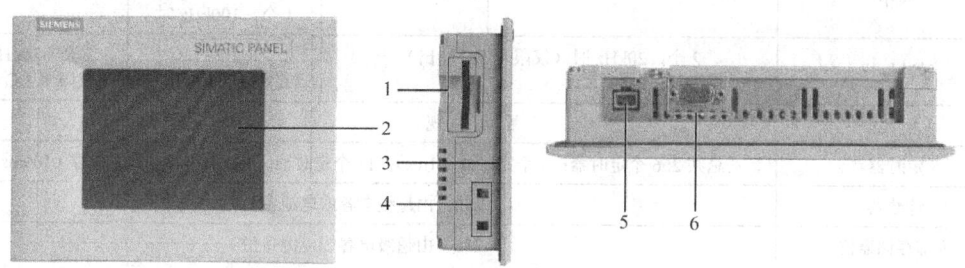

图 2-19　TP170micro 正视图、侧视图与底视图
1—与结构相关的开口，不是存储卡的插槽　2—显示器/触摸屏　3—安装密封垫
4—用于弹簧端子的凹槽　5—电源连接　6—数据接口

2.2　S7-200 PLC 的性能特点及基本功能

西门子公司的 S7-200 PLC 是一种叠装式结构的小型 PLC。由于它结构紧凑、扩展性好、功能丰富、性价比高，目前已经成为各种中小型控制系统的理想控制器，适用于多种行业、多种场合的检测、监测及控制的自动化。S7-200 PLC 的性能特点概括起来有：极高的可靠性、丰富的指令集、易于掌握、便捷的操作、丰富的内置集成功能、实时特性、强大的通信能力和丰富的扩展模块。

2.2.1 S7-200 PLC 的主要技术性能指标

PLC 的技术性能指标是 PLC 控制系统选型的重要依据。S7-200 的 CPU22x 系列主要技术性能指标见表 2-6。

表 2-6 S7-200 的 CPU22x 系列主要技术性能指标

	CPU 221	CPU 222	CPU 224	CPU 224XP CPU 224XPsi	CPU 226
存储器					
用户程序长度 在运行模式下编辑 不在运行模式下编辑	4096B 4096B	8192B 12288B	12288B 16384B	12288B 16384B	16384B 24576B
用户数据	2048B	8192B	8192B	10240B	10240B
I/O					
数字量 I/O	6 输入/4 输出	8 输入/6 输出	14 输入/10 输出	14 输入/10 输出	24 输入/16 输出
模拟量 I/O	无	无	无	2 输入/1 输出	无
最多允许的扩展模块	无	2 个模块	7 个模块		
脉冲捕捉输入	6	8	14		24
高速计数 单相 两相	共 4 个计数器 4 个，30kHz 时 2 个，20kHz 时	共 4 个计数器 4 个，30kHz 时 2 个，20kHz 时	共 6 个计数器 6 个，30kHz 时 4 个，20kHz 时	共 6 个计数器 4 个，30kHz 时 2 个，200kHz 时 3 个，20kHz 时 1 个，100kHz 时	共 6 个计数器 6 个，30kHz 时 4 个，20kHz 时
脉冲输出	2 个，20kHz 时（仅限于 DC 输出）			2 个，100kHz 时（仅限于 DC 输出）	2 个，20kHz 时（仅限于 DC 输出）
常规					
定时器	总共 256 个定时器：4 个定时器（1ms）；16 个定时器（10ms）；236 个定时器（100ms）				
计数器	256（由超级电容或电池备份）				
内部存储器位	256（由超级电容或电池备份）				
掉电保存	112（存储在 EEPROM）				
时间中断	2 个，1ms 分辨率时				
边沿中断	4 个上升沿和/或 4 个下降沿				
模拟电位计	1 个，8 位分辨率时			2 个，8 位分辨率时	
布尔型执行速度	0.22μs/指令				
集成的通信功能					
端口（受限电源）	一个 RS-485 口				两个 RS-485 口
PPI、MPI（从站）波特率	9.6kbit/s、19.2kbit/s、187.5kbit/s				
最大站点数	每段 32 个站，每个网络 126 个站				
最大主站数	32				
MPI 连接	共 4 个，2 个保留（1 个给 PG，1 个给 OP）				

1. 存储容量

存储容量是指用户程序存储器的容量。用户程序存储器的容量大，可以编制出复杂的程序。一般来说，小型 PLC 的用户程序存储器容量为几千字节，而大型 PLC 的用户程序存储器容量为几万字节。S7-200 PLC 的用户程序存储器的容量按 CPU 的类型从 4～24KB 不等。

2. 输入/输出点数

输入/输出（I/O）点数是 PLC 可以接收的输入信号和输出信号的总和，是衡量 PLC 性能的重要指标。I/O 点数越多，外部可接的输入设备和输出设备就越多，控制规模就越大。S7-200 PLC 的主机上集成了 10～40 个数字量 I/O 点。

进行系统扩展时，CPU226 可以达到最大的模拟量点数为 32AI/28AO，最大的数字量点数为 128DI/128DO。然而工程中，I/O 点数取决于 CPU 主机的 I/O 点数、CPU 带扩展模块的数量、CPU 所带智能模块对 I/O 地址的占用等多个因素，而可扩展模块的数量还需考虑主机电源的带负载能力，所以工程中需要综合考虑。

3. 扫描速度

扫描速度是指 PLC 执行用户程序的速度，是衡量 PLC 性能的重要指标。可以通过比较各种 PLC 执行相同的操作所用的时间，来衡量扫描速度的快慢。S7-200 PLC 的布尔型执行速度为 0.22μs/指令。

4. 指令的功能与数量

指令功能的强弱、数量的多少也是衡量 PLC 性能的重要指标。编程指令的功能越强、数量越多，PLC 的处理能力和控制能力也越强，用户编程也越简单和方便，越容易完成复杂的控制任务。S7-200 PLC 的指令系统包括位逻辑指令、时钟指令、通信指令、比较指令、转换指令、定时器指令、计数器指令、高速计数器指令、脉冲输出指令、数字运算指令、比例/积分/微分（PID）回路控制指令、中断指令、逻辑操作指令、传送指令、程序控制指令、移位和循环指令、字符串指令、表指令、子程序指令等。

5. 内部元件的种类与数量

在编制 PLC 程序时，需要用到大量的内部元件来存放变量、中间结果、保持数据、定时计数、模块设置和各种标志位等信息。这些元件的种类与数量越多，表示 PLC 的存储和处理各种信息的能力越强。S7-200 PLC 的内部元件有 13 个，包括数字量输入/输出映像寄存器（I/Q）、内部标志位存储器（M）、变量存储器（V）、局部存储器（L）、顺序控制继电器存储器（S）、特殊标志位存储器（SM）、定时器（T）、计数器（C）、高速计数器（HC）、累加器（AC）、模拟量输入/输出映像寄存器（AI/AQ），这些内部元件将在第 3 章详细介绍。

6. 智能单元

智能单元种类的多少与功能的强弱是衡量 PLC 性能的一个重要指标。近年来，各 PLC 厂商非常重视智能单元的开发，智能单元种类日益增多、功能越来越强，使 PLC 的控制功能日益扩大。S7-200 PLC 的智能单元如温度控制模块、位置控制模块、通信模块等。

7. 可扩展能力

PLC 的可扩展能力包括 I/O（数字量 I/O、模拟量 I/O）点数的扩展，用于扩展控制系统的规模，另外还有功能性扩展，如存储容量的扩展、连网功能的扩展、智能模块的扩展等。在选择 PLC 时，经常需要考虑 PLC 的可扩展能力。

2.2.2 S7-200 PLC 的输入/输出特性

实际生产过程中的信号有些是数字量，有些是模拟量，信号的电平是多种多样的，而 PLC

的 CPU 只能处理标准的数字量信号。输入/输出电路是 PLC 与现场的输入、输出装置或其他外设之间的桥梁，与 PLC 主机、现场设备构成控制系统。

1. 输入特性

S7-200 PLC 对数字量输入信号的电压常规要求为 DC 24V，对逻辑"1"输入要求最低为 DC 15V、2.5mA，对逻辑"0"输入要求不能超过 DC 5V、1mA，经过光电隔离后送入 CPU 处理，具体输入特性见表 2-7。

表 2-7 S7-200 PLC 的数字量输入特性

常 规	DC 24V 输入（CPU221、CPU222、CPU224、CPU226）	DC 24V 输入（CPU224XP、CPU224XPsi）
额定电压	DC 24V、4mA 典型值	
最大持续允许电压	DC 30V	
输入延迟	可选择的（0.2～12.8ms）	
逻辑"1"（最小）	DC 15V、2.5mA	DC 15V、2.5mA（I0.0～I0.2 和 I0.6～I1.5） DC 4V、8mA（I0.3～I0.5）
逻辑"0"（最大）	DC 5V、1mA	DC 5V、1mA（I0.0～I0.2 和 I0.6～I1.5） DC 1V、1mA（I0.3～I0.5）
电缆长度（最大） 　屏蔽 　未屏蔽	普通输入 500m，HSC 输入 50m 普通输入 300m	

2. 输出特性

S7-200 PLC 的数字量输出特性见表 2-8。

表 2-8 S7-200 PLC 的数字量输出特性

	DC 24V 输出（CPU221、CPU222、CPU224、CPU226）	DC 24V 输出（CPU224XP）	DC 24V 输出（CPU224XPsi）	继电器输出
额定电压	DC 24V			DC 24V 或 AC 250V
逻辑"1"（最小）	最大电流时 DC 20V			
逻辑"0"（最大）	DC 0.1V，10kΩ 负载		最大负载时 1M+0.4V	
每点额定电流（最大）	0.75A			2.0A
公共端的额定电流	6A	3.75A	7.5A	10A
延时（最大）	2～130μs	0.5～130μs		10ms
脉冲频率（最大）	20kHz	100kHz		1Hz
电缆长度（最大） 　屏蔽 　非屏蔽	500m 150m			

3. 输入/输出的系统扩展

S7-200 PLC 任何一款型号的主机都可以单独构成一套系统配置，成为一个独立的控制系统。S7-200（CPU 22x）PLC 的主机配置是固定的，即 I/O 点数、地址都是出厂时设置好的。当主机的配置不能满足工程的控制要求时，首先应该考虑给主机增加扩展模块，如果这样仍不能满足控制要求，则应考虑更换主机，选择使用 S7-300 或 S7-400 系列 PLC。采用数字量模块或模拟量模块可以增加系统的 I/O 点数,而一些智能模块(如温度控制模块、通信模块等)可以扩展系统的功能。S7-200 主机加扩展模块时,需考虑扩展模块的数量、地址分配、电源的负载能力等问题。

(1) 扩展模块的数量

扩展模块的数量取决于主机带扩展模块的能力和主机电源的负载能力。CPU221 不能带扩展模块,CPU222 最多可以带两个扩展模块,CPU224、CPU226 最多可以带 7 个扩展模块(最多两个智能模块)。

(2) I/O 映像区大小及地址分配

S7-200 PLC 主机提供的数字量 I/O 映像区大小为 128 点输入映像寄存器(I0.0~I15.7)和 128 点输出映像寄存器(Q0.0~Q15.7),最大数字量 I/O 配置不能超出此范围;模拟量 I/O 映像区大小为:CPU222 主机配有 16 入/16 出,CPU224、CPU226 等配有 32 入/32 出,最大模拟量 I/O 配置不能超出此范围。

扩展模块的地址分配:数字量扩展模块是从最靠近 CPU 模块的数字量输入模块开始从左到右按字节递增,输入地址按字节连续递增,输入字节和输出字节可以重号;模拟量扩展模块的地址从最靠近 CPU 模块的模拟量模块开始从左到右按字节递增,模拟量输入字和模拟量输出字可以重号。

S7-200 系统扩展对输入/输出的编址方法如下:

1) 输入/输出模块按照安装的顺序进行顺序编址。

2) 数字量输入/输出模块必须按照字节进行编址,即按 8 点来分配地址。即使有些模块的端子数不够 8 点,但仍以 8 点来分配地址,如 4 输入/4 输出模块也要占用 8 点输入和 8 点输出地址,而未占用的地址不能分配给后续扩展模块。

3) 模拟量输入/输出模块则按照字进行编址,规则与数字量模块类似。

(3) 主机电源的负载能力

S7-200 PLC 主机内部提供 DC 5V 和 DC 24V 两种电源。

1) DC 5V 电源的负载能力:DC 5V 电源为主机和扩展模块提供工作电源,扩展模块通过总线连接器与主机相连获取所需的工作电源。所以在进行扩展配置时,扩展模块所消耗的电流总和不能超过主机所提供的电流值。S7-200 各类主机能提供的 DC 5V 电源的最大电流分别是 CPU222 为 340mA、CPU224 为 660mA、CPU226 为 1000mA。

DC 24V 电源可以为系统的各类输入设备(如传感器、开关元件等)提供电源,但在使用时也须注意不能超过电源的负载能力。当然各类输入设备也可以有自带的独立的电源。S7-200 各类主机能提供的 DC 5V 电源的最大电流和各扩展模块对 DC 5V 电源的电流消耗,见表 2-9。

2) DC 24V 电源的负载能力:S7-200 主机的内部电源模块除了提供 DC 5V 电源外,还提供 DC 24V 电源,也称为传感器电源,可作为 CPU 模块和扩展模块用于检测直流信号输入点状态、传感器的电源。而一般情况下,DC 24V 电源由外部提供,如果使用内部 DC 24V 电源,也应注意该电源的负载能力。

使用过程中,主机的传感器电源与用户提供的外部 DC 24V 电源不能采用并联连接,否则将会导致两个电源的竞争而影响它们各自的输出,使设备的寿命缩短,即使一个或两个电源失效,也会使 PLC 系统产生不确定的操作。

表 2-9 S7-200 CPU 模块提供的电流

CPU22x 提供的 DC 5V 电源的最大电流/mA		扩展模块对 DC 5V 电源的电流消耗/mA	
CPU222	340	EM 221 DI8×DC 24V	30
CPU224	660	EM 221 DI16×DC 24V	70
CPU226	1000	EM 222 DO4×DC 24V/5A	40
		EM 222 DO4×继电器/10A	30
		EM 222 DO8×DC 24V	50
		EM 222 DO8×继电器	40
		EM 222 DO8×AC 120V/230V	110
		EM 223 DC 24V 4 输入/4 输出	40
		EM 223 DC 24V 8 输入/8 输出	80
		EM 223 DC 24V 16 输入/16 输出	160
		EM 223 DC 24V 16 输入/16 继电器	150
		EM 223 DC 24V 32 输入/32 输出	240
		EM 223 DC 24V 32 输入/32 继电器	205
		EM 231 模拟量输入，4 输入	20
		EM 232 模拟量输出，2 输出	20
		EM 235 模拟量组合，4 输入/1 输出	30
		EM 277 PROFIBUS-DP	150

4. 扩展实例

（1）CPU222 模块扩展

例如，如果扩展模块是由 1 个 16 点数字量输入/16 点数字量输出的 EM223 模块和 1 个 4 路模拟量输入/1 路模拟量输出的 EM235 模块构成的。CPU222 可以提供 DC 5V 电流为 340mA，而 EM223 模块消耗 DC 5V 总线电流为 150mA/160mA，EM235 模块消耗 DC 5V 总线电流为 30mA。可见扩展模块消耗的 DC 5V 总电流小于 CPU222 可以提供的 DC 5V 电流，这种配置（组态）是可行的。此系统共有 24 点输入、22 点输出、4 路模拟量输入、1 路模拟量输出，如图 2-20 所示。地址分配情况如下：

CPU222 基本模块的 I/O 地址：I0.0、I0.1、…、I0.7；Q0.0、Q0.1、…、Q0.5。

EM223 扩展模块的 I/O 地址：I1.0、I1.1、…、I1.7、I2.0、I2.1、…、I2.7；Q1.0、Q1.1、…、Q1.7，Q2.0、Q2.1、…、Q2.7。

EM235 扩展模块的 I/O 地址：AIW0、AIW2、AIW4、AIW6；AQW0。

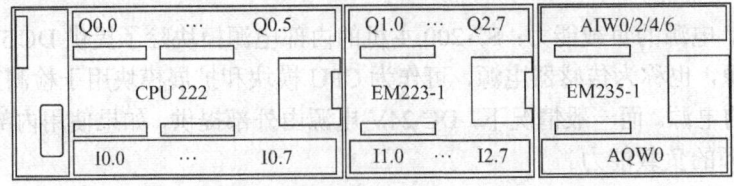

图 2-20 CPU222 的扩展实例

（2）CPU224 模块扩展

例如，如果扩展模块是由 4 个 16 点数字量输入/16 点数字量继电器输出的 EM223 模块和 2 个 8 点数字量输入的 EM221 模块构成的。CPU224 可以提供 DC 5V 电流为 660mA，而 4 个 EM223 模块和 2 个 EM221 模块消耗 DC 5V 总线电流为 660mA。可见扩展模块消耗的 DC 5V 总电流等于 CPU224 可以提供的 DC 5V 电流，故这种组态还是可行的。此系统共有 94 点输入，74 点输出。如果扩展模块的连接顺序是从 CPU224 开始分别为 4 个 EM223 模块，而第 5 个和第 6 个模块为 EM221，则地址分配情况如下：

CPU224 基本模块的 I/O 地址：I0.0、I0.1、…、I0.7，I1.0、I1.1、…、I1.5；Q0.0、Q0.1、…、Q0.7，Q1.0、Q1.1。

第 1 个 EM 223 扩展模块的 I/O 地址：I2.0、I2.1、…、I2.7，I3.0、I3.1、…、I3.7；Q2.0、Q2.1、…、Q2.7，Q3.0、Q3.1、…、Q3.7。

第 2 个 EM 223 扩展模块的 I/O 地址：I4.0、I4.1、…、I4.7，I5.0、I5.1、…、I5.7；Q4.0、Q4.1、…、Q4.7，Q5.0、Q5.1、…、Q5.7。

第 3 个 EM223 扩展模块的 I/O 地址：I6.0、I6.1、…、I6.7，I7.0、I7.1、…、I7.7；Q6.0、Q6.1、…、Q6.7，Q7.0、Q7.1、…、Q7.7。

第 4 个 EM 223 扩展模块的 I/O 地址：I8.0、I8.1、…、I8.7，I9.0、I9.1、…、I9.7；Q8.0、Q8.1、…、Q8.7，Q9.0、Q9.1、…、Q9.7。

第 5 个 EM221 扩展模块的 I/O 地址：I10.0、I10.1、…、I10.7；Q10.0、Q10.1、…、Q10.7。

第 6 个 EM221 扩展模块的 I/O 地址：I11.0、I11.1、…、I11.7；Q11.0、Q11.1、…、Q11.7。

（3）CPU226 模块扩展

例如，选用 CPU226 作为主机进行系统配置，见表 2-10。

表 2-10 CPU226 模块的 I/O 配置及地址分配

主　　机	模块 0	模块 1	模块 2	模块 3
CPU226	8IN	4IN/4OUT	4AI/1AQ	4AI/1AQ
I0.0　Q0.0	I3.0	I4.0　Q2.0	AIW0　AQW0	AIW8　AQW2
I0.1　Q0.1	I3.1	I4.1　Q2.1	AIW2	AIW10
I0.2　Q0.2	I3.2	I4.2　Q2.2	AIW4	AIW12
I0.3　Q0.3	I3.3	I4.3　Q2.3	AIW6	AIW14
I0.4　Q0.4	I3.4			
I0.5　Q0.5	I3.5			
I0.6　Q0.6	I3.6			
I0.7　Q0.7	I3.7			
I1.0　Q1.0				
I1.1　Q1.1				
I1.2　Q1.2				
I1.3　Q1.3				
I1.4　Q1.4				
I1.5　Q1.5				
I1.6　Q1.6				
I1.7　Q1.7				

主机	模块 0	模块 1	模块 2	模块 3
I2.0				
I2.1				
I2.2				
I2.3				
I2.4				
I2.5				
I2.6				
I2.7				

CPU226 模块可带 7 个扩展模块，表 2-10 中 CPU226 模块带了 4 个扩展模块。CPU226 模块提供的主机 I/O 点有 24 个数字量输入点和 16 个数字量输出点。

模块 0 是一个具有 8 个输入点的数字量扩展模块。模块 1 是一个 4IN/4OUT 的数字量扩展模块，实际上它却占用了 8 个输入点地址和 8 个输出点地址，即（I4.0～I4.7，Q2.0～Q2.7）。其中输入点地址（I4.4～I4.7）、输出点地址（Q2.4～Q2.7）由于没有提供相应的物理点与之相对应，那么与之对应的输入映像寄存器（I4.4～I4.7）、输出映像寄存器（Q2.4～Q2.7）的空间就被丢失了，且不能分配给 I/O 链中的后续模块。由于输入映像寄存器（I4.4～I4.7）在每次输入更新时都被清 0，因此不能用作内部标志位存储器，而输出映像寄存器（Q2.4～Q2.7）可以作为内部标志位存储器使用。

模块 2、模块 3 是具有 4 个输入通道和 1 个输出通道的模拟量扩展模块。模拟量扩展模块是以 2B 递增的方式来分配空间的。

2.2.3 存储系统

PLC 的存储器分为两部分：存放系统软件的存储器称为系统程序存储器，存放应用软件或用户程序的存储器称为用户程序存储器。

系统程序存储器用于存放相当于计算机操作系统的系统程序，包括监控程序、管理程序、功能子程序、命令解释程序、系统诊断子程序、系统调用和系统参数等。系统程序由 PLC 制造商将其固化到 EPROM 存储器中，用户不能访问和修改，它和硬件一起决定了该 PLC 的性能。

用户程序存放在用户程序存储器中，用户程序存储器的容量不大，主要存储可编程序控制器内部的输入/输出信息，以及内部继电器、移位寄存器、累加寄存器、数据寄存器、定时器和计数器的动作状态。PLC 的内存指的是用户程序存储器的容量，由 RAM 构成，小型可编程序控制器的存储容量一般只有几 KB，中大型的 PLC 可达到几十到几百 KB。当用户程序较长或存储数据较大时，如果存储容量不足可以进行存储器扩展。

用户程序存储器主要有三个区：用户程序区、数据区和系统区。用户程序区用于存放用户经编程器或编程软件录入的应用程序；数据区用于存放 PLC 的工作或操作数据，如通过输入端子读取的输入信号的状态、准备通过输出端子输出的输出信号的状态，这些数据是需要经常变化的，所以该存储器必须能够快速的读写；系统区主要用于存放 CPU 的组态数据，如输入/输出组态、PLC 中各个内部元件的状态，以及特殊功能要求等。

1. 常用的存储器类型

（1）RAM

RAM（Random Access Memory）是一种读写存储器，或称为随机存储器。这种存储器读写速度快、耗电低，如利用 CMOS 工艺制造的 SRAM 静态存储器读写速度小于 200ns，几乎不耗电，用锂电池作后备电源，停电后可保存数据数年不变。

（2）EPROM

EPROM 为可擦除可编程 ROM，可重复擦除和写入，用来固化完善的程序。EPROM 芯片有一个很明显的特征，在其正面的陶瓷封装上，开有一个玻璃窗口，透过该窗口，可以看到其内部的集成电路，紫外线透过该窗口照射内部芯片就可以擦除其内的数据，完成芯片擦除的操作要用到 EPROM 擦除器。EPROM 的固化要用 PLC 配套的专门写入器，并且往芯片中写内容时必须要加一定的编程电压（V_{PP}=12~24V，随不同的芯片型号而定），写入速度为毫秒级。EPROM 芯片在写入资料后，还要用不透光的贴纸或胶布把窗口封住，以免受到周围的紫外线照射而使资料受损。EPROM 不适宜多次反复的擦除和写入。

（3）EEPROM

EEPROM 是电可擦除可编程的只读存储器，供用户开发调试程序时使用，内容可多次反复修改。它的主要优点是能在 PLC 工作时"在线改写"，既可以按字节进行擦除和全新编程，也可以进行整片擦除，且不需要专门的写入设备，写入速度也比 EPROM 快，写入的内容能在断电情况下保持不变，而不需要保护电源。它具有与 RAM 相似的高度适应性，又保留了 ROM 不易失的特点，但从保存数据的长期性、可靠性来看，它不如 EPROM。

2. 存储系统的使用

S7-200 PLC 的系统程序普通用户无法进行操作，可以编辑和使用的只有用户程序。用户程序一般包括：程序块、数据块和系统块。程序块是用户程序的主体，由用户使用编程语言编写；数据块是用户程序在执行过程中所用到的和生成的数据；系统块是指 CPU 的组态数据。数据块和系统块可选择性下载至 PLC。

存储系统的使用，主要包括以下内容：

（1）设置掉电保护（保持）数据存储区

为防止系统运行时突然断电造成数据丢失，可以设置 CPU 组态参数，定义要保持的数据区范围。具体做法是进入 STEP 7-Micro/WIN 后，首先单击浏览栏中的"系统块"，然后单击"断电数据保持"分支，可以对变量存储器、通用辅助继电器、计数器、定时器存储区输入新值，最后将这些修改下载到 CPU 中。在默认的情况下，上述存储区的一些范围被设为保持范围。这些赋值配置的是断电、上电的初始化过程。

（2）永久保存数据

用户可以将存储在变量存储器内存中的一个数据保存至 EEPROM 中，首先将要保存的位置地址载入 SMW32 中，然后将命令载入特殊标志存储器字节 SMB31 中，保存该数据至 EEPROM 中。数据可以是字节、字、双字型。

（3）存储卡的使用

存储卡是可选的，可永久性存储用户的程序和项目数据。只有当 PLC 已上电和处于"STOP"模式时，才能够写入、擦除存储卡的内容。用户可以使用 PLC 的存储卡命令对存储的全部数据进行操作。

2.2.4 S7-200 PLC 的工作方式

S7-200 PLC 的工作方式包括 RUN、STOP 两种模式，可以通过安装在 PLC 机身上的模式转换开关进行切换，通过机身上的状态指示灯显示。

1）STOP 模式：PLC 处于 STOP（停止）模式，用户可以新建/编辑程序，但不可以执行程序。在 STOP 模式下用户还可以使用调试功能，如首次扫描和多次扫描功能，这时 PLC 可临时更改为 RUN 模式。

在 STOP 模式下，PLC 处于半空闲状态，主要的特点有：用户程序执行被中断、执行输入更新、用户中断条件被禁止。

2）RUN 模式：在此模式下，PLC 读取输入、执行程序、写入输出、对通信请求作出应答、更新智能模块、执行内部管理工作以及对中断条件作出应答。PLC 不支持在 RUN 模式下执行固定次数的循环扫描周期。与 STOP 模式最大的不同就是 RUN 模式下，用户程序被执行。

思考与练习

2-1 简述 S7-200 PLC 系统的基本组成。
2-2 CPU224 AC/DC/Relay 是基本模块还是扩展模块？有多少个输入/输出点？属于什么输出类型？
2-3 S7-200 PLC 的输入/输出地址是如何进行编号的？
2-4 S7-200 PLC 是如何编址的？
2-5 S7-200 PLC 有哪些编程工具？各有什么特点？

第 3 章 S7-200 PLC 的基本指令

S7-200 PLC 是一种小型可编程序控制器，它的用户程序中包括位逻辑、计数器、定时器、复杂数学运算以及与其他智能模块通信等指令，从而可以使其能够监视输入状态、改变输出状态，达到控制的目的。紧凑的结构、灵活的配置和强大的指令集使 S7-200 成为各种控制系统的理想解决方案。

S7-200 PLC 支持两种指令集，即 IEC1131-3 指令集和 SIMATIC 指令集。IEC1131-3 指令集是按国际电工委员会（IEC）制定的 PLC 国际标准中推荐的标准语言。IEC1131-3 指令集支持系统完全数据类型检查，适用于各个不同厂家的 PLC，有梯形图（LAD）和功能块图（FBD）两种编程语言。通常 IEC1131-3 指令集的指令执行时间较长。

SIMATIC 指令集是为 S7-200 PLC 设计的专用指令集，该指令集中大多数指令也符合 IEC1131-3 标准。SIMATIC 指令集不支持系统完全数据类型检查。使用 SIMATIC 指令集，可以用梯形图（LAD）、功能块图（FBD）和语句表（STL）编程语言编程。通常 SIMATIC 指令集具有专用性强、执行速度快等优点。本章着重介绍 SIMATIC 指令集。

梯形图（LAD）和功能块图（FBD）是图形语言，语句表（STL）是一种类似于汇编语言的文本型语言。而梯形图（LAD）和语句表（STL）是 PLC 最基本、最常用的编程语言，本书将基于这两种语言介绍 S7-200 PLC 的基本指令。

S7-200 PLC 的指令可分为基本指令和功能指令。所谓基本指令，最初是指为取代传统的继电器控制系统所需要的那些指令；功能指令是指在完成基本逻辑控制、定时控制和顺序控制的基础上，PLC 制造商为满足用户不断提出的一些特殊控制要求而进一步开发的那些指令。当然，基本指令和功能指令现在并没有严格的区分。本章将比较系统地介绍 S7-200 PLC 的基本指令系统。

3.1 S7-200 PLC 的内部元件及程序结构

3.1.1 S7-200 PLC 的基本数据类型

在 S7-200 PLC 的编程语言中，大多数指令要与数据对象一起进行操作。不同的数据对象具有不同的数据类型，不同的数据类型具有不同的数制和格式。程序中所使用的数据需要指定一种数据类型，在指定数据类型时，首先要确定数据大小及数据位的结构。

S7-200 PLC 的基本数据类型及其范围见表 3-1。

在编程中经常会使用常数，常数数据长度可分为字节、字和双字。在机器内部的数据都以二进制形式存储，但常数的书写可以用二进制、十进制、十六进制、ASCII 码或浮点数（实数）等多种形式。几种常数形式说明如下：

1）二进制的书写格式为"2#二进制数值"，如 2#1011_1101_0011_1010。
2）十进制的书写格式为"十进制数值"，如 2156。

3）十六进制的书写格式为"16#十六进制数值",如 16#7BD8。

4）ASCII 码的书写格式为"'ASCII 码文本'",如'show terminds'。

5）浮点数的书写格式按 IEEE 浮点数格式,如 10.5。

注意:"#"为常数的进制格式说明符,如果常数无任何格式说明符,则系统默认为十进制数;浮点数的书写必须有小数点。

表 3-1 S7-200 PLC 的基本数据类型及其范围

基本数据类型		位数	说明
布尔型 BOOL		1	位范围:0,1
无符号数	字节型 BYTE	8	字节范围:0~255
	字型 WORD	16	字范围:0~65535
	双字型 DWORD	32	双字范围:0~($2^{32}-1$)
有符号数	字节型 BYTE	8	字节范围:-128~+127
	整型 INT	16	整数范围:-32768~+32767
	双整形 DINT	32	双字整数范围:-2^{31}~($2^{31}-1$)
实数型 REAL		32	IEEE 浮点数

CPU 存储器中存放的数据类型可分为 1 位布尔型(BOOL)、8 位字节型(BYTE)、16 位无符号整数(WORD)、16 位有符号整数(INT)、32 位无符号双字整数(DWORD)、32 位有符号双字整数(DINT)、32 位实数型(REAL)。不同的数据类型具有不同的数据长度和数据范围,在上述数据类型中,实数采用 32 位单精度数来表示,其数值有较大的表示范围:正数为+1.175495E-38~+3.402823E+38,负数为-1.175495E-38~-3.402823E+38。不同长度的整数所表示的数值范围见表 3-2。

表 3-2 不同长度的整数所表示的数值范围

整数长度	无符号整数表示范围		有符号整数表示范围	
	十进制表示	十六进制表示	十进制表示	十六进制表示
字节 B(8 位)	0~255	0~FF	-128~127	80~7F
字 W(16 位)	0~65535	0~FFFF	-32768~32767	8000~7FFF
双字 D(32 位)	0~4294967295	0~FFFFFFFF	-2147483648~2147483647	80000000~7FFFFFFF

3.1.2 S7-200 PLC 的寻址方式

S7-200 PLC 的寻址方式有立即寻址、直接寻址和间接寻址。

1. 立即寻址

指令直接给出操作数,操作数紧跟着操作码,在取出指令的同时也就取出了操作数,这种方式称为立即寻址。立即寻址方式可用来提供常数、设置初始值等。指令中常常使用常数,常数值可分为字节、字、双字型等数据。CPU 以二进制形式存储所有常数,指令中可用十进制、十六进制、ASCII 码或浮点数形式来表示。

2. 直接寻址

指令直接给出操作数的地址的寻址方式称为直接寻址。由于直接在指令中使用存储器或寄存器的元件名称和地址编号,根据这个地址就可以立即找到该数据,必须注意的是操作数的地址应按规定的格式表示。指令中,数据类型应与指令标识符相匹配。

不同数据长度的寻址指令举例如下:

位寻址:AND   Q5.5。

字节寻址:ORB   VB33,LB21。

字寻址:MOVW   AC0,AQW2。

双字寻址:MOVD   AC1,VD200。

3. 间接寻址

间接寻址方式是数据存放在存储器或寄存器中,在指令中只出现所需数据所在单元的内存地址的地址。存储单元地址的地址又称为地址指针,这种间接寻址方式与计算机的间接寻址方式相同。间接寻址在处理内存连续地址中的数据时非常方便,而且可以缩短程序所生成的代码长度,使编程更加灵活。S7-200 CPU 以变量存储器(V)、局部存储器(L)或累加器(AC)的内容值为地址进行间接寻址。可间接寻址的存储器区域有 I、Q、V、M、S、T(仅当前值)、C(仅当前值)。不可以对独立的位(bit)值或模拟量进行间接寻址。

(1)建立指针

间接寻址前,应先建立指针,指针为双字长,指针中存放存储单元的 32 位物理地址,以指针中的内容值为地址就可以进行间接寻址了。只能使用变量存储器(V)、局部存储器(L)或累加器(AC1、AC2、AC3)作为指针,AC0 不能用作间接寻址的指针。建立指针时,将存储器的某个地址移入另一存储器或累加器中作为指针。建立指针后,就可把从指针处取出的数值传送到指令输出操作数指定的位置。例如,执行指令 MOVD &VB200,AC1,把地址"VB200"送入 AC1,建立指针。这里地址"VB200"要用 32 位表示,它只是一个直接地址编号,指针中的内容为双字型数据,因而必须使用双字传送指令(MOVD)。指令操作数"&VB200"中的"&"符号与单元编号组合表示所对应单元的 32 位物理地址,不是存储器的内容。

(2)间接存取

依据指针中的内容值作为地址存取数据。使用指针可存取字节、字、双字型的数据,执行指令 MOVW *AC1,AC0,把指针中的内容值(VB200)作为地址,由于指令 MOVW 的标识符是"W",因而指令操作数的数据长度应是字型,把地址 VB200、VB201 处 2B 的内容(1234)传送到 AC0。指针处的值(即 1234)为字型数据,如图 3-1 所示。操作数(AC1)前面的"*"号表示该操作数(AC1)为指针。

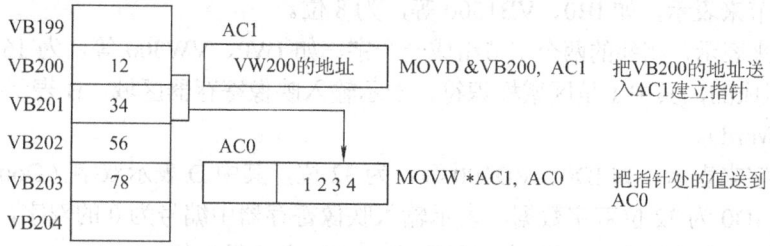

图 3-1 使用指针间接寻址

(3)修改指针

处理连续存储数据时，可以通过修改指针很容易地存取其他紧挨的数据。简单的数学运算指令，如加法、减法、自增和自减等指令可以用来修改指针。在 S7-200 PLC 中，指针中的内容为双字型数据，应使用双字指令来修改指针值。如图 3-2 所示，用两次自增指令 INCD AC1，将 AC1 指针中的值（VB200）修改为 VB202 后，指针即指向新地址 VB202。执行指令 MOVW *AC1, AC0，可在变量存储器（V）中连续地存取数据，将 VB202、VB203 处 2B 的数据（5678）传送到 AC0。

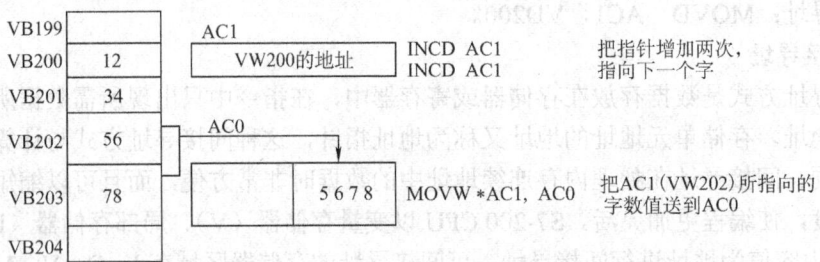

图 3-2　存取字数据值时指针的修改

修改指针值时，应根据存取的数据长度来进行调整。若对字节进行存取，指针值加 1（或减 1）；若对字进行存取，或对定时器、计数器的当前值进行存取，指针值加 2（或减 2）；若对双字进行存取，指针值加 4（或减 4）。图 3-2 中，存取的数据长度是字型数据，因而指针值加 2。

3.1.3　S7-200 PLC 的编程元件

程序设计中需要用到 PLC 的内部元件，如输入/输出继电器、辅助继电器、定时器、计数器等。这些元件具有与低压电器相似的功能，但它们在 PLC 内部是以寄存器的形式出现的，每个元件对应于一个或多个内部单元，而非实际的硬件元件，所以称为内部软元件或编程元件。

S7-200 PLC 将编程元件统一归为存储器单元，存储单元按字节进行编址，无论所寻址的是何种数据类型，通常应指出它所在的存储区域和在区域内的字节地址。每个单元都有惟一的地址，地址由名称和编号两部分组成。

1. 编程元件的数据表示

1）用位来表示，如 I0.0（I0 表示 0 通道，I0.0 表示 0 通道的 0 位），1 位。
2）用字节来表示，如 IB0、VB1500 等，为 8 位。
3）用字来表示，相邻的两个字节组成一个字，如 IW0、VW300 等，为 16 位。IW0 是由 IB0 和 IB1 组成的，其中 I 是区域标识符，表示输入映像寄存器区域，B 表示字节（Byte），W 表示字（Word）。
4）用双字来表示，如 ID0、VD100 等，为 32 位，其中 D 表示双字（Double Word）。如图 3-3 所示，ID0 为 32 位双字数据，表示输入映像寄存器中编号为 0 的双字，由 IB0、IB1、IB2、IB3 这 4 个字节组成。MSB 表示最高位，LSB 表示最低位。

用字节表示的序号是连续的，但用字表示时就要用 IW0、IW2、IW4 等，用双字表示时就要用 ID0、ID4、ID8 等，这样就不会造成地址重叠。

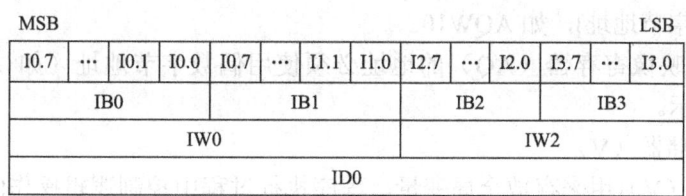

图 3-3 双字类型的数据表示

2. 编程元件

（1）数字量输入映像寄存器（I）

PLC 的输入端子是从外部接收输入信号的窗口，每一个输入端子与输入映像寄存器（I）的相应位相对应。输入点的状态，在每次扫描周期开始（或结束）时进行采样，并将采样值存于输入映像寄存器，作为程序处理时输入点状态的依据。输入映像寄存器的状态只能由外部输入信号驱动，而不能在内部由程序指令来改变。输入映像寄存器（I）的地址格式如下：

位地址：I[字节地址].[位地址]，如 I0.1。

字节、字、双字地址：I[数据长度][起始字节地址]，如 IB4、IW6、ID10。

（2）数字量输出映像寄存器（Q）

每一个输出模块的端子与输出映像寄存器的相应位相对应。CPU 将输出判断结果存放在输出映像寄存器中，在扫描周期的末尾，CPU 以批处理方式将输出映像寄存器的数值复制到相应的输出端子上，通过输出模块将输出信号传送给外部负载。即 PLC 的输出端子是 PLC 向外部负载发出控制命令的窗口。输出映像寄存器（Q）的地址格式如下：

位地址：Q[字节地址].[位地址]，如 Q1.1。

字节、字、双字地址：Q[数据长度][起始字节地址]，如 QB5、QW8、QD11。

I/O 映像区实际上就是外部输入/输出设备状态的映像区，PLC 通过 I/O 映像区的各个位与外部物理设备建立联系。I/O 映像区每个位都可以映像输入、输出单元上的每个端子状态。

梯形图中的输入继电器、输出继电器的状态对应于输入/输出映像寄存器相应位的状态，使系统在程序执行期间完全与外界隔开，从而提高了系统的抗干扰能力。建立了 I/O 映像区，用户程序存取映像寄存器中的数据要比存取输入、输出物理点快得多，加快了运算速度。此外，外部输入点的存取只能按位进行，而 I/O 映像寄存器的存取可按位、字节、字、双字进行，因而使操作更快、更灵活。

（3）模拟量输入映像寄存器（AI）

模拟量输入模块将外部输入的模拟量信号的模拟量转换成 1 个字长的数字量，存放在模拟量输入映像寄存器（AI）中，供 CPU 运算处理。模拟量输入映像寄存器（AI）中的值为只读值。模拟量输入映像寄存器（AI）的地址格式如下：

AIW [起始字节地址]，如 AIW4。

模拟量输入映像寄存器（AI）的地址必须使用偶数字节地址（如 AIW0、AIW2、AIW4……）来表示。

（4）模拟量输出映像寄存器（AQ）

CPU 运算的相关结果存放在模拟量输出映像寄存器（AQ）中，供 D/A 转换器将 1 个字长的数字量转换为模拟量，以驱动外部模拟量控制的设备。模拟量输出映像寄存器（AQ）中的数字量为只写入值。模拟量输出映像寄存器（AQ）的地址格式如下：

AQW [起始字节地址]，如 AQW10。

模拟量输出映像寄存器（AQ）的地址必须使用偶数字节地址（如 AQW0、AQW2、AQW4…）来表示。

(5) 变量存储器（V）

变量存储器（V）用来存放全局变量、程序执行过程中控制逻辑操作的中间结果或其他相关的数据。变量存储器是全局有效的。全局有效是指同一个存储器可以在任一程序分区（主程序、子程序、中断程序）被访问。变量存储器（V）的地址格式如下：

位地址：V[字节地址].[位地址]，如 V10.2。

字节、字、双字地址：V[数据长度] [起始字节地址]，如 VB20、VW100、VD320。

(6) 局部存储器（L）

局部存储器（L）用来存放局部变量。局部存储器是局部有效的。局部有效是指某一局部存储器只能在某一程序分区（主程序、子程序或中断程序）中使用。局部存储器可用作暂时存储器或为子程序传递参数。CPU 可以按位、字节、字、双字访问局部存储器。可以把局部存储器作为间接寻址的指针，但是不能作为间接寻址的存储器区。局部存储器（L）的地址格式如下：

位地址：L[字节地址].[位地址]，如 L0.0。

字节、字、双字地址：L[数据长度][起始字节地址]，如 LB33、LW44、LD55。

(7) 内部标志位存储器（M）

内部标志位存储器（M）也称为内部线圈，是模拟继电器控制系统中的中间继电器，它存放中间操作状态，或存储其他相关的数据。内部标志位存储器（M）以位为单位使用，也可以字节、字、双字为单位使用。内部标志位存储器（M）的地址格式如下：

位地址：M[字节地址].[位地址]，如 M26.7。

字节、字、双字地址：M[数据长度] [起始字节地址]，如 MB11、MW23、MD26。

(8) 特殊标志位存储器（SM）

特殊标志位存储器（SM）即特殊内部线圈。它是用户程序与系统程序之间的界面，为用户提供一些特殊的控制功能及系统信息，用户对操作的一些特殊要求也通过特殊标志位通知系统。特殊标志位区域分为只读区域（SM0~SM29）和可读写区域。在只读特殊标志位，用户只能使用其触点；可读写特殊标志位用于特殊控制功能，例如，用于自由通信口设置的 SMB30，用于定时中断间隔时间设置的 SMB34/SMB35，用于高速计数器设置的 SMB36~SMB65，用于脉冲串输出控制的 SMB66~SMB85……尽管 SM 基于位存取，但也可以按字节、字、双字来存取数据。特殊标志位存储器（SM）的地址格式如下：

位地址：SM[字节地址].[位地址]，如 SM0.1。

字节、字、双字地址：SM[数据长度] [起始字节地址]，如 SMB86、SMW100、SMD12。

表 3-3 和表 3-4 分别为 SMB0 的各个位功能描述和其他状态字功能表。

(9) 顺序控制继电器存储器（S）

顺序控制继电器存储器（S）用于顺序控制（或步进控制）。顺序控制继电器指令（SCR）基于顺序功能图（SFC）的编程方式。SCR 指令将控制程序的逻辑分段，从而实现顺序控制。

顺序控制继电器存储器（S）的地址格式如下：

位地址：S [字节地址].[位地址]，如 S3.1。

表 3-3 SMB0 的各个位功能描述

SMB0 的各个位	功 能 描 述
SM0.0	常闭触点,在程序运行时一直保持闭合状态
SM0.1	该位在程序运行的第一个扫描周期闭合,常用于调用初始化子程序
SM0.2	若永久保持的数据丢失,则该位在程序运行的第一个扫描周期闭合。可用于存储器错误标志位
SM0.3	开机后进入 RUN 模式,该位将闭合一个扫描周期。可用于启动操作前为设备提供预热时间
SM0.4	该位为一个 1min 时钟脉冲,30s 闭合,30s 断开
SM0.5	该位为一个 1s 时钟脉冲,0.5s 闭合,0.5s 断开
SM0.6	该位为扫描时钟,本次扫描闭合,下次扫描断开,不断循环
SM0.7	该位指示 CPU 工作方式开关的位置(断开为 TERM 位置,闭合为 RUN 位置)。利用该位状态,当开关在 RUN 位置时,可使自由口通信方式有效;开关切换至 TERM 位置时,与编程设备的正常通信有效

表 3-4 其他状态字功能表

状 态 字	功 能 描 述
SMB1	包含了各种潜在的错误提示,可在执行某些指令或执行出错时由系统自动对相应位进行置位或复位
SMB2	在自由接口通信时,自由接口接收字符的缓冲区
SMB3	在自由接口通信时,发现接收到的字符中有奇偶校验错误时,可将 SM3.0 置位
SMB4	标志中断队列是否溢出或通信接口使用状态
SMB5	标志 I/O 系统错误
SMB6	CPU 模块识别(ID)寄存器
SMB7	系统保留
SMB8~SMB21	I/O 模块识别和错误寄存器,按字节对(相邻两个字节)形式存储扩展模块 0~6 的模块类型、I/O 类型、I/O 点数和测得的各模块 I/O 错误
SMW22~SMW26	记录系统扫描时间
SMB28~SMB29	存储 CPU 模块自带的模拟电位器所对应的数字量
SMB30 和 SMB130	SMB30 为自由接口通信时,自由接口 0 的通信方式控制字节;SMB130 为自由接口通信时,自由接口 1 的通信方式控制字节。两字节可读可写
SMB31~SMB32	永久存储器(EEPROM)写控制
SMB34~SMB35	用于存储定时中断的时间间隔
SMB36~SMB65	高速计数器 HSC0、HSC1、HSC2 的监视及控制寄存器
SMB66~SMB85	高速脉冲输出(PTO/PWM)的监视及控制寄存器
SMB86~SMB94 SMB186~SMB194	自由接口通信,接口 0 或接口 1 接收信息状态寄存器
SMB98~SMB99	标志扩展模块总线错误号
SMB131~SMB165	高速计数器 HSC3、HSC4、HSC5 的监视及控制寄存器
SMB166~SMB194	高速脉冲输出(PTO)包络定义表
SMB200~SMB299	预留给智能扩展模块,保存其状态信息

字节、字、双字地址：S[数据长度][起始字节地址]，如 SB4、SW10、SD21。

(10) 定时器（T）

定时器（T）是 PLC 程序设计中的重要元件，其作用相当于继电器—接触器控制系统中的时间继电器。S7-200 CPU22x 系列 PLC 共有 256 个定时器，编号为 T0～T255。它们有三种类型的时间基（定时精度），即 1ms、10ms、100ms。定时器的延时时间由指令的预置值和时间基确定，即

$$\text{延时时间} = \text{定时器预置值} \times \text{时间基}$$

每个定时器有两种操作数：一种是字类型，用于存储定时器的当前值，为 16 位有符号整数；另一种是位类型，称为定时器位，用于反映定时器的延时状态，相当于时间继电器的延时触点。这两种数据类型的字符表示与定时器编号完全相同，在指令执行中具体访问哪种类型取决于指令的形式，字类型操作指令取定时器的当前值，位类型操作指令取定时器位的值。

定时器有三种指令格式，即接通延时定时器（TON）指令、断开延时定时器（TOF）指令和记忆接通延时定时器（TONR）指令。TON 和 TOF 指令的动作特性与通电延时时间继电器和断电延时时间继电器相同。不同的指令格式、定时器编号，其时间基不同，定时器的刷新方法也不同。

(11) 计数器（C）

计数器（C）也是 PLC 应用中的重要编程元件，其主要用来累计输入脉冲个数。S7-200 CPU22x 系列 PLC 共有 256 个计数器，编号为 C0～C255。计数器的预置值由程序设置。

每个计数器有两种操作数：一种是字类型，用于存储计数器的当前值，当前值寄存器用以累计脉冲个数；另一种是位类型，称为计数器位，用于反映计数状态，计数器当前值大于或等于预设值时，状态位置 1。这两种数据类型的字符表示与计数器编号相同，在指令执行中具体访问哪种类型的数据取决于指令的形式，字类型操作指令取计数器的当前值，位类型操作指令取计数器位的值。

计数器指令有加计数（CTU）、减计数（CTD）和加减计数（CTUD）三种形式。

一般计数器的计数频率受扫描周期的影响，频率不能太高。对于高频输入的计数应使用高速计数器。

(12) 高速计数器（HC）

对高频输入信号计数时，可使用高速计数器。高速计数器只有一种数据类型，即有符号的 32 位双字类型整数，用于存储高速计数器的当前值。CPU22x 提供了 6 个高速计数器 HC0、HC1、…、HC5（每个计数器最高频率为 30kHz），用来累计比 CPU 扫描速率更快的事件。高速计数器的当前值为双字长的符号整数。

(13) 累加器（AC）

累加器（AC）是 S7-200 PLC 内部使用较为灵活的存储器，可用于向子程序传递参数，或从子程序返回参数，也可用来存放数据、运算结果等。S7-200 CPU22x 系列 PLC 提供了 4 个 32 位的累加器，编号为 AC0～AC3。累加器可以支持字节类型、字类型和双字类型的指令，数据存取时的长度取决于指令形式。若为字节类型指令，则只有低 8 位参与运算；若为字类型指令，则只有低 16 位参与运算；若为双字类型指令，则 32 位数据全部参与运算。

表 3-5 列出了 S7-200 CPU22x 系列 PLC 的存储器范围，可供编程时参考。

表 3-5 S7-200 CPU22x 系列 PLC 的存储器范围

CPU 类型 编程元件	CPU221	CPU222	CPU224	CPU224XP	CPU226
输入映像寄存器	I0.0～I15.7	I0.0～I15.7	I0.0～I15.7	I0.0～I15.7	I0.0～I15.7
输出映像寄存器	Q0.0～Q15.7	Q0.0～Q15.7	Q0.0～Q15.7	Q0.0～Q15.7	Q0.0～Q15.7
模拟量输入	AIW0～AIW30	AIW0～AIW30	AIW0～AIW30	AIW0～AIW30	AIW0～AIW30
模拟量输出	AQW0～AQW30	AQW0～AQW30	AQW0～AQW30	AQW0～AQW30	AQW0～AQW30
变量存储器	VB0～VB2047	VB0～VB2047	VB0～VB8191	VB0～VB10239	VB0～VB10239
局部存储器	LB0～LB53	LB0～LB53	LB0～LB53	LB0～LB53	LB0～LB53
内部标志位存储器	M0.0～M31.7	M0.0～M31.7	M0.0～M31.7	M0.0～M31.7	M0.0～M31.7
特殊标志位存储器	SM0.0～SM179.7 SM0.0～SM29.7	SM0.0～SM279.7 SM0.0～SM29.7	SM0.0～SM549.7 SM0.0～SM29.7	SM0.0～SM549.7 SM0.0～SM29.7	SM0.0～SM549.7 SM0.0～SM29.7
定时器	T0～T255 带保持的通电延时，时基为 1ms：T0、T64；10ms：T1～T4、T65～T68；100ms：T5～T31、T65～T95 通电/断电延时，时基为 1ms：T32、T96；10ms：T33～T36、T97～T001；100ms：T37～T63、T101～T255				
计算器	C0～C255	C0～C255	C0～C255	C0～C255	C0～C255
高速计数器	HC0～HC5	HC0～HC5	HC0～HC5	HC0～HC5	HC0～HC5
状态寄存器	S0.0～S31.7	S0.0～S31.7	S0.0～S31.7	S0.0～S31.7	S0.0～S31.7
累加器	AC0～AC3	AC0～AC3	AC0～AC3	AC0～AC3	AC0～AC3
调用/子程序	0～63	0～63	0～63	0～63	0～63
中断程序	0～127	0～127	0～127	0～127	0～127
跳转/标号	0～255	0～255	0～255	0～255	0～255

3.1.4 S7-200 PLC 的程序结构

一个系统的控制功能是由用户程序决定的。为完成特定的控制任务，需要编写用户程序，使得 PLC 能以循环扫描的工作方式执行用户程序。在 SIMATIC S7 系列 PLC 中，为适应用户程序设计时的不同需求，STEP 7 为用户提供了三种程序设计方法，其程序结构分别为线性化编程、分部式编程和结构化编程。

1. 线性化编程

所谓线性化编程就是将用户程序连续放置在一个指令块内，这个指令块在 SIMATIC PLC 中，通常称为组织块 OB1。CPU 周期性地扫描 OB1，使用户程序在 OB1 内顺序执行每条指令。

由于线性化编程将全部指令都放在一个指令块中，它的程序结构具有简单、直接的特点，适合由一个人编写用户程序。

2. 分部式编程

所谓分部式编程就是将一项控制任务分成若干个指令块，每个指令块用于控制一套设备或者完成一部分工作。每个指令块的工作内容与其他指令块的工作内容无关，一般没有子程序的调用，这些指令块的运行是通过组织块 OB1 内的指令来调用的。

3. 结构化编程

结构化编程把过程要求的类似或相关的功能进行分类，并试图提供可以用于几个任务的通用解决方案，向指令块提供有关信息（以参数形式）。结构化程序能够重复利用这些通用模块，只需要在使用功能块时为其提供不同的环境变量（实参），就能完成对不同设备的控制。完全结构化（模块化）的程序结构是 PLC 程序设计和编程中最有效的结构形式，它可用于复杂程度高、程序规模大的控制应用程序设计。结构化程序有很高的编程和程序调试效率，应用程序代码量也最小。结构化程序也支持多个程序员协同编程。

S7-200 PLC 的程序结构属于线性化编程，其用户程序一般由三部分构成：程序块、数据块和系统块。

（1）程序块

一个完整的程序块一般是由一个主程序、若干个子程序和若干个中断处理子程序组成的。对于线性化编程，主程序应安排在程序的最前面，其次为子程序和中断程序。

如果用工业编程软件 STEP 7-Micro/WIN32 在计算机上编程，可以用两种方法组织程序结构。一种方法是利用编程软件的程序结构窗口，分别双击主程序、子程序和中断程序的图标，即可进入各个程序块的编辑窗口，编译时编程软件自动对各个程序段进行链接；另一种方法是只进入主程序窗口，将主程序、子程序和中断程序按顺序依次安排在主程序窗口。

1）主程序：主程序（OB1）是程序的主体，每一个项目都必须并且只能有一个主程序。在主程序中可以调用子程序和中断程序。

主程序通过指令控制整个应用程序的执行，每次 CPU 扫描都要执行一次主程序。STEP 7-Micro/WIN 的程序编辑器窗口下部的标签是用来选择不同的程序，因为各个程序已被分开。

2）子程序：子程序是一个可选的指令的集合，仅在被其他程序调用时执行。同一子程序可以在不同的地方被多次调用，使用子程序可以简化程序代码和减少扫描时间。设计得好的子程序容易被移植到别的项目中去。

3）中断程序：中断程序是指令的一个可选集合，中断程序不是被主程序调用，而是在中断事件发生时由 PLC 的操作系统调用。中断程序用来处理预先规定的中断事件，因为不能预知何时会出现中断事件，所以不允许中断程序改写可能在其他程序中使用的存储器。

（2）数据块

S7-200 PLC 中的数据块，一般为 DB1，主要用来存放用户程序运行所需的数据。在数据块中允许存放的数据类型为布尔型、十进制、二进制或十六进制，字母、数字和字符型。

（3）系统块

在 S7-200 PLC 中，系统块中存放的是 CPU 组态数据，如果在编程软件或其他编程工具上未进行 CPU 的组态，则系统以默认值进行自动配置。

3.2 S7-200 PLC 的基本逻辑指令

S7-200 PLC 的基本指令多用于开关量逻辑控制，基本指令包括位操作类指令，主要是位操作及位运算指令；运算指令，包括常用的算术运算和逻辑运算指令；其他数据处理类指令，包括数据的传送、移位、填充和交换等指令；表功能指令，包括对表的存取和查找指令；转换指令,包括数据类型转换、码转换和字符转换指令。上述内容中的后 4 条都是对数据进行运算和处理的指令,掌握 PLC 的基本指令才能编程。编程时,应注意各操作数的数据类型及数据范围,CPU 对非法操作数将生成编译错误代码,S7-200 PLC 操作数的有效编址范围见表 3-6。

表 3-6 操作数编址范围

操作数类型	CPU221	CPU222	CPU224、CPU226
位	I0.0~I15.7,M0.0~M31.7 Q0.0~Q15.7,S0.0~S31.7 SM0.0~SM179.7,T0~T255 C0~C255,V0.0~V2047.7 L0.0~L63.7	I0.0~I15.7,M0.0~M31.7 Q0.0~Q15.7,S0.0~S31.7 SM0.0~SM179.7,T0~T255 C0~C255,V0.0~V2047.7 L0.0~L63.7	I0.0~I15.7,M0.0~M31.7 Q0.0~Q15.7,S0.0~S31.7 SM0.0~SM179.7,T0~T255 C0~C255,V0.0~V5119.7 L0.0~L63.7
字节	IB0~IB15,QB0~QB15 MB0~MB31,SMB0~SMB179 SB0~SB31,VB0~VB2047 LB0~LB63,AC0~AC3 常数	IB0~IB15,QB0~QB15 MB0~MB31,SMB0~SMB179 SB0~SB31,VB0~VB2047 LB0~LB63,AC0~AC3 常数	IB0~IB15,QB0~QB15 MB0~MB31,SMB0~SMB179 SB0~SB31,VB0~VB5119 LB0~LB63,AC0~AC3 常数
字	IW0~IW14,QW0~QW14 MW0~MW30,SMW0~SMW178 SW0~SW30,VW0~VW2046 LW0~LW62,AC0~AC3 T0~T255,C0~C255 常数	IW0~IW14,QW0~QW14 MW0~MW30,SMW0~SMW178 SW0~SW30,VW0~VW2046 LW0~LW62,AC0~AC3 T0~T255,C0~C255 AIW0~AIW30,AQW0~AQW30 常数	IW0~IW14,QW0~QW14 MW0~MW30,SMW0~SMW178 SW0~SW30,VW0~VW5118 LW0~LW62,AC0~AC3 T0~T255,C0~C255 AIW0~AIW30,AQW0~AQW30 常数
双字	ID0~ID12,QD0~QD12 MD0~MD28,SMD0~SMD176 SD0~SD28,VD0~VD2044 LD0~LD60,AC0~AC3 HC0,HC3,HC4,HC5 常数	ID0~ID12,QD0~QD12 MD0~MD28,SMD0~SMD176 SD0~SD28,VD0~VD2044 LD0~LD60,AC0~AC3 HC0,HC3,HC4,HC5 常数	ID0~ID12,QD0~QD12 MD0~MD28,SMD0~SMD176 SD0~SD28,VD0~VD5116 LD0~LD60,AC0~AC3 HC0~HC5 常数

3.2.1 位逻辑指令

S7-200 PLC 共有 27 条逻辑指令,位逻辑指令属于基本逻辑指令,是专门针对位逻辑量进行处理的指令,与使用继电器进行逻辑控制十分相似,现按用途分类如下:

1. 逻辑取及线圈驱动指令

逻辑取及线圈驱动指令为 LD(Load)、LDN(Load Not)、=(Out)。

LD(Load):取指令。当 LAD 开始的触点为常开触点时,使用该指令。

LDN(Load Not):取反指令。当 LAD 开始的触点为常闭触点时,使用该指令。

=(Out):线圈驱动指令。

上述指令的使用如图 3-4 所示。

图 3-4 中,当 I0.0 闭合时,输出线圈 Q0.0 接通;当 I0.1 断开时,输出线圈 Q0.1 和内部辅助线圈 M0.0 接通。

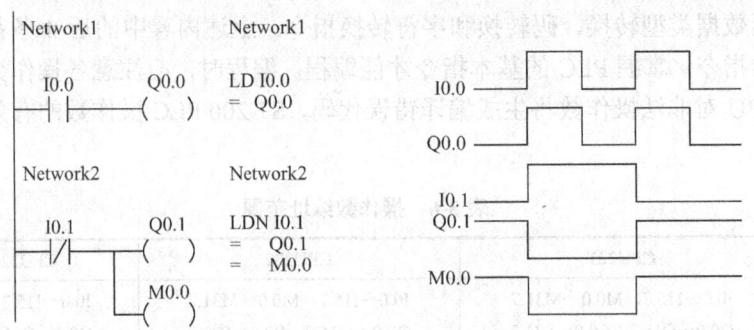

图 3-4 LD、LDN、"=" 指令的使用

LD、LDN、"=" 指令使用说明如下：

1）LD、LDN 指令用于与输入公共线（输入母线）相连的触点，在分支电路块的开始处也要使用 LD、LDN 指令，与后面的 OLD、ALD 指令配合完成电路块的编程。

2）"=" 指令用于输出继电器、辅助继电器、定时器及计数器等，但不能用于输入继电器。

3）并联的 "=" 指令可以连续使用任意次。

4）在同一程序中不要使用双线圈输出，即同一个元器件在同一程序中只使用一次 "=" 指令。

5）LD、LDN 指令的操作数为 I、Q、M、SM、T、C、V 和 S。"=" 指令的操作数为 Q、M、SM、V 和 S。

2. 触点串联指令

触点串联指令为 A（And）、AN（And Not）。

A（And）：与指令。用于单个常开触点串联连接。

AN（And Not）：与反指令。用于单个常闭触点串联连接。

触点串联指令的使用如图 3-5 所示。

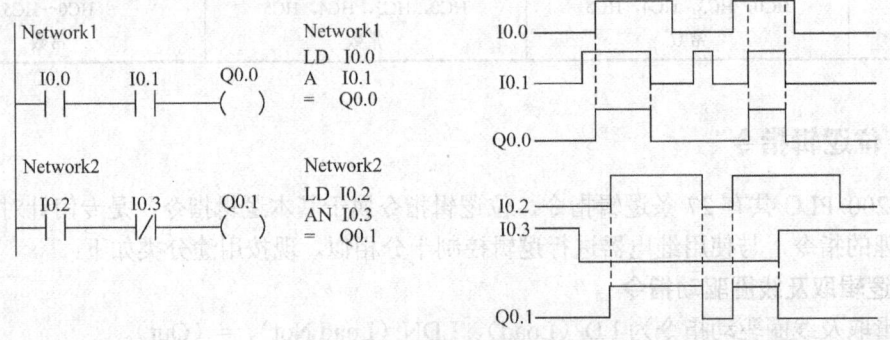

图 3-5 串联指令的使用

图 3-5 中，I0.0 与 I0.1 执行相"与"的逻辑运算。在 I0.0 与 I0.1 均闭合时，线圈 Q0.0 接通；I0.0 与 I0.1 中只要有一个不闭合，线圈 Q0.0 不能接通。I0.2 与常闭触点 I0.3 执行相"与"的逻辑运算。在 I0.2 闭合、I0.3 断开时，线圈 Q0.1 接通；若 I0.2 断开或 I0.3 闭合，则线圈 Q0.1 不能接通。

A、AN 指令使用说明如下：

1）A、AN 指令是单个触点串联连接指令，可连续使用。但在用梯形图编程时会受到打印宽度和屏幕显示的限制，S7-200 PLC 的编程软件中规定的串联触点使用上限为 11 个。

2）若要串联多个触点组合回路时，须采用后面说明的 ALD 指令。

3）A、AN 指令的操作数为 I、Q、M、SM、T、C、V 和 S。

4）在使用"="指令进行线圈驱动后，仍然可以使用 A、AN 指令，然后再次使用"="指令，如图 3-6 所示。

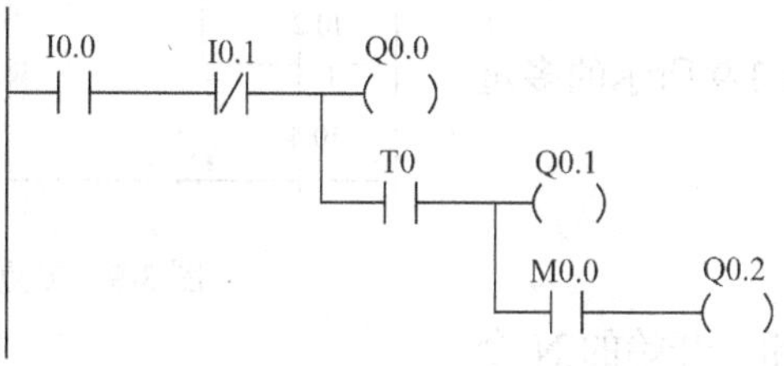

```
I0.0    I0.1    Q0.0              LD    I0.0
 ├┤──────┤/├────( )               AN    I0.1
                                   =    Q0.0
         T0     Q0.1               A    T0
         ├┤────( )                 =    Q0.1
                                   A    M0.0
         M0.0   Q0.2               =    Q0.2
         ├┤────( )
```

图 3-6　A、AN 指令与"="指令的多次连续使用

图 3-6 所示程序的上下次序不能随意改变，否则 A、AN 指令与"="指令不能多次连续使用。如图 3-7 所示为指令不能多次连续使用，在指令表中就需要使用堆栈指令过渡，这是因为 S7-200 PLC 提供一个 9 层的堆栈，栈顶用于存储逻辑运算的结果，即每次运算后结果都保存在栈顶，而且下一次运算结果会覆盖前一个结果；若要使用中间结果，则必须对该中间结果进行压栈处理才能保存下来。

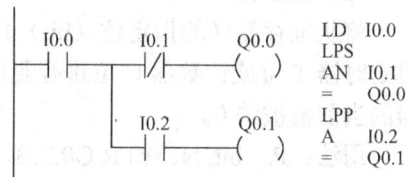

图 3-7　A、AN 指令与"="指令
不能多次连续使用

3. 触点并联指令

触点并联指令为 O（Or）、ON（Or Not）。

O（Or）：或指令。用于单个常开触点并联连接。

ON（Or Not）：或反指令。用于单个常闭触点并联连接。

图 3-8 所示梯形图表示了 O 及 ON 指令的用法。

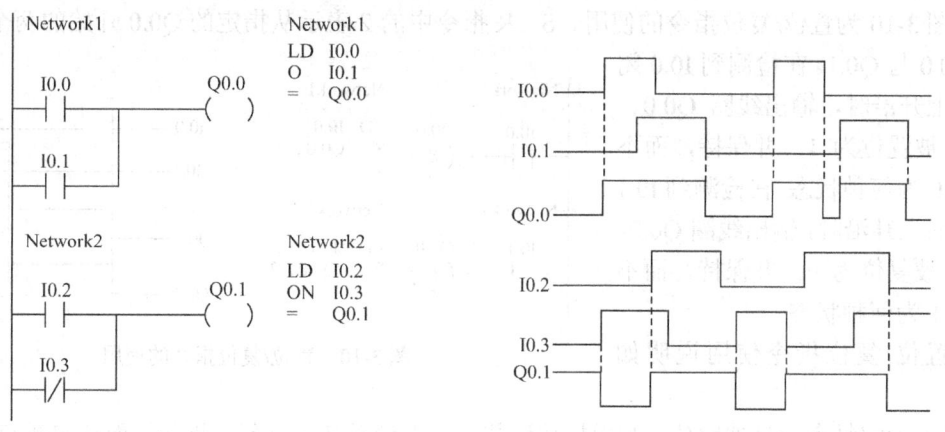

图 3-8　O 及 ON 指令的使用

图 3-8 中，I0.0 与 I0.1 执行相"或"的逻辑操作。当 I0.0 与 I0.1 任意一个闭合时，线圈 Q0.0 接通；当 I0.0 与 I0.1 均不闭合时，线圈 Q0.0 不能接通。

O、ON 指令使用说明如下：

1) O、ON 指令可作为一个触点的并联连接指令，紧接在 LD、LDN 指令之后使用，即对其前面 LD、LDN 指令所规定的触点再并联一个触点，可以连续使用。

2) O、ON 指令可进行如图 3-9 所示的多重并联。

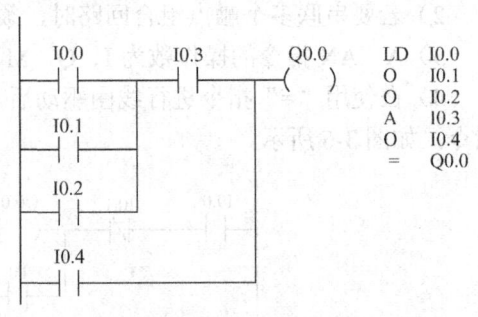

图 3-9 多重并联程序

4. 置位/复位指令

（1）置位指令

将位存储区的从指定位（bit）开始的 N 个同类存储器位置位。

用法：S bit, N，如 S Q0.0, 1。

（2）复位指令

将从位存储区的指定位（bit）开始的 N 个同类存储器位复位。当用复位指令时，如果是对定时器 T 位或计数器 C 位进行复位，则定时器位或计数器位被复位；同时，定时器或计数器的当前值被清 0。

用法：R bit, N，如 R Q0.2, 3。

置位即置 1，复位即置 0。置位和复位指令可以将位存储区的某一位开始的一个或多个（最多可达 255 个）同类存储器位置 1 或置 0。这两条指令在使用时需指明三点：操作性质、开始位和位的数量。各操作数类型及范围见表 3-7。

表 3-7 操作数类型及范围

操作数	范 围	类 型
位 bit	I、Q、M、SM、T、C、V、S、L	BOOL 型
数量 N	VB、I、QB、SMB、LB、SB、AC、*VD、*AC、*LD、常数	BYTE 型

图 3-10 为置位/复位指令的使用。S、R 指令中的 2 表示从指定的 Q0.0 开始的两个触点，即 Q0.0 与 Q0.1。在检测到 I0.0 闭合的上升沿时，输出线圈 Q0.0、Q0.1 被置位为 1，并保持，而不论 I0.0 为何种状态。在检测到 I0.1 闭合的上升沿时，输出线圈 Q0.0、Q0.1 被复位为 0，并保持，而不论 I0.1 为何种状态。

置位/复位指令使用说明如下：

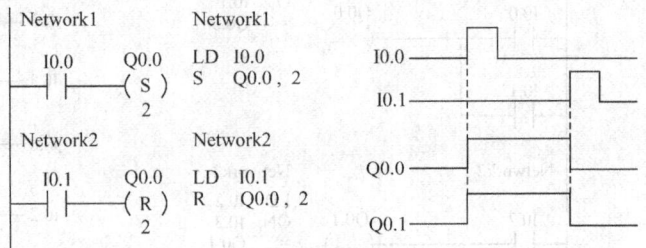

图 3-10 置位/复位指令的使用

1) 指定触点一旦被置位，则保持接通状态，直到对其进行复位操作；而指定触点一旦被复位，则变为关断状态，直到对其进行置位操作。

2）如果对定时器和计数器进行复位操作，则被指定的 T 或 C 的位被复位，同时其当前值被清 0。

3）S、R 指令可多次使用相同编号的各类触点，使用次数不限，如图 3-11 所示。若几个触发信号同时闭合，则 Network1 中 Q0.0 的状态为接通，Network3 中 Q0.0 的状态为断开，Network6 中 Q0.0 的状态为接通，Network9 中 Q0.0 的状态为断开。

5. RS 触发器和 SR 触发器

置位优先触发器（SR）：当置位端（S1）和复位端（R）均为"1"时，输出位为"1"。

复位优先触发器（RS）：当置位端（S）和复位端（R1）均为"1"时，输出位为"0"。

对 RS 触发器和 SR 触发器，当置位端为"1"、复位端为"0"时，输出位为"1"；当置位端为"0"、复位端为"1"时，输出位为"0"；当置位端、复位端均为"0"时，输出位保持原状态不变。

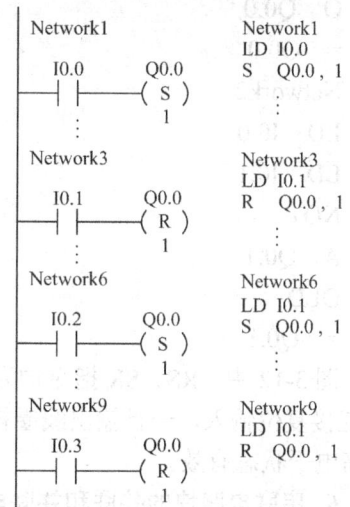

图 3-11　S、R 指令对同一线圈的多次设置

在实际的程序设计中，RS 或 SR 触发器通常由置位、复位指令实现。

RS、SR 指令的使用如图 3-12 所示。

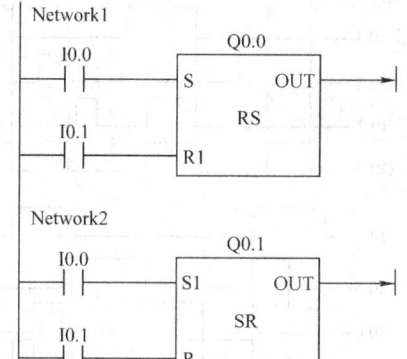

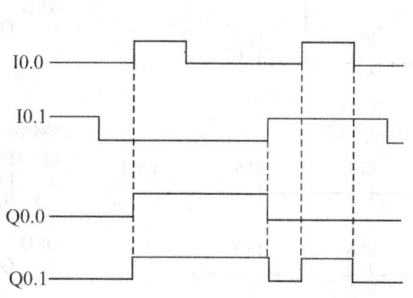

图 3-12　RS、SR 指令的使用

梯形图对应的指令表如下：
Network1
LD　I0.0
LD　I0.1
NOT
LPS
A　Q0.0
=　Q0.0
LPP

```
ALD
O   Q0.0
=   Q0.0
Network2
LD   I0.0
LD   I0.1
NOT
A   Q0.1
OLD
=   Q0.1
```

图 3-12 中，RS、SR 指令均为锁存器，一个复位优先，一个置位优先。S 连接置位输入，R 连接复位输入，一旦输出线圈被置位，则保持置位状态直到输入接通。置位、复位输入均以高电平状态有效。

6. 串联电路块的并联和并联电路块的串联指令

串联电路块的并联指令为 OLD（Or Load），用于实现多个电路块的"或"运算；并联电路块的串联指令为 ALD（And Load），用于实现多个电路块的"与"运算。ALD、OLD 指令的使用如图 3-13 所示。

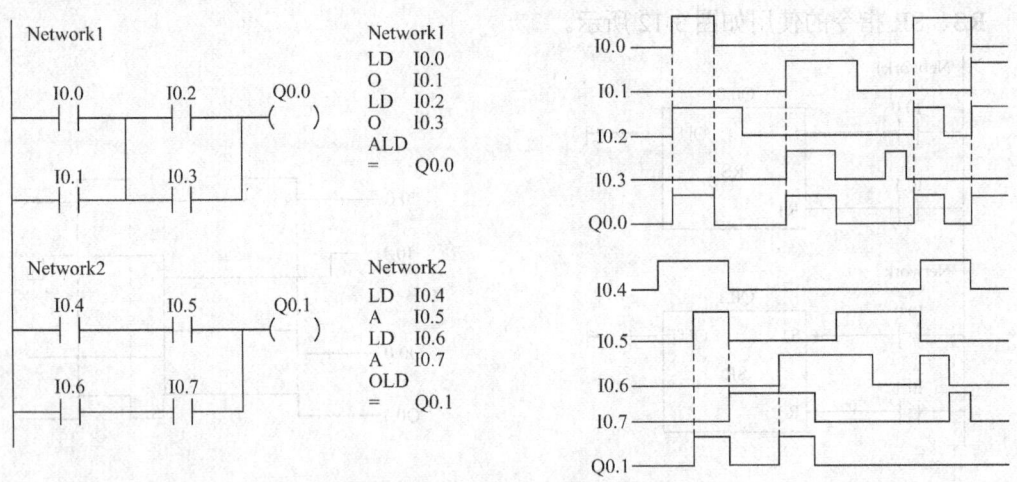

图 3-13   ALD、OLD 指令的使用

图 3-13 中，Network 1 中的 I0.0 和 I0.1 组成一个"或"块，I0.2 和 I0.3 组成一个"或"块，然后两个"或"块串联，执行"与"运算，当 I0.0 或 I0.1 闭合且 I0.2 或 I0.3 闭合时，Q0.0 接通；Network 2 中的 I0.4 和 I0.5 组成一个"与"块，I0.6 和 I0.7 组成一个"与"块，然后两个"与"块并联，执行"或"运算，当 I0.4 与 I0.5 均闭合或 I0.6 与 I0.7 均闭合时，Q0.1 接通。

OLD、ALD 指令使用说明如下：

1) 几个串联支路并联时，其支路的起点以 LD、LDN 开始，支路终点用 OLD 指令，如需将多个支路并联，从第二条支路开始，在每一条支路后面加 OLD 指令；几个并联支路串联时，其支路的起点也以 LD、LDN 开始，支路终点用 ALD 指令，如果有多个并联支路串联，顺次以 ALD 指令与前面支路连接。两种指令的支路数均没有限制。

2）OLD、ALD 指令无操作数。

7. 边沿脉冲指令

边沿脉冲指令为 EU/ED（Edge Up/Edge Down），其指令格式为：EU（Edge Up）正跳变，无操作元件；ED（Edge Down）负跳变，无操作元件。

边沿触发是指用边沿触发信号产生一个机器周期的扫描脉冲，通常用作脉冲整形。边沿触发指令分为正跳变触发（上升沿）和负跳变触发（下降沿）两大类。正跳变触发指输入脉冲的上升沿，使触点接通一个扫描周期；负跳变触发指输入脉冲的下降沿，使触点接通一个扫描周期。

EU/ED 指令的使用如图 3-14 所示。

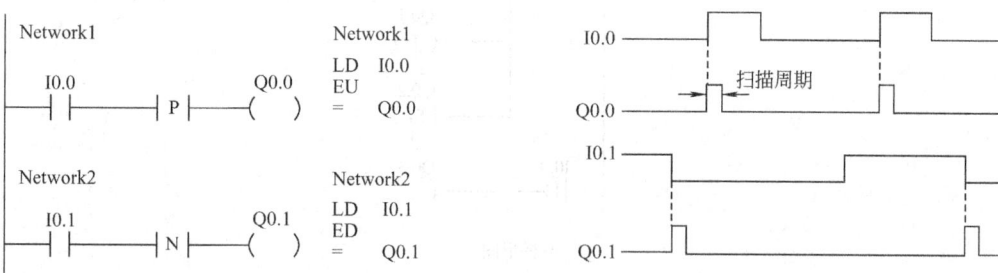

图 3-14　EU/ED 指令的使用

图 3-14 中，当 I0.0 闭合时，正跳变触点接通一个扫描周期，使 Q0.0 有一个扫描周期输出；当 I0.1 断开时，负跳变触点接通一个扫描周期，使 Q0.1 有一个扫描周期输出。

8. 立即指令

（1）立即触点指令

在每个标准触点指令的后面加"I"。指令执行时，立即读取物理输入点的值，但是不刷新对应映像寄存器的值。这类指令包括 LDI、LDNI、AI、ANI、OI 和 ONI。

用法：LDI　bit，bit 只能是 I 类型。

（2）立即输出指令

执行指令时，新值被写入实际输出和对应的过程映像寄存器位置。这与非立即输出不同，非立即输出指令仅将新值写入过程映像寄存器。用立即输出指令访问输出点时，相应的输出映像寄存器的内容也被刷新。

用法：=I　bit，bit 只能是 Q 类型。

（3）SI，立即置位指令

用立即置位指令访问输出点时，从指令所指出的位（bit）开始的 N 个（最多为 128 个）物理输出点被立即置位，同时，相应的输出映像寄存器的内容也被刷新。

用法：SI　bit，N，如 SI　Q0.0，2。

（4）RI，立即复位指令

用立即复位指令访问输出点时，从指令所指出的位（bit）开始的 N 个（最多为 128 个）物理输出点被立即复位，同时，相应的输出映像寄存器的内容也被刷新。

用法：RI　bit，N，如 RI　Q0.0，1。

注意：bit 只能是 Q 类型。

立即指令的使用如图 3-15 所示。图中，Q0.0、Q0.1 和 Q0.2 的输入逻辑是 I0.0 的普通常开触点。Q0.0 为普通输出，当程序执行到它时，它的映像寄存器的状态会随着本次扫描周期采集到的 I0.0 的状态而改变，而它的物理触点要等到本次扫描周期的输出刷新阶段才改变。Q0.1、Q0.2 为立即输出，当程序执行到它们时，它们的物理触点和输出映像寄存器同时改变。对 Q0.3 而言，它的输入逻辑是 I0.0 的立即触点，所以在程序执行到它时，Q0.3 的映像寄存器的状态随着 I0.0 即时状态的改变而立即改变，而它的物理触点要等到本次扫描周期的输出刷新阶段才改变。

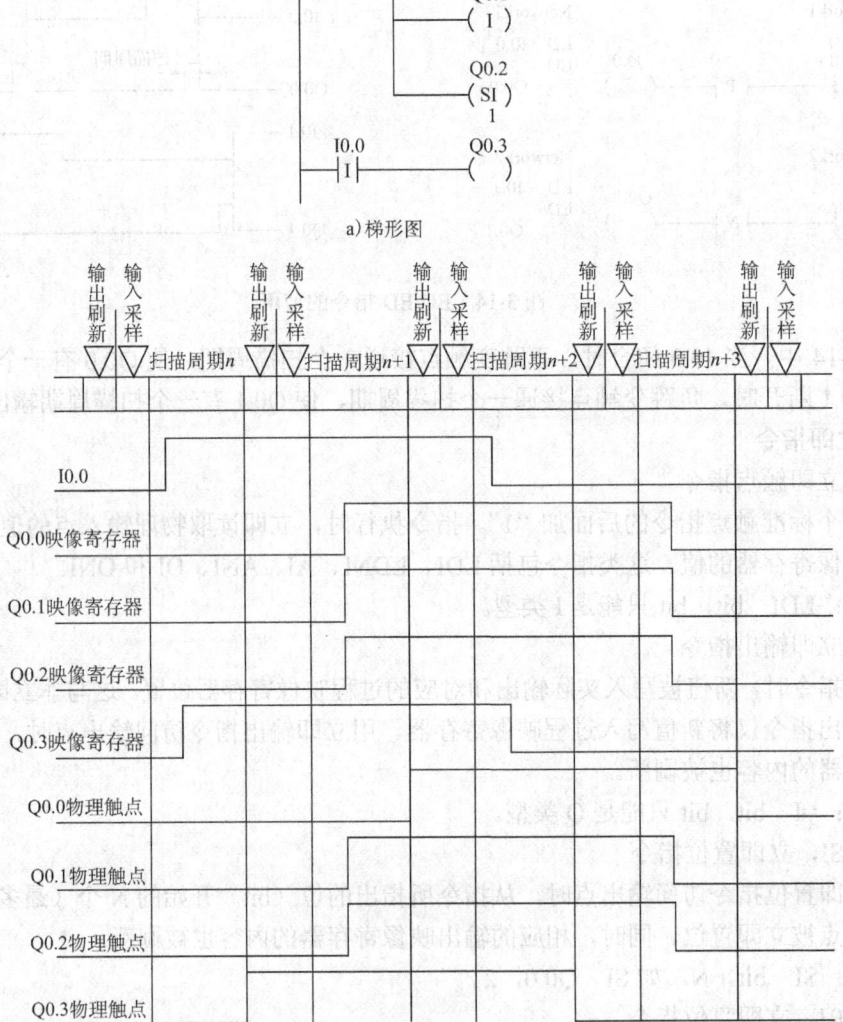

图 3-15　立即指令的使用

9. 堆栈操作指令

S7-200 PLC 使用一个 9 层堆栈来处理所有逻辑操作。堆栈是一组能够存储和取出数据的暂存单元，其特点是"先进后出"。西门子公司将 ALD、OLD、LPS、LRD、LPP 和 LDS 等指令都归纳为堆栈操作指令，其中 ALD 和 OLD 前面已介绍过。

PLC 执行 ALD 指令时，将堆栈中的第一级和第二级的值进行逻辑"与"操作，结果置于栈顶（堆栈第一级），并将堆栈中的第三级至第九级的值依次上弹一级。

PLC 执行 OLD 指令时，将堆栈中的第一级和第二级的值进行逻辑"或"操作，结果置于栈顶，并将堆栈中其余各级的内容依次上弹一级。

栈装载"与"和栈装载"或"指令的操作过程如图 3-16 所示。

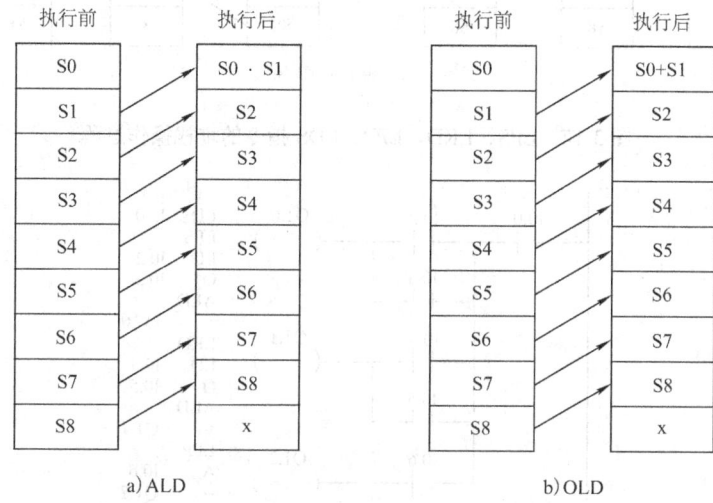

图 3-16　栈装载"与"和栈装载"或"指令的操作过程

LPS（Logic Push）：逻辑入栈指令　复制栈顶的值并将这个值推入栈顶，原堆栈中各级栈会依次下压一级，栈底值丢失。

LRD（Logic Read）：逻辑读栈指令　把堆栈中第二级的值复制到栈顶，堆栈没有推入栈或弹出栈操作，但原栈顶值被新的复制值取代。

LPP（Logic POP）：逻辑出栈指令　堆栈作弹出栈操作，将栈顶的值弹出，原堆栈各级栈值依次上弹一级，堆栈第二级的值成为新的栈顶值。

注意：LPS 与 LPP 必须配对使用。

LDS（Load Stack）：装入堆栈指令　复制堆栈中的第 n 个值到栈顶，栈底值丢失。例如，LDS 5，是将堆栈中的第 5 个值复制到栈顶，并进行入栈操作，n 的取值范围为 0~8。

LPS、LRD、LPP、LDS 指令的堆栈操作过程如图 3-17 所示。逻辑堆栈指令的编程实例如图 3-18 所示。

堆栈指令使用说明如下：

1）堆栈指令主要用于组织复杂的逻辑关系，无操作数。

2）由于堆栈空间有限（9 层），所以 LPS 和 LPP 指令的连续使用不得超过 9 次。

3）LPS 与 LPP 成对使用，在它们之间可以多次使用 LRD 指令，如图 3-19 所示。

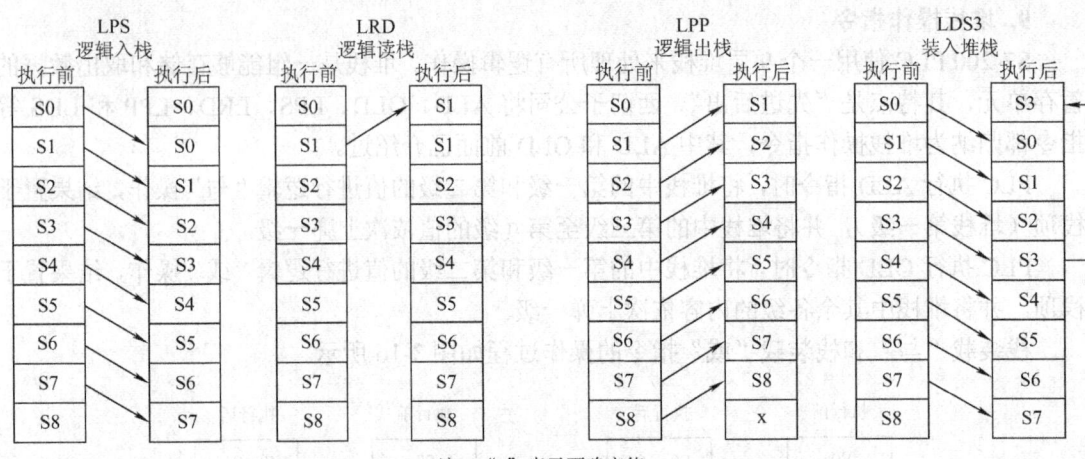

图 3-17 LPS、LRD、LPP、LDS 指令的堆栈操作过程

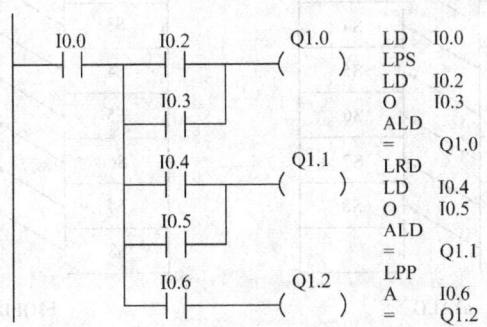

图 3-18 逻辑堆栈指令的编程实例

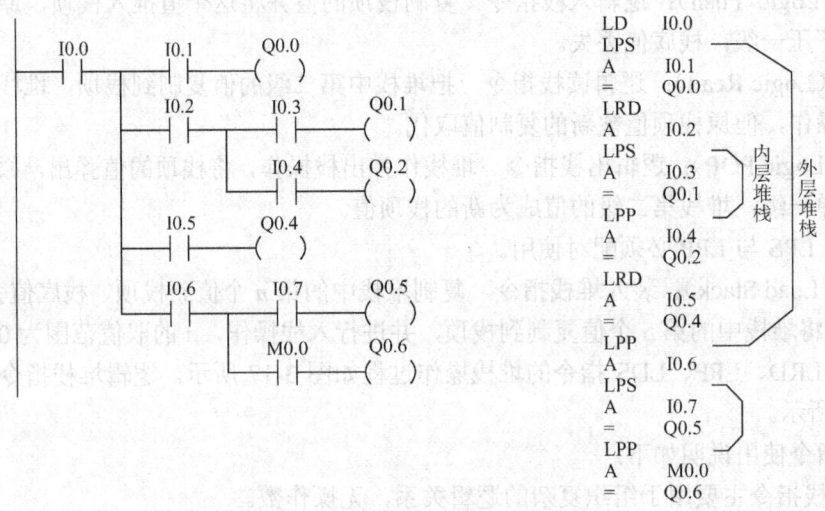

图 3-19 多层堆栈的使用

10. NOT 和 NOP 指令

NOT 为"非"运算指令，可将该指令处的运算结果取反，无操作数，NOT 指令的使用如图 3-20 所示；空操作（NOP N）指令不影响程序的执行，该指令很少被使用。

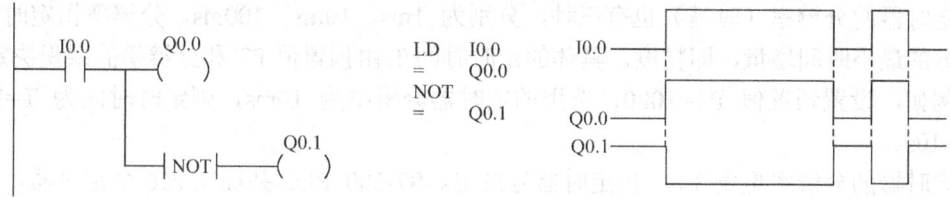

图 3-20　NOT 指令的使用

3.2.2　定时器指令

定时器指令在编程中首先要设置预置值，用以确定定时时间。在程序的运行过程中，定时器不断累计时间。当累计的时间与设置时间相等时，定时器发生动作，以实现各种定时逻辑控制工作。

S7-200 PLC 提供了三种类型的定时器：接通延时定时器（TON，On-Delay Timer）、记忆接通延时定时器（TONR，Retentive On-Delay Timer）和断开延时定时器（TOF，Off-Delay Timer）。

图 3-21 为三种定时器的梯形图指令形式。

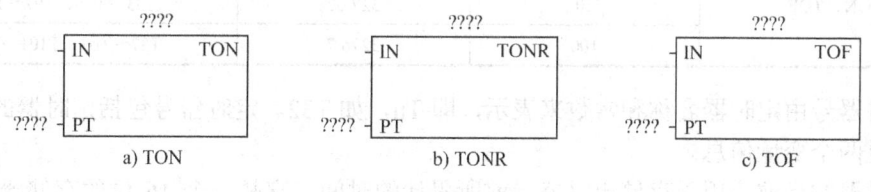

图 3-21　定时器指令

1. 接通延时定时器

接通延时定时器指令（TON），用于单一间隔的定时。上电周期或首次扫描，定时器位为 OFF，当前值为 0。使能输入接通时，定时器位为 OFF，当前值从 0 开始为计数时间，当前值达到预置值时，定时器位为 ON，当前值连续计数到 32767。使能输入断开时，定时器自动复位，即定时器位为 OFF，当前值为 0。

指令格式：TON　Txxx，PT。

2. 记忆接通延时定时器

记忆接通延时定时器指令 TONR，用于对许多间隔的累计定时。上电周期或首次扫描，定时器位为 OFF，当前值保持掉电之前的值。使能每次输入接通时，当前值从上次的保持值继续计数，当累计当前值达到预置值时，定时器位为 ON，当前值连续计数到 32767。TONR 只能用复位指令进行复位操作。

指令格式：TONR　Txxx，PT。

3. 断开延时定时器

断开延时定时器（TOF）指令，用于断开后的单一间隔定时。上电周期或首次扫描，定时器位为 OFF，当前值为 0。使能输入接通时，定时器位为 ON，当前值为 0。当使能输入由接通到断开时,定时器开始计数,当前值达到预置值时,定时器位为OFF,当前值等于预置值,停止计数。TOF复位后,如果使能输入再有从ON到OFF的负跳变,则可实现再次启动。

指令格式:TOF Txxx, PT。

定时器的分辨率(时基)也有三种,分别为1ms、10ms、100ms。分辨率指定时器中能够区分的最小时间增量,即精度。具体的定时时间T由预置值PT和分辨率的乘积决定。

例如,设置预置值PT=1000,选用的定时器分辨率为10ms,则定时时间为T=10ms×1000=10s。

定时器的分辨率见表3-8,由定时器号决定。S7-200 PLC共提供256个定时器,定时器号的范围为0～255。接通延时定时器TON与断开延时定时器TOF分配的是相同的定时器号,这表示该部分定时器号能作为这两种定时器使用。但在实际使用时要注意,同一个定时器号在一个程序中不能既为接通延时定时器TON,又为断开延时定时器TOF。

表3-8 定时器各类型所对应的定时器号及分辨率

定时器类型	分辨率/ms	最大计时范围/s	定时器号
TONR	1	32.767	T0、T64
	10	327.67	T1～T4、T65～T68
	100	3276.7	T5～T31、T69～T95
TON、TOF	1	32.767	T32、T96
	10	327.67	T33～T36、T97～T100
	100	3276.7	T37～T63、T101～T255

定时器号由定时器名称和常数来表示,即Tn,如T32。定时器号包括定时器的当前值和定时器位两个变量信息。

定时器的当前值用于存储定时器当前所累计的时间,它是一个16位的存储器,存储16位带符号的整数,最大计数值为32767。

对于TONR和TON,当定时器的当前值等于或大于预置值时,该定时器位被置为1,即所对应的定时器触点闭合;对于TOF,当输入IN接通时,定时器位被置为1,当输入信号由高变低负跳变时启动定时器,达到预置值PT时,定时器位断开。

4. 定时器指令使用举例

(1) 接通延时定时器

接通延时定时器的使用如图3-22所示。

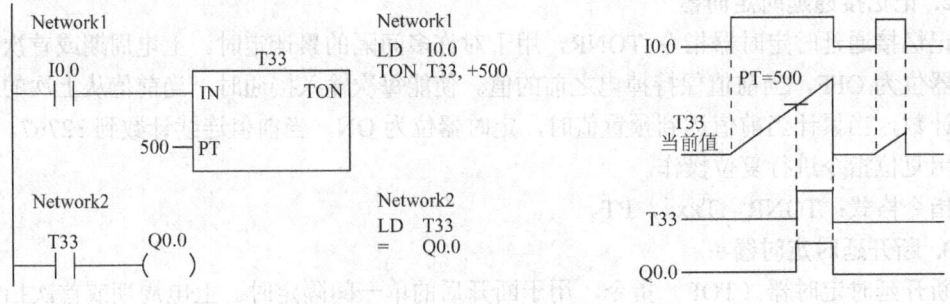

图3-22 TON的使用

程序分析如下:

1) PLC 上电后的第一个扫描周期,定时器位为断开(OFF)状态,当前值为 0。输入端 I0.0 接通后,定时器当前值从 0 开始计时,在当前值达到预置值时定时器位闭合(ON),当前值仍会连续计数到 32767。

2) 在输入端断开后,定时器自动复位,定时器位同时断开(OFF),当前值恢复为 0。

3) 若再次将 I0.0 闭合,则定时器重新开始计时;若未到定时时间 I0.0 已断开,则定时器复位,当前值也恢复为 0。

4) 在本例中,在 I0.0 闭合 5s 后,定时器位 T33 闭合,输出线圈 Q0.0 接通;当 I0.0 断开时,定时器复位,Q0.0 断开;I0.0 再次接通时间较短,定时器没有动作。

(2) 记忆接通延时定时器

记忆接通延时定时器具有记忆功能,其使用如图 3-23 所示。

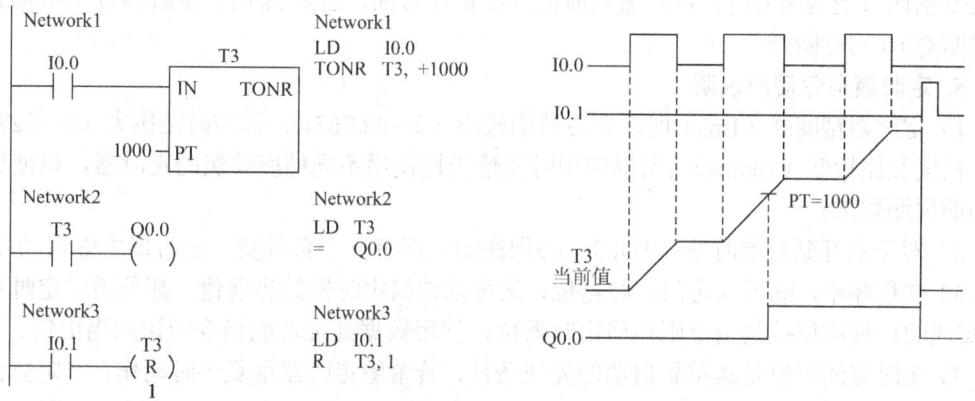

图 3-23　TONR 的使用

程序分析如下:

1) PLC 上电后的第一个扫描周期,定时器位为断开(OFF)状态,当前值保持掉电之前的值。输入端 I0.0 每次接通时,当前值从上次的保持值继续计时,在当前值达到预置值时定时器位闭合(ON),当前值仍会连续计数到 32767。

2) TONR 的定时器位一旦闭合,只能用复位指令 R 进行复位操作,同时清除当前值。

3) 在本例中,当前值最初为 0,每一次输入端 I0.0 闭合,当前值开始累计,输入端 I0.0 断开,当前值则保持不变。在输入端闭合时间累计到 10s 时,定时器位 T3 闭合,输出线圈 Q0.0 接通。当 I0.1 闭合时,由复位指令复位 T3 的定时器位及当前值。

(3) 断开延时定时器

断开延时定时器的使用如图 3-24 所示。

程序分析如下:

1) PLC 上电后的第一个扫描周期,定时器位为断开(OFF)状态,当前值为 0。输入端 I0.0 闭合时,定时器位为 ON,当前值保持为 0。当输入端由闭合变为断开时,定时器开始计时,在当前值达到预置值时定时器位断开(OFF),同时停止计时。

2) 定时器动作后,若输入端由断开变为闭合,TOF 定时器位及当前值复位;若输入端再次断开,定时器可以重新启动。

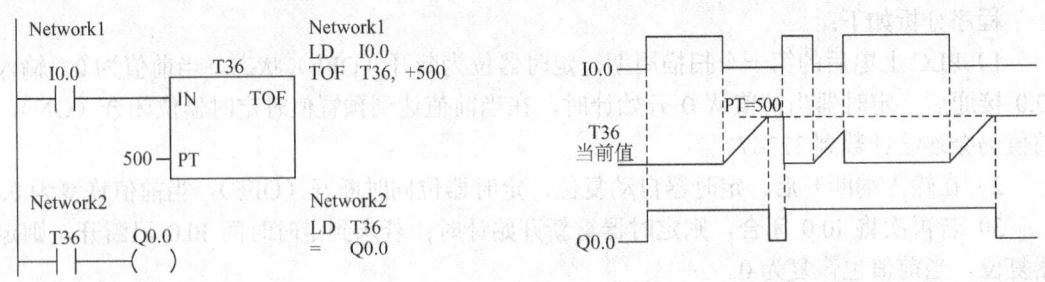

图 3-24 TOF 的使用

3）在本例中，PLC 刚刚上电运行时，输入端 I0.0 没有闭合，定时器位 T36 为断开状态；当 I0.0 由断开变为闭合时，定时器位 T36 闭合，输出线圈 Q0.0 接通，定时器并不开始计时；当 I0.0 由闭合变为断开时，定时器当前值开始累计时间，达到 5s 时，定时器位 T36 断开，输出线圈 Q0.0 同时断开。

5. 定时器指令使用说明

1）定时器精度高（1ms）时，定时范围较小（0～32.767s）；而定时范围大（0～3276.7s）时，精度又比较低（100ms），所以应用时要恰当地使用不同精度等级的定时器，以便适用于不同的现场要求。

2）对于断开延时定时器（TOF），必须在输入端有一个负跳变，定时器才能启动计时。

3）在程序中，既可以访问定时器位，又可以访问定时器的当前值，都是通过定时器编号 Tn 实现的。使用位控制指令则访问定时器位，使用数据处理功能指令则访问当前值。

4）定时器的复位是其重新启动的先决条件，若希望定时器重复计时动作，一定要设计好定时器的复位动作。由于不同分辨率的定时器在运行时当前值的刷新方式不同，所以在使用方法，尤其是复位方式上也有很大的不同。

① 1ms 定时器采用中断刷新方式，由系统每隔 1ms 刷新一次，与扫描周期和程序运行无关。当扫描周期大于 1ms 时，一个扫描周期中 1ms 定时器会被刷新多次，所以其当前值在一个扫描周期内会变化。

② 10ms 定时器由系统在每个扫描周期开始时刷新一次，其当前值在一个扫描周期内不变。

③ 100ms 定时器是在程序运行过程中定时器指令被执行时刷新，所以该定时器不能应用于一个扫描周期被多次运行或不是每个扫描周期都运行的场合，否则会造成定时器定时不准的情况。

正是由于不同精度定时器的刷新方式有区别，所以在定时器复位方式的选择上不能简单地使用定时器本身的常闭触点。如图 3-25 所示，同样的程序内容，使用不同精度的定时器，有些是正确的，有些是错误的。

在图 3-25 中，若为 1ms 定时器，则图 3-25a 是错误的。只有在定时器当前值与预置值相等的那次刷新发生在定时器的常闭触点执行后到常开触点执行前的区间时，Q0.0 才能产生宽度为一个扫描周期的脉冲，而这种可能性极小。图 3-25b 是正确的。

若为 10ms 定时器，则图 3-25a 也是错误的。因为该种定时器每次扫描开始时刷新当前值，所以 Q0.0 永远不可能为 ON，因此也不会产生脉冲。若要产生脉冲要使用图 3-25b 所示的程序。

若为 100ms 定时器，则图 3-25a 是正确的。在执行程序中的定时器指令时，当前值才被刷新，若该次刷新便当前值等于预置值，则定时器的常开触点闭合，Q0.0 接通；下一次扫描时，定时器又被常闭触点复位，常开触点断开，Q0.0 断开，由此产生宽度为一个扫描周期的脉冲，使用图 3-25b 所示的程序同样正确。

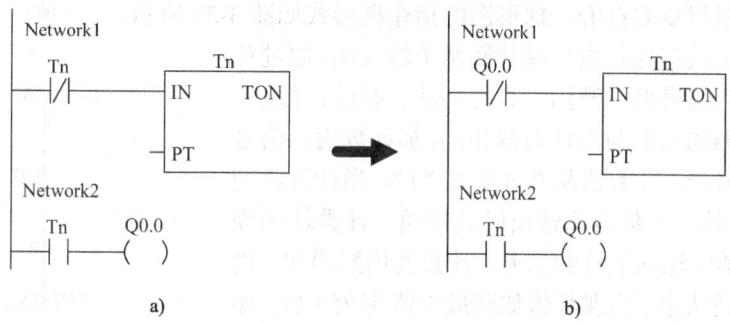

图 3-25 使用定时器指令定时生成宽度为一个扫描周期的脉冲

3.2.3 计数器指令

定时器对时间的计量是通过对 PLC 内部时钟脉冲的计数实现的。计数器的运行原理和定时器基本相同，只是计数器是对外部或内部由程序产生的计数脉冲进行计数。在运行时，首先为计数器设置预置值 PV，计数器检测输入端信号的正跳变个数，当计数器当前值与预置值相等时，计数器发生动作，完成相应控制任务。

S7-200 PLC 提供了三种类型的计数器：增计数器（CTU）、增减计数器（CTUD）和减计数器（CTD），总共有 256 个。

计数器编号由计数器名称和常数（0～255）组成，表示方法为 Cn，如 C99。三种计数器使用同样的编号，所以在使用中要注意：同一个程序中，每个计数器编号只能出现一次。计数器编号包括两个变量信息：计数器的当前值和计数器位。

计数器的当前值用于存储计数器当前所累计的脉冲数，它是一个 16 位的存储器，存储16 位带符号的整数，最大计数值为 32767。

对于 CTU 和 CTUD，当计数器的当前值等于或大于预置值时，该计数器位被置为 1，即所对应的计数器触点闭合；对于 CTD，当计数器当前值减为 0 时，计数器位置为 1。

1. 增计数器

增计数器指令 CTU，梯形图的指令框形式如图 3-26 所示。

增计数是通过获取计数输入信号的上升沿进行加法计数的计数方法。计数输入信号每出现一次上升沿，计数器从 0 开始加 "1"，当计数达到预置值（PV）时，计数器的输出触点接通。

计数达到预置值后，如果继续输入计数信号，计数值仍然增加，输出触点保持接通状态。

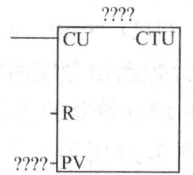

图 3-26 增计数器（CTU）指令

计数器具有清除信号（R）输入，当清除信号为"1"时，现行计数值被清"0"，预置值写入，输出触点强制断开。

指令格式：CTU Cxxx，PV

如：CTU C20，3

2. 增减计数器

增减计数器指令CTUD，梯形图的指令框形式如图3-27所示。

增减计数器具有加计数与减计数两个输入端，通过获取对应计数输入信号的上升沿，进行加法、减法计数。

增减计数器的本质与加计数器相同，加计数输入信号每出现一次上升沿，计数器从0开始加"1"，当计数达到预置值（PV）时，计数器的输出触点接通。计数达到预置值后，如果继续输入加计数信号，计数值仍然增加，输出触点保持接通状态。当现行值加到最大值32767后，如果再输入加计数信号，现行值变为−32768，继续进行加计数。同时，减计数输入信号也起作用，减计数输入信号每出现一次上升沿，计数器从现行值开始减"1"。当现行值减到最小值−32768后，如果再输入减计数信号，现行值变为+32767，再继续进行减计数。

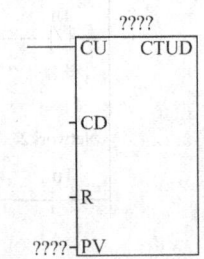

图3-27 增减计数器（CTUD）指令

计数器具有清除信号（R）输入，当清除信号为"1"时，现行计数值被清"0"，预置值写入，输出触点强制断开。

指令格式：CTUD Cxxx，PV。

如：CTUD C30，5

3. 减计数器

减计数器指令CTD，梯形图的指令框形式如图3-28所示。

减计数是通过获取计数输入信号的上升沿进行减法计数的计数方法。计数输入信号每出现一次上升沿，计数器从预置值开始减"1"，当现行计数值减到"0"时，计数器的输出触点接通。

计数值为"0"后，如果继续输入计数信号，计数值保持"0"，输出触点保持接通状态。

复位输入有效（即LD端输入信号有效）或执行复位指令，计数器自动复位，即计数器位为OFF，当前值复位为预置值，而不是0。

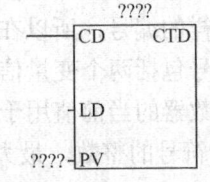

图3-28 减计数器（CTD）指令

指令格式：CTD Cxxx，PV

如：CTD C40，4

4. 计数器指令使用举例

（1）增计数器的当前值只能增加，在计数值达到最大值32767时，计数器停止计数。其使用如图3-29所示。

程序分析如下：

① PLC上电后的第一个扫描周期，计数器位为断开（OFF）状态，当前值为0。计数脉冲输入端CU每检测到一个正跳变，当前值增加1。当前值等于预置值时，计数器位为闭合

（ON）状态。如果 CU 端仍有计数脉冲输入，则当前值继续累计，直到最大值 32767 时，停止计数。

② 复位输入端 R 有效（由 OFF 变为 ON）时，计数器位将被复位为断开（OFF）状态，当前值则复位为 0。也可直接用复位指令 R 对计数器进行复位操作。

③ 在本例中，当 I0.0 第 5 次闭合时，计数器位被置位，输出线圈 Q0.0 接通；当 I0.1 闭合时，计数器位被复位，Q0.0 断开。

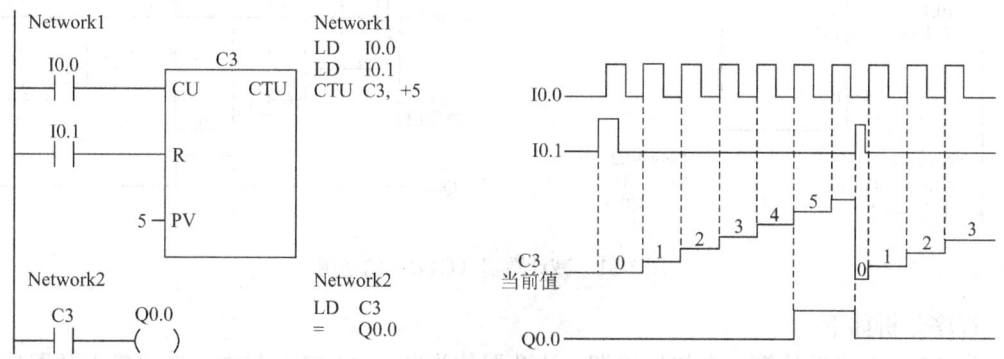

图 3-29 增计数器（CTU）的使用

（2）增减计数器有两个计数脉冲输入端，CU 用于增计数，CD 用于减计数。其当前值既可增加，又可减小。其使用如图 3-30 所示。

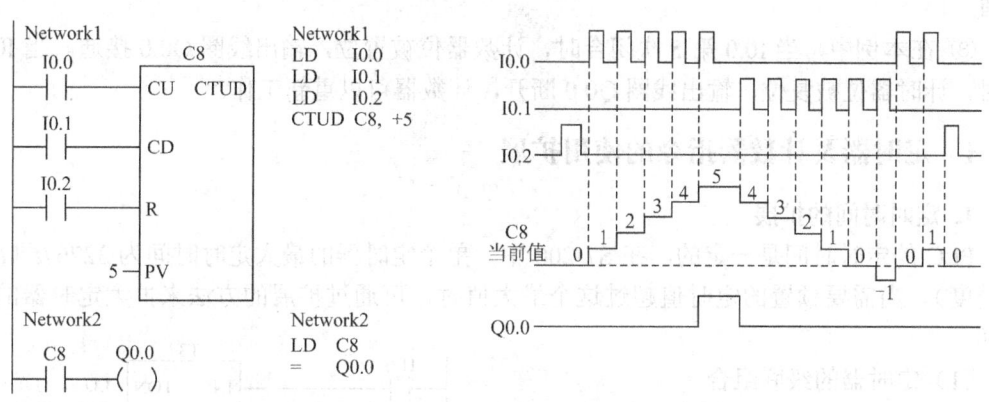

图 3-30 增减计数器 CTUD 的使用

程序分析如下：

① PLC 上电后的第一个扫描周期，计数器位为断开（OFF）状态，当前值为 0。CU 输入端每检测到一个正跳变，则计数器当前值增加 1；CD 输入端每检测到一个正跳变，则计数器当前值减小 1。当前值大于等于预置值时，计数器位为闭合（ON）状态；当前值小于预置值时，计数器位为断开（OFF）状态。只要两个计数脉冲输入端有计数脉冲，计数器就会一直计数。

② 复位输入端 R 有效（由 OFF 变为 ON）或使用复位指令 R 时，计数器位将被复位为断开（OFF）状态，当前值则复位为 0。

③ 在本例中，C8 的当前值大于等于 5 时，C8 触点闭合；当前值小于 5 时，C8 触点断开。当 I0.2 闭合时，复位当前值及计数器位。输出线圈 Q0.0 在 C8 触点闭合时接通。

（3）减计数器的当前值需要在计数前进行赋值，即将预置值 PV 赋给当前值，然后当前值递减，直到为 0 时，计数器位闭合。其使用如图 3-31 所示。

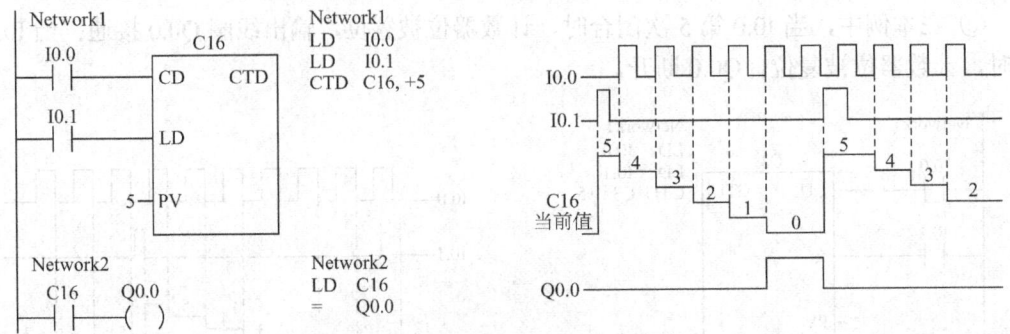

图 3-31 减计数器（CTD）的使用

程序分析如下：

① PLC 上电后的第一个扫描周期，计数器位为断开（OFF）状态，当前值为预置值 PV。计数脉冲输入端 CD 每检测到一个正跳变，当前值减小 1。当前值减小到 0 时，停止计数，计数器位变为闭合（ON）状态。

② LD 为装载输入端，当 LD 端有效时，计数器位复位，同时将预置值 PV 重新赋给当前值。

③ 在本例中，当 I0.0 第 5 次闭合时，计数器位被置位，输出线圈 Q0.0 接通。当 I0.1 闭合时，计时器位被复位，输出线圈 Q0.0 断开，计数器可以重新工作。

3.2.4 定时器及计数器指令的使用扩展

1. 定时时间的扩展

PLC 的定时时间是一定的，在 S7-200 中，单个定时器的最大定时时间为 $32767t$（t 为定时精度）。当需要预置的定时值超过这个最大值时，可通过扩展的方法来扩大定时器的定时时间。

（1）定时器的级联组合

两个定时器的级联组合如图 3-32 所示。

在图 3-32 中，T37 延时 t_1=100s，T38 延时 t_2=200s，总计延时 $t = t_1 + t_2$=300s，由此可见，n 个定时器的级联组合，可扩大到的延时时间为 $t = t_1 + t_2 + \cdots + t_n$。

（2）定时器与计数器的级联组合

采用图 3-33 所示的定时器与计数器的级联组合，可更大地扩展延时时间。

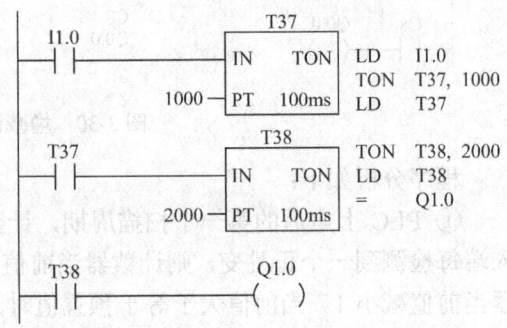

图 3-32 两个定时器的级联组合

在图 3-33 中，T36 的延时时间为 20s，M1.0 每 20s 接通 1 次，作为 C100 的计数脉冲，当达到 C100 的预置值 3000 时，已实现 3000×20s=60000s 的延时。

2. 计数次数的扩展

PLC 的单个计数器的计数次数也是一定的,在 S7-200 PLC 中,单个计数器的最大计数次数为 32767。当需要预置的计数值超过这个最大值时,可通过计数器级联组合的方法来扩大计数器的计数次数。

在图 3-34 中,C10 的预置值为 2000,C20 的预置值为 3000,当达到 C20 的预置值时,对输入脉冲 I0.0 的计数次数已达到 2000×3000=6000000 次。

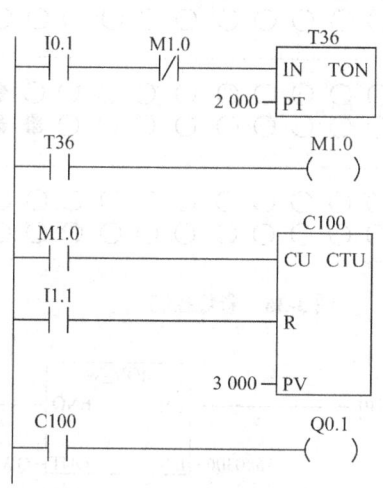

图 3-33 定时器与计数器的级联组合

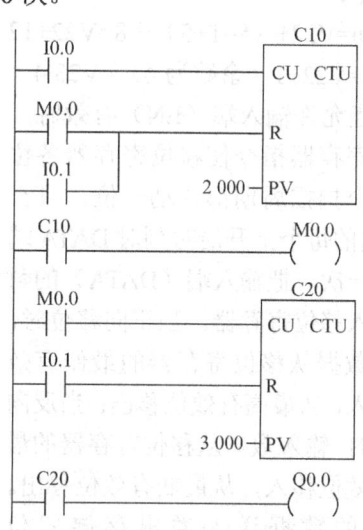

图 3-34 计数器的级联组合

3.2.5 移位寄存器指令

移位寄存器指令可用来进行顺序控制、步进及数据流控制。在梯形图中,该指令以功能框形式编程。

移位寄存器指令 SHRB 把输入端(DATA)的数值移入移位寄存器,并进行移位。该移位寄存器是由 S_BIT 和 N 决定的,其中 S_BIT 指定移位寄存器的最低有效位,N 指定移位寄存器的长度。N 为正数表示正向移位,N 为负数表示反向移位。移位寄存器指令编程及时序如图 3-35 所示。

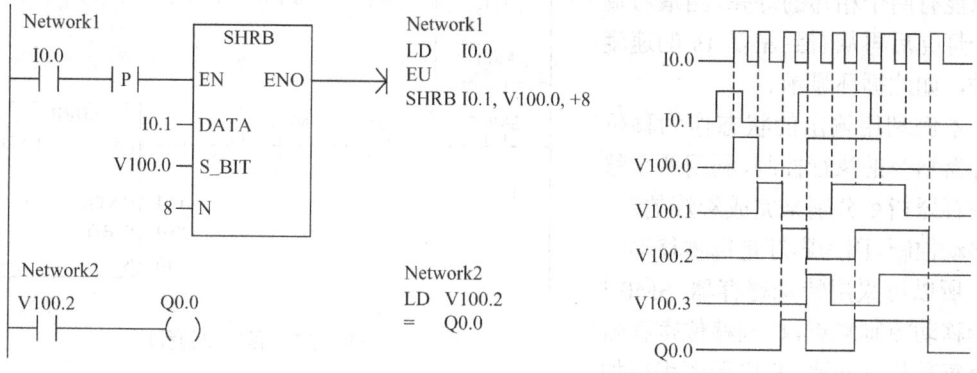

图 3-35 移位寄存器指令编程及时序

由移位寄存器的最低有效位（S_BIT）和移位寄存器的长度（N）可计算出移位寄存器的最高有效位（MSB.b）的地址。计算公式为

MSB.b=[S_BIT 的字节号+（N−1+S_BIT 的位号）÷8].[被 8 除所得余数]

例如，如果 S_BIT 为 V22.5，N 为 8，那么 MSB.b 为 V23.4。具体计算如下：

MSB.b=V22+（8−1+5）÷8=V22+12÷8=V22+1（余数为 4）=V23.4

当允许输入端（EN）有效时，移位寄存器指令使移位寄存器各位在每个扫描周期都移动一位，且在 EN 端的每个上升沿时刻对 DATA 端采样一次，把输入端（DATA）的数值移入移位寄存器。当正向移位时，输入数据从移位寄存器的最低有效位移入，从最高有效位移出；当反向移位时，输入数据从移位寄存器的最高有效位移入，从最低有效位移出。移出的数据送入溢出存储器位（SM1.1）。N 为字节型数据类型，移位寄存器的最大长度为 64 位。操作数 DATA、S_BIT 为 BOOL 型数据类型。

下面利用移位寄存器指令实现彩灯控制，要求完成以下控制：如图 3-36 所示，有 16 个彩灯，启动后最左端两个灯先亮，然后从左到右以 1s 的速度依次移动点亮，且同一时刻只能有两个相邻的灯亮，当最右端两个灯亮后再从右到左以 1s 的速度移动，如此循环显示。

本例利用输出的状态作为移位寄存器指令的执行控制，利用两个移位寄存器指令分别来完成彩灯的左、右移动控制。因为彩灯是每秒移动一次，所以可采用特殊寄存器 SM0.5 作为移动控制触点，控制移位寄存器指令每秒执行一次，其梯形图程序如图 3-37 所示。

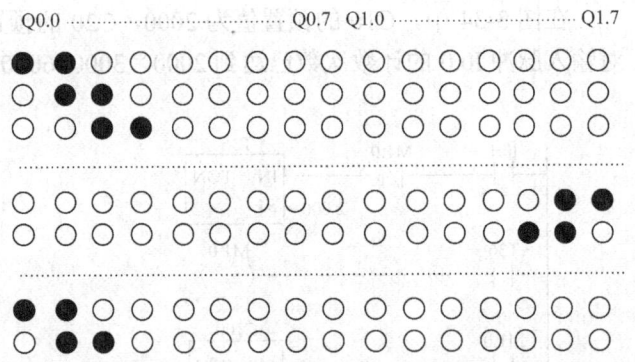

图 3-36 彩灯控制

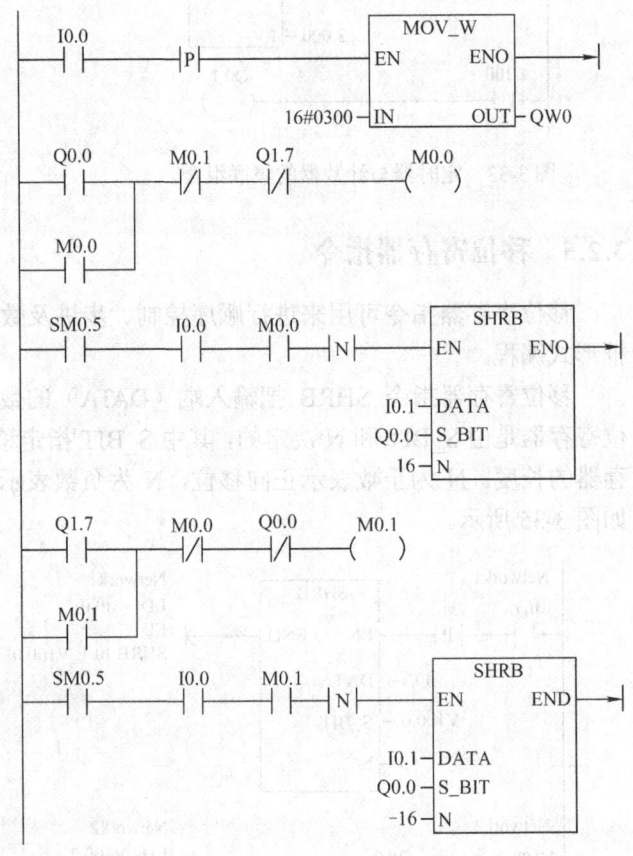

图 3-37 彩灯控制程序

3.2.6 比较触点指令

1. 字节比较

字节比较用于比较两个字节型整数值 IN1 和 IN2 的大小,字节比较是无符号的。比较式可以是 LDB、AB 或 OB 后直接加比较运算符构成,如 LDB=、AB<>、OB>=等。

整数 IN1 和 IN2 的寻址范围:VB、IB、QB、MB、SB、SMB、LB、*VD、*AC、*LD 和常数。

指令格式如下:
LDB=   VB10,   VB12
AB<>   MB0,   MB1
OB<=   AC1,   116

2. 整数比较

整数比较用于比较两个一字长整数值 IN1 和 IN2 的大小,整数比较是有符号的,整数范围为 16#8000～16#7FFF。比较式可以是 LDW、AW 或 OW 后直接加比较运算符构成,如 LDW=、AW<>、OW>= 等。

整数 IN1 和 IN2 的寻址范围:VW、IW、QW、MW、SW、SMW、LW、AIW、T、C、AC、*VD、*AC、*LD 和常数。

指令格式如下:
LDW=   VW10,   VW12
AW<>   MW0,   MW4
OW<=   AC2,   1160

3. 双字整数比较

双字整数比较用于比较两个双字长整数值 IN1 和 IN2 的大小,双字整数比较是有符号的,双字整数范围为 16#80000000～16#7FFFFFFF。

指令格式如下:
LDD=   VD10,   VD14
AD<>   MD0,   MD8
OD<=   AC0,   1160000
LDD>=   HC0,   *AC0

4. 实数比较

实数比较用于比较两个双字长实数值 IN1 和 IN2 的大小,实数比较是有符号的,负实数范围为$-1.175495E-38 \sim -3.402823E+38$,正实数范围为$+1.175495E-38 \sim +3.402823E+38$。比较式可以是 LDR、AR 或 OR 后直接加比较运算符构成。

指令格式如下:
LDR=   VD10,   VD18
AR<>   MD0,   MD12
OR<=   AC1,   1160.478
AR>   *AC1,   VD100

图 3-38 为比较指令的一个使用实例,图中当输入 I2.0 为"1"(上升沿)时,比较 IW10

与 MW20 的大小。如果 IW10=MW20，标志位 M10.0 为“1”；IW10>MW20，M10.1 为“1”；IW10<MW20，M10.2 为“1”。同时 M10.0～M10.2 的状态在 I2.0 为“0”后仍然能够保持。

```
Network1        Network Title
LD      I2.0
EU
LPS
AW=     IW10, MW20
S       M10.0, 1
LRD
AW>     IW10, MW20
S       M10.1, 1
LPP
AW<     IW10, MW20
S       M10.2, 1
```

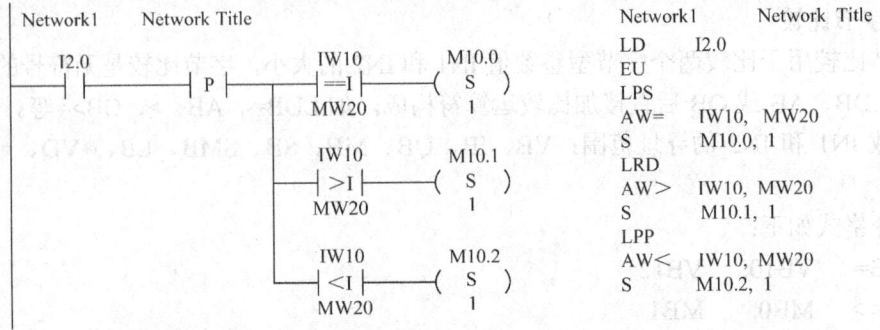

图 3-38 比较指令的使用

3.2.7 顺序控制指令

在 S7-200 PLC 中规定只能用状态寄存器来表示顺序控制步，每个步由一个状态寄存器位表示。步进控制指令包括步的开始、步的结束和步的转移指令。顺序控制指令的梯形图指令框形式如图 3-39 所示。

图 3-39 顺序控制指令

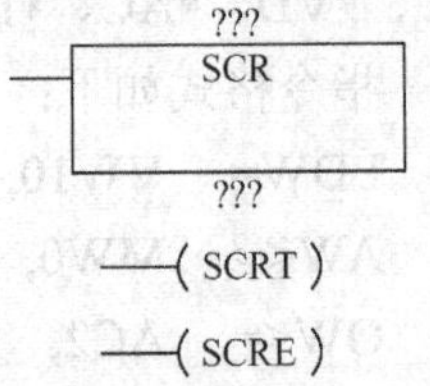

顺序控制指令的 STL 指令如下：

LSCR Sn.x：步开始，其操作数 Sn.x 为状态寄存器 Sn 中的一个位，称为该 SCR 步标志位，当其为“1”时，允许该 SCR 步工作。

SCRT Sm.y：步转移，其操作数 Sm.y 为状态寄存器 Sm 中的一个位，当其为“1”时，程序转移至由 Sm.y 表示的 SCR 段，同时自动停止当前 SCR 步的工作。

SCRE：步结束，顺序控制步无条件结束。

每个顺序控制步必须有 LSCR 和 SCRE 指令。

顺序控制指令可以将程序功能流程图转换成梯形图程序。

指令使用说明如下：

1）每一个 SCR 程序段中均包含三个要素：

① 输出对象：在这一步序中应完成的动作。

② 转换条件：满足转换条件后，实现 SCR 段的转换。

③ 转换目标：转换到下一个步序。

2）使用 SCR 指令注意事项：

① SCR 指令的操作数（或编程元件）只能是状态寄存器 Sx.y；然而，状态寄存器 Sx.y 可应用的指令并不仅限于 SCR，它还可以应用 LD、LDN、A、AN、O、ON、=、S、R 等指令。

② 一个状态寄存器 Sx.y 作为 SCR 段标志位，可以用于主程序、子程序或中断程序中，但是只能使用一次，不能重复使用。

③ 在一个 SCR 段中，禁止使用循环指令 FOR/NEXT、跳转指令 JMP/LBL 和条件结束指

令END。

顺序控制指令使用举例：

要求控制红、绿、黄三色灯。控制要求：红灯先亮，3s后绿灯亮，再过5s后黄灯亮。当红、绿、黄灯全亮2min后，全部熄灭。试用SCR指令设计其控制程序。

SCR指令的参考梯形图程序如图3-40所示。

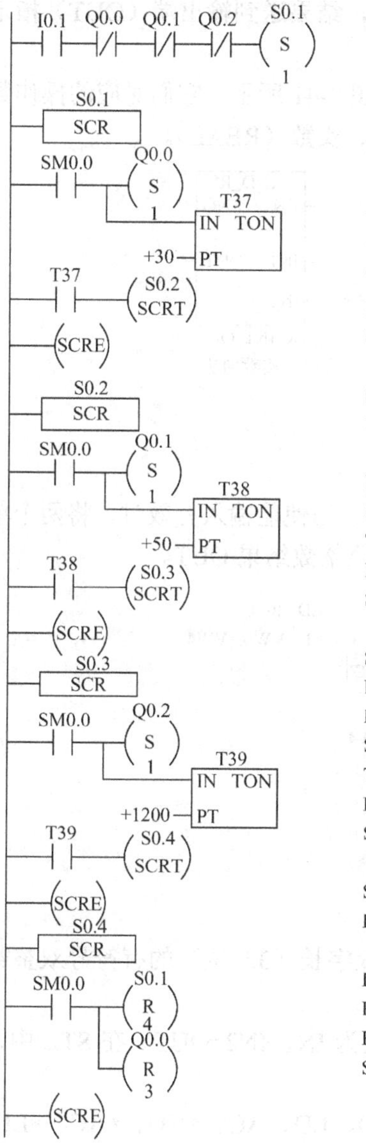

```
LD      I0.1
AN      Q0.0
AN      Q0.1
AN      Q0.2
S       S0.1, 1        //在初始状态下启动，置S0.1=1
LSCR    S0.1           //S0.1=1，激活第一SCR程序段，进入第一步序
LD      SM0.0
S       Q0.0, 1        //红灯亮，并保持
TON     T37, +30       //启动3s定时器
LD      T37
SCRT    S0.2           //3s后程序转换到第二SCR程序段(S0.2=1，S0.1=0)
SCRE                   //第一SCR程序段结束
LSCR    S0.2           //S0.2=1，激活第二SCR程序段，进入第二步序
LD      SM0.0
S       Q0.1, 1        //绿灯亮，并保持
TON     T38, +50       //启动5s定时器
LD      T38
SCRT    S0.3           //5s后程序转换到第三SCR程序段(S0.3=1，S0.2=0)
SCRE                   //第二SCR程序段结束
LSCR    S0.3           //S0.3=1，激活第三SCR程序段，进入第三步序
LD      SM0.0
S       Q0.2, 1        //黄灯亮，并保持
TON     T39, +1200     //启动2min定时器
LD      T39
SCRT    S0.4           //2min后程序转换到第四SCR程序段(S0.4=1，S0.3=0)
SCRE                   //第三SCR程序段结束
LSCR    S0.4           //S0.4=1，激活第四SCR程序段，进入第四步序
LD      SM0.0
R       S0.1, 4
R       Q0.0, 3        //红、绿、黄灯全灭
SCRE                   //第四SCR程序段结束
```

图3-40 三色灯控制程序

3.3 S7-200 PLC的运算指令

S7-200 PLC的运算指令包括算术运算和逻辑运算两大类指令。算术运算指令有加法、减

法、乘法、除法和数学函数、加 1、减 1 指令。逻辑运算指令有逻辑与、或、非、异或指令。数据类型为字节、字、双字。

3.3.1 加、减、乘、除指令与加 1、减 1 指令

1. 加法指令

加法指令把两个输入端（IN1、IN2）指定的数相加，结果送到输出端（OUT）指定的存储单元中。

加法指令可分为整数、双整数、实数加法指令，如图 3-41 所示。它们对应的操作数数据类型分别为有符号整数（INT）、有符号双整数（DINT）、实数（REAL）。

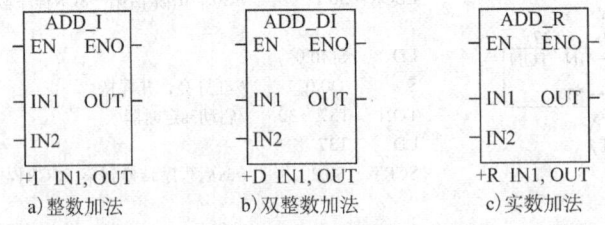

图 3-41 加法指令

（1）整数加法

整数加法指令+I。梯形图的指令格式如图 3-42 所示。当使能输入有效时，将两个单字长（16 位）的有符号整数 IN1 和 IN2 相加，产生一个 16 位整数结果 OUT。

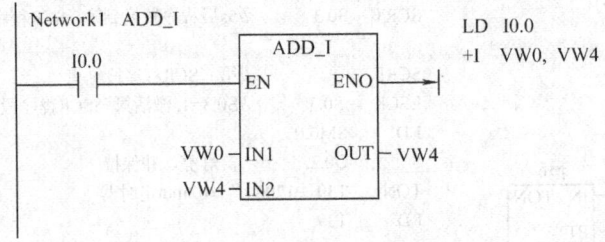

图 3-42 整数加法指令

（2）双整数加法

双整数加法指令+D。当使能输入有效时，将两个双字长（32 位）的有符号双整数 IN1 和 IN2 相加，产生一个 32 位双整数结果 OUT。

在 LAD 和 FBD 中，以指令框形式编程，执行结果为 IN1+IN2=OUT。在 STL 中，执行结果为 IN1+OUT=OUT。

OUT 的寻址范围：VD、ID、QD、MD、SD、SMD、LD、AC、*VD、*AC、*LD。

指令格式：+D IN1，OUT

如：+D VD0，VD4

双整数加法指令示例如图 3-43 所示。

（3）实数加法指令

实数加法指令+R。当使能输入有效时，将两个双字长（32 位）的实数 IN1 和 IN2 相加，产生一个 32 位实数结果 OUT。

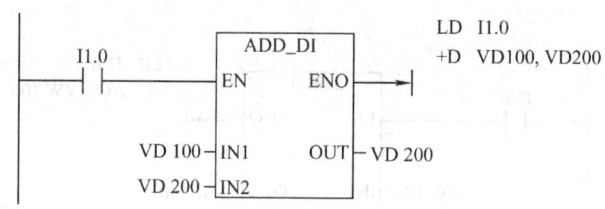

图 3-43 双整数加法指令

在 LAD 和 FBD 中，以指令框形式编程，执行结果为 IN1+IN2=OUT。
OUT 的寻址范围：VD、ID、QD、MD、SD、SMD、LD、AC、*VD、*AC、*LD。
本指令影响的特殊存储器位：SM1.0（零）、SM1.1（溢出）、SM1.2（负）。
实数加法指令示例如图 3-44 所示。

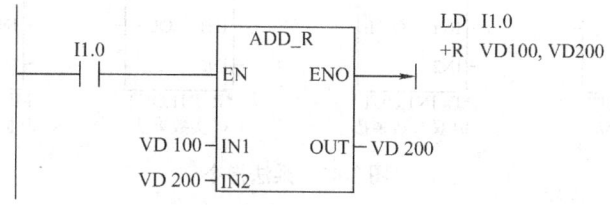

图 3-44 实数加法指令

2. 减法指令

减法指令把两个输入端（IN1、IN2）指定的数相减，结果送到输出端（OUT）指定的存储单元中。

减法指令可分为整数、双整数、实数减法指令，如图 3-45 所示。它们对应的操作数数据类型分别为有符号整数（INT）、有符号双整数（DINT）、实数（REAL）。

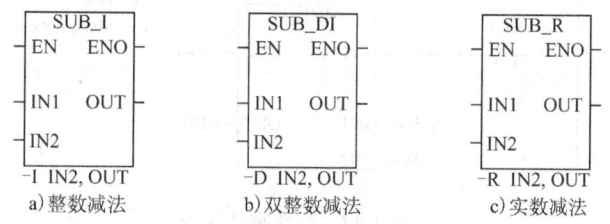

a) 整数减法　　b) 双整数减法　　c) 实数减法

图 3-45 减法指令

执行减法操作时，将操作数 IN1 与 OUT 共用一个地址单元，因而语句表中 OUT−IN2=OUT。

指令格式如下：
−I　IN2, OUT（整数减法）
−D　IN2, OUT（双整数减法）
−R　IN2, OUT（实数减法）
整数减法指令示例如图 3-46 所示。

3. 乘法指令

乘法指令把两个输入端（IN1、IN2）指定的数相乘，结果送到输出端（OUT）指定的存储单元中。

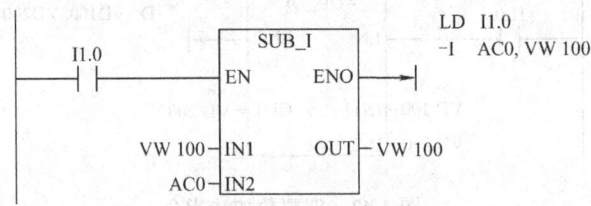

图 3-46 整数减法指令

乘法指令可分为整数、双整数、实数乘法指令和整数完全乘法指令，如图 3-47 所示。

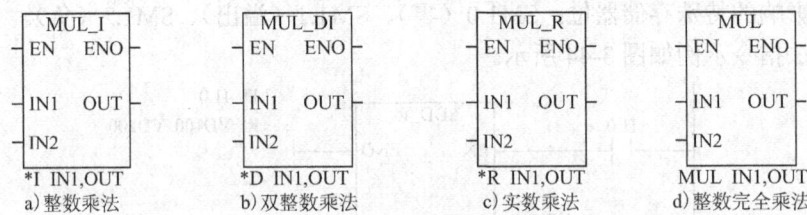

图 3-47 乘法指令

（1）整数乘法

整数乘法指令 *I。当使能输入有效时，将两个单字长（16 位）的有符号整数 IN1 和 IN2 相乘，产生一个 16 位整数结果 OUT。

指令格式：*I　　IN1，OUT

如：　　　　*I　　VW40，AC0。

整数乘法指令示例如图 3-48 所示。

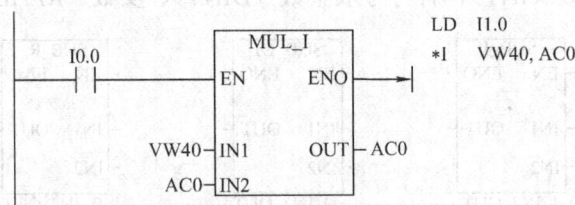

图 3-48 整数乘法指令

（2）整数完全乘法

整数完全乘法指令 MUL。当使能输入有效时，将两个单字长（16 位）的有符号整数 IN1 和 IN2 相乘，产生一个 32 位双整数结果 OUT。

在 LAD 和 FBD 中，以指令框形式编程，执行结果为：IN1*IN2=OUT。

OUT 的寻址范围：VD、ID、QD、MD、SD、SMD、LD、AC、*VD、*AC、*LD。

本指令影响的特殊存储器位：SM1.0（零）、SM1.1（溢出）、SM1.2（负）、SM1.3（被 0 除）。

指令格式：MUL　IN1，OUT

如：MUL　AC0，VD100。

整数完全乘法指令示例如图 3-49 所示。

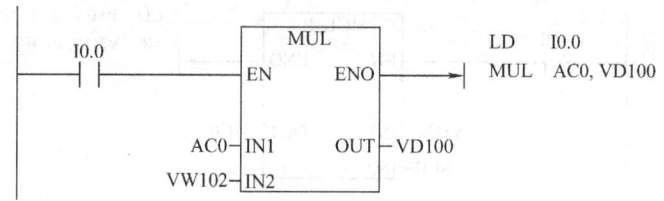

图 3-49 整数完全乘法指令

（3）双整数乘法

双整数乘法指令*D。当使能输入有效时，将两个双字长（32 位）的有符号整数 IN1 和 IN2 相乘，产生一个 32 位双整数结果 OUT。在 STL 中，执行结果为：IN1*OUT=OUT。

IN1 和 IN2 的寻址范围：VD、ID、QD、MD、SD、SMD、LD、HC、AC、*VD、*AC、*LD 和常数。

OUT 的寻址范围：VD、ID、QD、MD、SD、SMD、LD、AC、*VD、*AC、*LD。

本指令影响的特殊存储器位：SM1.0（零）、SM1.1（溢出）、SM1.2（负）、SM1.3（被 0 除）。

指令格式：*D IN1，OUT

如：*D VD10，AC0。

双整数乘法指令示例如图 3-50 所示。

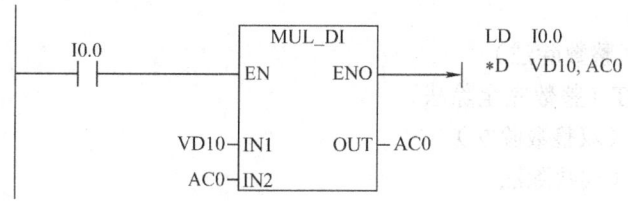

图 3-50 双整数乘法指令

（4）实数乘法

实数乘法指令*R。当使能输入有效时，将两个双字长（32 位）的实数 IN1 和 IN2 相乘，产生一个 32 位实数结果 OUT。

在 LAD 和 FBD 中，以指令框形式编程，执行结果为 IN1*IN2=OUT。

在 STL 中，执行结果为 IN1*OUT=OUT。

IN1 和 IN2 的寻址范围：VD、ID、QD、MD、SD、SMD、LD、AC、*VD、*AC、*LD 和常数。

OUT 的寻址范围：VD、ID、QD、MD、SD、SMD、LD、AC、*VD、*AC、*LD。

本指令影响的特殊存储器位：SM1.0（零）、SM1.1（溢出）、SM1.2（负）、SM1.3（被 0 除）。

指令格式：*R IN1，OUT

如：*R VD10，AC0。

实数乘法指令示例如图 3-51 所示。

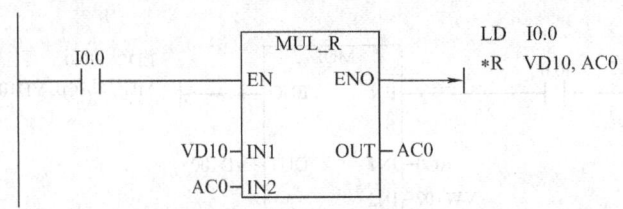

图 3-51 实数乘法指令

4. 除法指令

除法指令把两个输入端（IN1、IN2）指定的数相除，结果送到输出端（OUT）指定的存储单元中。

除法指令可分为整数、双整数、实数除法指令和整数完全除法指令，如图 3-52 所示。

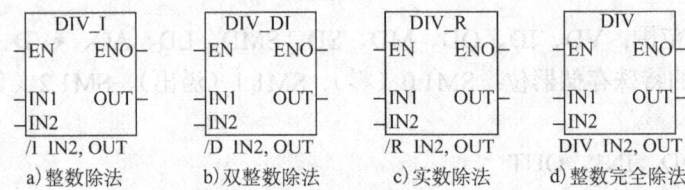

图 3-52 除法指令

指令格式如下：

/I　IN2, OUT（整数除法）

DIV　IN2, OUT（整数完全除法）

/D　IN2, OUT（双整数除法）

/R　IN2, OUT（实数除法）

如：DIV　VW10, VD100

　　/I　VW20, VW200

整数完全除法指令把输入端（IN1、IN2）指定的两个 16 位整数相除，产生一个 32 位双整数结果，并送到输出端（OUT）指定的存储单元中，其中高 16 位是余数，低 16 位是商。

执行除法操作时，将操作数 IN1 与 OUT 共用一个地址单元（整数完全除法指令的 IN1 与 OUT 的低 16 位用的是同地址单元），因而语句表中 OUT/IN2=OUT。除法指令影响的特殊存储器位：SM1.0（零）、SM1.1（溢出）、SM1.2（负）、SM1.3（除数为 0）。

整数除法指令示例如图 3-53 所示，整数完全除法指令示例如图 3-54 所示。

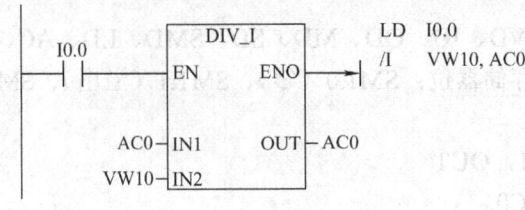

图 3-53 整数除法指令

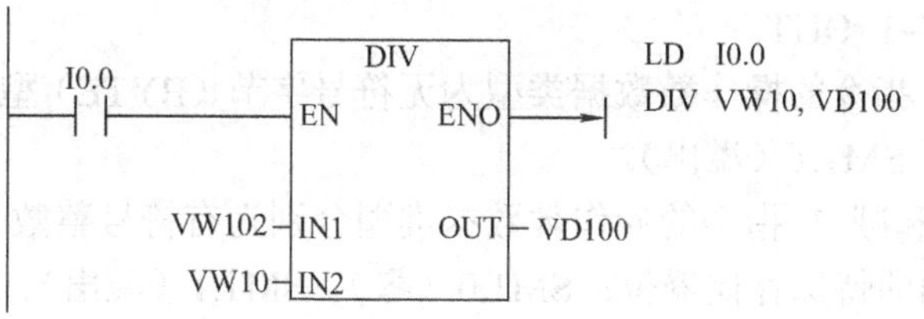

第 3 章　S7-200 PLC 的基本指令　　75

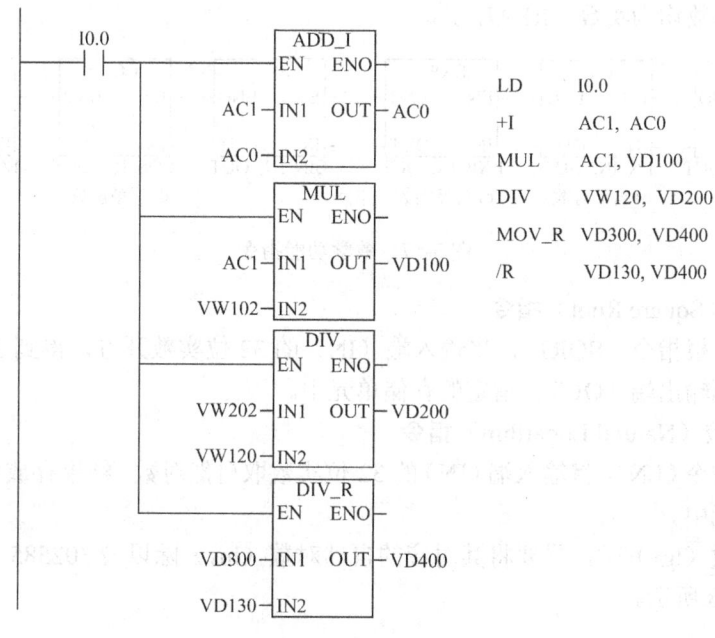

图 3-54　整数完全除法指令

四则运算指令编程举例如图 3-55 所示。

图 3-55　四则运算指令编程举例（LAD、STL）

图 3-55 中，实数除法指令中 IN1（VD300）与 OUT（VD400）用的不是同一地址单元。操作时，先用 MOV_R 指令将 IN1（VD300）传送到 OUT（VD400），然后再执行除法操作。事实上，加法、减法、乘法等指令遇到上述情况，也可作类似的处理。

5. 加 1 和减 1 指令

加 1 和减 1 指令把输入端（IN）数据加 1 或减 1，并把结果存放到输出端（OUT）指定的存储单元中，加 1 和减 1 指令按操作数的数据类型可分为字节、字、双字加 1/减 1 指令，如图 3-56 所示。

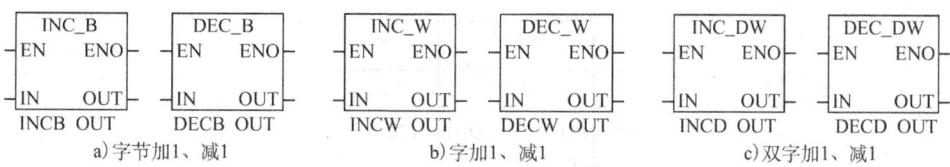

a) 字节加 1、减 1　　　　　　b) 字加 1、减 1　　　　　　c) 双字加 1、减 1

图 3-56　加 1、减 1 指令

执行加 1 和减 1 指令操作时，将操作数 IN 和 OUT 共用一个地址单元，因而在语句表中

OUT+1=OUT，OUT−1=OUT。

字节加 1 和减 1 指令的操作数数据类型为无符号字节（BYTE）型，指令影响的特殊存储器位：SM1.0（零）、SM1.1（溢出）。

字、双字加 1 和减 1 指令的操作数数据类型分别为有符号整数（INT）、有符号双整数（DINT），指令影响的特殊存储器位：SM1.0（零）、SM1.1（溢出）、SM1.2（负）。

3.3.2 数学功能指令

数学功能指令包括平方根、自然对数、自然指数、三角函数指令，如图 3-57 所示。数学功能指令的操作数均为实数（REAL）。

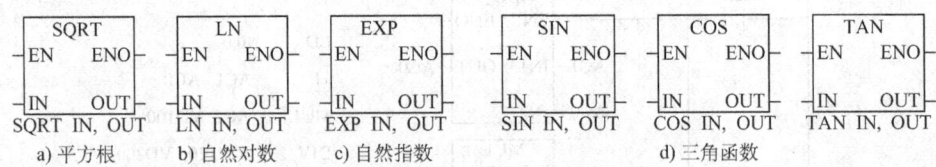

图 3-57 数学功能指令

1. 平方根（Square Root）指令

实数的平方根指令（SQRT），将输入端（IN）的 32 位实数开方，得到 32 位实数结果，并把结果存放到输出端（OUT）指定的存储单元中。

2. 自然对数（Natural Logarthm）指令

自然对数指令（LN），将输入端（IN）的 32 位实数取自然对数，结果存放到输出端（OUT）指定的存储单元中。

求常用对数（$\lg x$）时，只要将其对应的自然对数（$\ln x$）除以 2.302585 即可。求常用对数示例如图 3-58 所示。

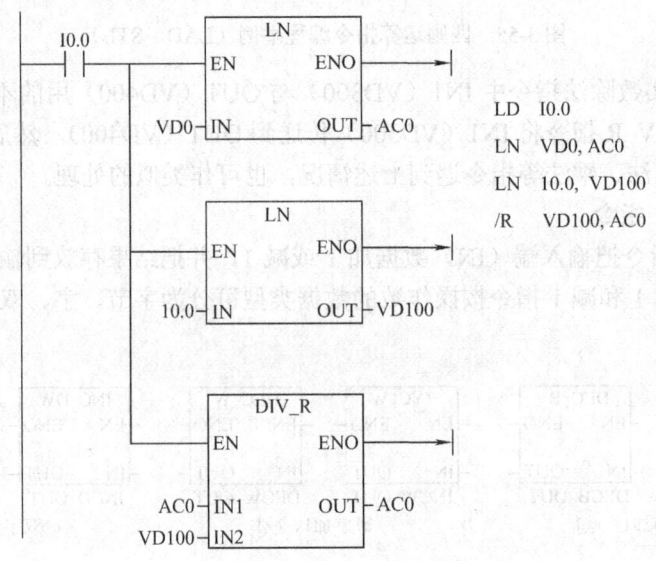

图 3-58 求常用对数

3. 自然指数（Natural Exponential）指令

自然指数指令（Exp），将输入端（IN）的32位实数取以e为底的指数，结果存放到输出端（OUT）指定的存储单元中。

自然指数指令与自然对数指令相配合，即可完成以任意实数为底的指数运算。

4. 正弦、余弦、正切指令

正弦、余弦、正切指令，对输入端（IN）指定的32位实数的弧度值取正弦、余弦、正切，结果存放到输出端（OUT）指定的存储单元中。

如果输入值为角度值，应将该角度值转换为弧度值。

数学功能指令影响的特殊存储器位：SM1.0（零）、SM1.1（溢出）、SM1.2（负数）。

求正弦函数示例如图3-59所示。

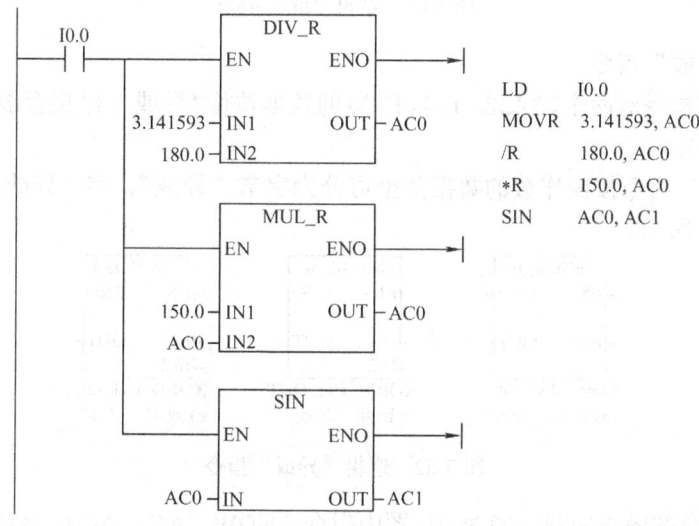

图3-59 求正弦函数

3.3.3 逻辑运算指令

逻辑运算是对无符号数进行的逻辑处理，主要包括逻辑"与"、逻辑"或"、逻辑"异或"和取反等指令。

1. 逻辑"与"指令

逻辑"与"指令对两个输入端（IN1、IN2）的数据按位"与"，结果存放到输出端（OUT）指定的存储单元中。

逻辑"与"指令按操作数的数据类型可分为字节"与"、字"与"、双字"与"指令，如图3-60所示。

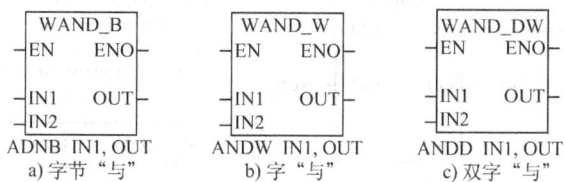

图3-60 逻辑"与"指令

2. 逻辑"或"指令

逻辑"或"指令对两个输入端（IN1、IN2）的数据按位"或"，结果存放到输出端（OUT）指定的存储单元中。

逻辑"或"指令按操作数的数据类型可分为字节"或"、字"或"、双字"或"指令，如图 3-61 所示。

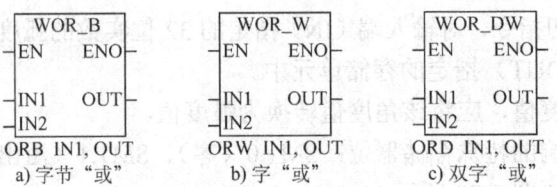

图 3-61　逻辑"或"指令

3. 逻辑"异或"指令

逻辑"异或"指令对两个输入端（IN1、IN2）的数据按位"异或"，结果存放到输出端（OUT）指定的存储单元中。

逻辑"异或"指令按操作数的数据类型可分为字节"异或"、字"异或"、双字"异或"指令，如图 3-62 所示。

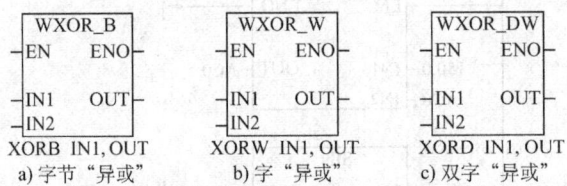

图 3-62　逻辑"异或"指令

逻辑运算指令的操作如图 3-63 所示，图中指令 ANDW　AC1, AC0 的结果存放在 AC0 中。

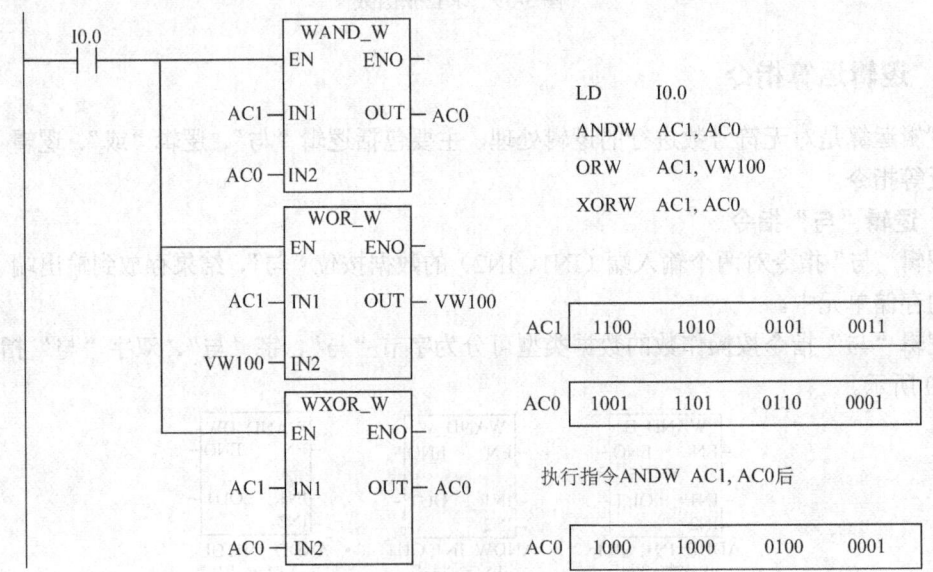

图 3-63　逻辑运算指令的操作

4. 取反指令

取反指令对输入端（IN）指定的数据按位取反，结果存放到输出端（OUT）指定的存储单元中。

取反指令按操作数的数据类型可分为字节、字、双字取反指令，如图 3-64 所示。

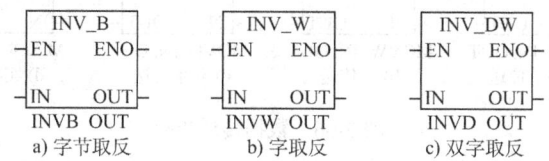

图 3-64 取反指令

逻辑运算指令影响的特殊存储器位：SM1.0（零）。

字"或"/双字"异或"/字取反/字节"与"操作如图 3-65 所示。

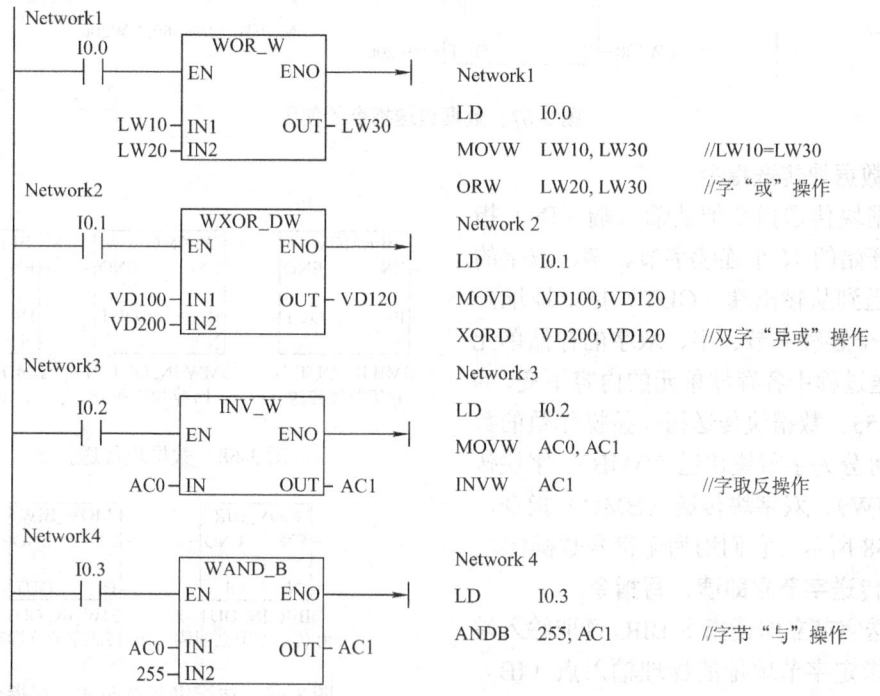

图 3-65 字"或"/双字"异或"/字取反/字节"与"操作

3.4 S7-200 PLC 的数据处理指令

数据处理指令包括数据传送指令，交换、填充指令，移位指令等。

3.4.1 数据传送指令

1. 数据（字节、字、双字、实数）传送指令

数据传送指令把输入端（IN）指定的数据传送到输出端（OUT），传送过程中数据值保持不变。数据传送指令按操作数的数据类型可分为字节传送（MOVB）、字传送（MOVW）、双字传送（MOVD）、实数传送（MOVR）指令，如图3-66所示。

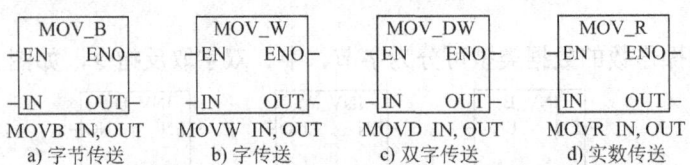

图3-66 数据传送指令

例如，将变量存储器VW100中的内容传送到VW200中。数据传送指令的使用如图3-67所示。

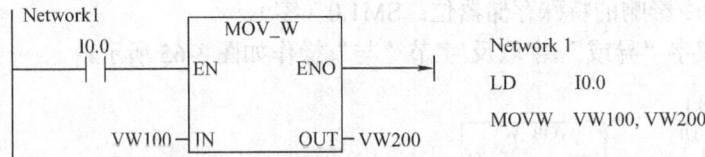

图3-67 数据传送指令的使用

2. 数据块传送指令

数据块传送指令把从输入端（IN）指定地址开始的 N 个连续字节、字、双字的内容传送到从输出端（OUT）指定地址开始的 N 个连续字节、字、双字的存储单元中，传送过程中各存储单元的内容不变，N 为 1~255。数据块传送指令按操作数的数据类型可分为字节块传送（BMB）、字块传送（BMW）、双字块传送（BMD）指令，如图3-68所示。它们均为无符号数操作。

图3-68 数据块传送指令

3. 传送字节立即读、写指令

传送字节立即读指令BIR，读取输入端（IN）指定字节地址的物理输入点（IB）的值，并写入输出端（OUT）指定字节地址的存储单元中。

传送字节立即写指令BIW，将输入端（IN）指定字节地址的内容写入输出端（OUT）指定字节的物理输出点（QB）。

两种指令如图3-69所示，其操作数的数据类型为字节（BYTE）型。

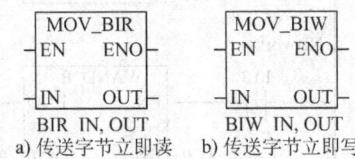

图3-69 传送字节立即读、写指令

3.4.2 字节交换指令

字节交换指令SWAP，把输入端（IN）指定的高字节内容与低字节内容相互交换，交换结果仍然存放在输入端（IN）指定的地址。字节交换指令如图3-70所示，其操作数的数据类型为无符

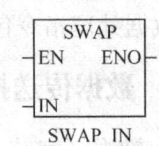

图3-70 字节交换指令

号整数(WORD)。

3.4.3 字填充指令

字填充指令 FILL,当使能输入(EN)有效时,字型输入数据(IN)填充从输出(OUT)指定单元开始的 N 个字存储单元,N(BYTE)的数据范围为 0~255。

例如,将从 VW100 开始的 256B(128 个字)存储单元清 0,使用字填充指令如图 3-71 所示。

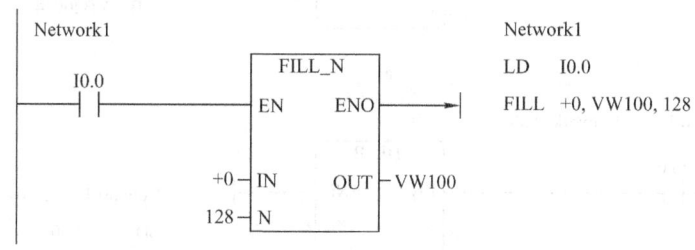

图 3-71 字填充指令的使用

3.4.4 移位和循环移位指令

移位指令分为左、右移位和循环左、右移位两大类。移位和循环移位指令均为无符号数操作。

1. 右移位指令

右移位指令把输入端(IN)指定的数据右移 N 位,结果存放到输出端(OUT)指定的存储单元中。右移位指令按操作数的数据类型可分为字节、字、双字右移位指令,如图 3-72 所示。

2. 左移位指令

左移位指令把输入端(IN)指定的数据左移 N 位,结果存放到输出端(OUT)指定的存储单元中。左移位指令按操作数的数据类型可分为字节、字、双字左移位指令,如图 3-73 所示。

图 3-72 右移位指令

图 3-73 左移位指令

字节、字、双字移位指令的实际最大可移位数分别为 8、16、32。右移位和左移位指令,对移位后的空位自动补零,移位后溢出位(SM1.1)的值就是最后一次移出的位值。如果移位的结果为 0,零存储器位(SM1.0)置位。

S7-200 PLC 的移位一般分为以下两步执行:

1)利用传送指令(MOV)将需要移位的数据移动到结果存储器中,如果仅需要对指定存储器内容移位,且执行结果仍然保存在原存储器中,则不需要执行本步。

2)对结果存储器进行移位。

如果移位位数 N 超过数据本身的长度,则需要进行"取余"处理,例如,对字节数据指定移动 12 位时,实际移动为 4 位(12 除以 8 后余数为 4);当 N 为 0 时,不进行移位操作,同时系统标志寄存器 SM1.0 被置为 "1" 状态。

左、右移位指令的梯形图编程格式如图 3-74 所示。

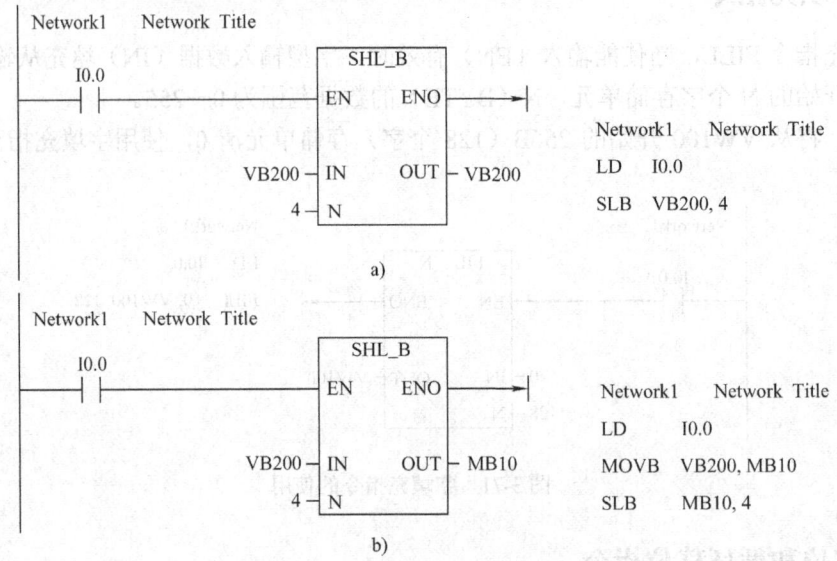

图 3-74 移位指令编程格式

3. 循环右移指令

循环右移指令把输入端（IN）指定的数据循环右移 N 位，结果存放到输出端（OUT）指定的存储单元中。循环右移指令按操作数的数据类型可分为字节、字、双字循环右移指令，如图 3-75 所示。

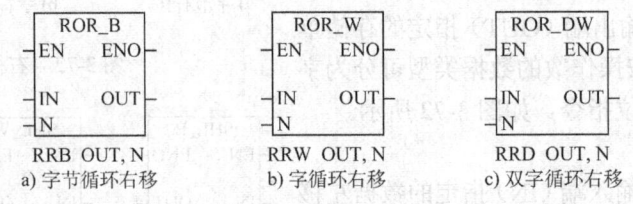

a) 字节循环右移　　b) 字循环右移　　c) 双字循环右移

图 3-75 循环右移指令

4. 循环左移指令

循环左移指令把输入端（N）指定的数据循环左移 N 位，结果存放到输出端（OUT）指定的存储单元中。循环左移指令按操作数的数据类型可分为字节、字、双字循环左移指令，如图 3-76 所示。

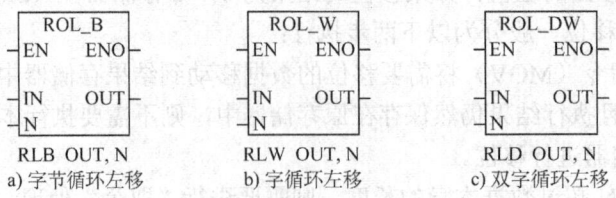

a) 字节循环左移　　b) 字循环左移　　c) 双字循环左移

图 3-76 循环左移指令

对于字节、字、双字循环移位指令，如果所需移位的位数 N 大于或等于 8、16、32，那么在执行循环移位前，先对 N 取以 8、16、32 为底的模，其结果 0～7、0～15、0～31 为实际移动位数。

执行循环移位后溢出位（SM1.1）的值就是最后一次循环移出位的值。如果移位的结果为 0，零存储器位（SM1.0）置位。移位和循环移位指令影响的特殊存储器位：SM1.0（零）、SM1.1（溢出）。移位和循环移位指令编程举例如图 3-77 所示。

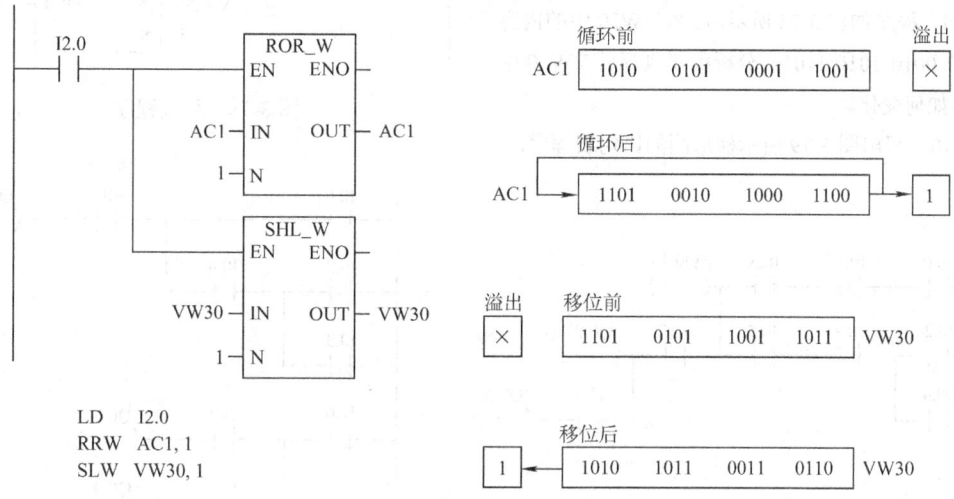

图 3-77　移位和循环移位指令编程

思考与练习

3-1　填空题。

（1）接通延时定时器（TON）的输入（IN）电路＿＿＿＿时被复位，复位后其常开触点＿＿＿＿，常闭触点＿＿＿＿，当前值等于＿＿＿＿。

（2）接通延时定时器（TON）的输入（IN）电路＿＿＿＿时开始定时，当前值大于等于预置值时其定时器位变为＿＿＿＿，其常开触点＿＿＿＿，常闭触点＿＿＿＿。

（3）输出指令"＝"不能用于＿＿＿＿过程映像寄存器。

（4）若加计数器的计数输入电路（CU）＿＿＿＿、复位输入电路（R）＿＿＿＿，计数器的当前值加 1。当前值大于等于预置值（PV）时，其常开触点＿＿＿＿，常闭触点＿＿＿＿。

复位输入电路＿＿＿＿时，计数器被复位，复位后其常开触点＿＿＿＿，常闭触点＿＿＿＿，当前值为＿＿＿＿。

（5）外部的输入电路接通时，对应的输入过程映像寄存器为＿＿＿＿状态，梯形图中对应的常开触点＿＿＿＿，常闭触点＿＿＿＿。

（6）若梯形图中的输出点 Q 线圈失电，对应的输出过程映像寄存器为＿＿＿＿状态，在修改输出阶段后，继电器型输出模块中对应的硬件继电器的线圈＿＿＿＿，其常开触点＿＿＿＿，外部负载＿＿＿＿。

3-2　编写一段程序，求 45° 的正切值。

3-3　S7-200 PLC 有哪些常用的编程元件？

3-4　S7-200 PLC 的输入/输出地址是如何进行编号的？

3-5　S7-200 PLC 是如何编址的？

3-6 什么是"位"软元件?什么是"字"软元件?两者有什么区别?

3-7 编写一段程序,实现从0~255的计数。当I0.0为上升沿时,程序为加计数;当I0.0为下降沿时,程序为减计数。

3-8 设定时器的预置值为30s、40s、50s,现分别通过开关I0.0、I0.1、I0.2对预置值进行设置,试用数据传送指令编程来实现。

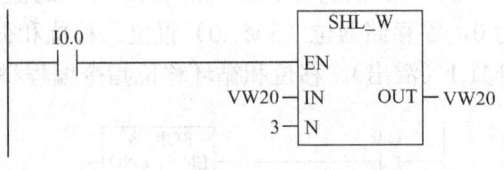

3-9 程序如图3-78所示,已知VW20中的内容为1110 0010 1010 1101,分析程序执行后VW20中的内容如何变化。

图3-78 移位程序

3-10 写出图3-79所示梯形图的语句表程序。

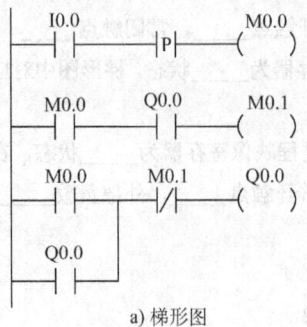

图3-79 梯形图程序

3-11 使用置位指令和复位指令,分别编写下述控制程序,控制要求如下:

(1)起动时,电动机M1先起动,电动机M1起动后,才能起动电动机M2;停止时,电动机M1、M2同时停止。

(2)起动时,电动机M1、M2同时起动;停止时,只有在电动机M2停止后,电动机M1才能停止。

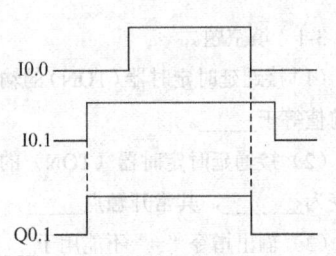

3-12 设计出满足图3-80所示时序图的梯形图程序。

图3-80 时序图

3-13 画出图3-81所示程序的Q0.0的时序图。

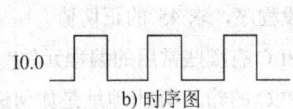

a)梯形图   b)时序图

图3-81 控制程序

3-14 设计出满足图 3-82 所示时序图的梯形图程序。

3-15 按钮 I0.0 按下后，Q0.0 变为 "1" 状态并自保持，I0.1 输入 3 个脉冲（用 C1 计数）后，T30 开始定时，5s 后，Q0.0 变为 "0" 状态，同时 C1 被复位，在 PLC 刚开始执行用户程序时，C1 也被复位，时序图如图 3-83 所示，设计出梯形图程序。

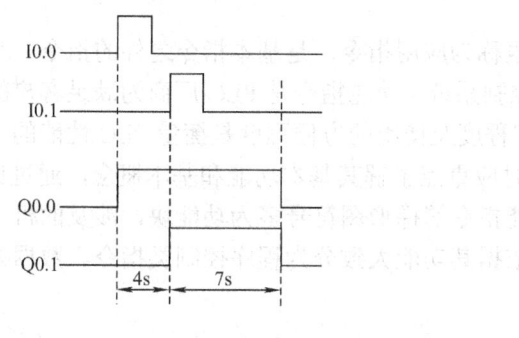

图 3-82 时序图　　　　　　　　　　图 3-83 时序图

3-16 试用步进控制指令设计出满足图 3-84 所示时序图要求的梯形图程序。

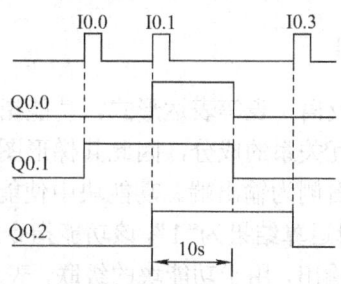

图 3-84 时序图

第 4 章 S7-200 PLC 的功能指令

功能指令（Functional Instruction）也称为应用指令，是基本指令之外的指令。利用功能指令可以开发复杂控制系统，构成网络控制系统。功能指令是 PLC 厂商为满足客户的特殊需求而开发的通用子程序，功能指令的丰富程度及使用的方便程度是衡量 PLC 性能的一个重要指标。S7-200 PLC 功能指令较多，学习时应重点了解其基本功能和基本概念，通过读程序、编程序和调试程序来学习功能指令。功能指令的梯形图符号多为功能块，涉及的机内元件种类、数据类型及数据量较多。功能指令依据其功能大致分为程序控制类指令、数据处理类指令、特殊功能类指令等。

4.1 S7-200 PLC 的指令规约

4.1.1 使能输入与使能输出

功能指令同样具有梯形图及语句表等表达形式。功能指令的内涵主要是指令所完成的功能，不含表达梯形图符号间相互关系的成分，因此其梯形图符号多为功能块。功能块顶部为指令的标题，左侧为输入端，右侧为输出端。功能块中使能输入端"EN（Enable In）"必须存在"能流"，即与之相连的逻辑运算结果为"1"，该功能指令才能够被执行。使能输出端"ENO（Enable Output）"是功能块的输出，用于功能块的级联，表示当使能输入端"EN"有"能流"并且指令被正常执行时，将"能流"传递给下一个功能块，此时，"ENO"输出为"1"；如果指令执行出错，那么"能流"就在出现错误的功能块处终止，即"ENO"输出为"0"。"EN"和"ENO"均为"能流"，其数据类型为布尔型。

若将"ENO"作为下一个功能块的输入，则可将功能块串联在同一逻辑行中（见图 4-1），只有当前一个功能块被正确执行时后面的功能块才能被执行。功能块的级联不仅使梯形图程序更加紧凑，而且能在指令出错时及时停止执行后续指令。无使能输出端的功能块不能用于级联。

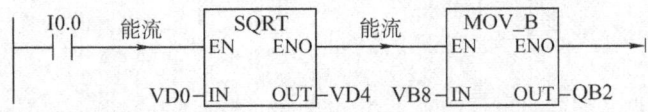

图 4-1 使能输入与使能输出

在语句表中，没有"EN"输入，执行语句表指令的条件是堆栈的栈顶值为"1"，用 AENO （ANDENO）指令产生与功能块的使能输出端相同的效果。图 4-1 所示梯形图转换为语句表形式，如下：

    LD   I0.0
    SQRT VD0，VD4

　　　　AENO
　　　　MOVB　　VB8，QB2
　　注意：当功能块"EN"前的执行条件成立时，该功能指令每个扫描周期都将被执行一次，称为连续执行；若只需执行一次，则可以用脉冲作为执行条件，称为脉冲执行。有些功能指令两种执行结果一样，有些则不同，如数据交换指令，编程时必须设置合适的执行条件。

4.1.2　梯形图中的网络与指令

　　在梯形图中，程序被划分为独立的段，称为网络（Network），每一个网络由一个或多个梯级组成；在语句表中，使用"Network"关键词对程序分段，多条语句组成一个程序段；在功能块图中，使用网络概念给程序分段。正确的将程序进行分段，才可通过软件实现相互之间的转换。

　　注意：
　　① 语句表程序可以不使用网络，但只有将语法正确的语句表程序正确的划分为网络，才能将语句表程序转换为梯形图程序。
　　② 在输入语句表指令时，必须使用英文标点符号。

　　梯形图中左、右两侧的垂直线称为左、右母线，通常情况下右母线省略不画。在两母线之间是由触点、线圈和功能块组成的梯级。触点代表逻辑输入条件，如外部开关、按钮等；线圈代表逻辑输出结果，用来控制外部的负载或内部的输出条件；功能块用来表示计数器、定时器等功能指令。

　　梯形图中输入总是在左边，输出总是在右边。触点与左母线相连，线圈或功能块终止于右母线，构成一个梯级。梯级中，左、右母线间为完整的电路，"能流"只能从左往右流动，网络中不能出现"短路"、"开路"及反方向的"能流"。

　　条件输入指令是指必须有"能流"输入才能执行的线圈或功能块指令，它们不能直接连接于左母线；如果指令需要无条件执行，可以用连接至左母线的 SM0.0（该位始终为 1）常开触点进行驱动；无条件输入指令是指线圈或功能块指令的执行与"能流"无关，与左母线直接相连，如 LBL、SCR 等。

4.2　程序控制类指令

　　程序控制类指令用于程序运行状态的控制，主要包括跳转指令、循环指令等，能够影响程序执行的流向及内容。

1. 有条件结束指令

　　如图 4-2 所示，有条件结束（END）指令根据前面的逻辑条件终止用户主程序的执行，返回主程序的起点（第一条指令行）。在梯形图中，该指令不能直接连在左母线上，用于无条件结束（MEND）指令之前，且只能用于主程序，不能用在子程序和中断程序中。

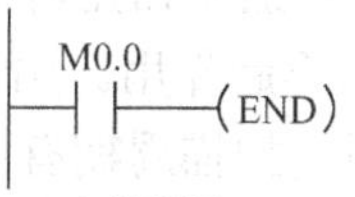

```
    M0.0                  LD    M0.0
────┤├────(END)           END
    a) 梯形图             b) 语句表
```

图 4-2　有条件结束指令

　　注意：
　　① PLC 反复进行输入采样、程序执行、输出刷新，在程序的最后写入 END 指令，表示

程序结束，直接进行输出处理。在程序调试过程中，可以按段插入 END 指令，按顺序扩大对各程序段动作的检查，当确定处于前面的功能块的动作正确无误之后，再依次删去 END 指令。另外，在执行 END 指令时，也刷新监视时钟。

② 无条件结束（MEND）指令在执行时，终止用户程序的执行，返回主程序的第一条指令行。STEP 7-Micro/WIN 4.0 编程软件会自动在主程序结束时加上一个无条件结束指令，用户不能输入，否则编译出错。

2. 停止指令

如图 4-3 所示，停止（STOP）指令在使能输入有效时，能够引起 CPU 工作方式发生变化，使 CPU 从 RUN 模式转为 STOP 模式，立即终止程序的执行。因此，停止指令主要用于处理突发紧急事件。

STOP 指令可以用于主程序，也可以用于子程序和中断程序。若在中断程序中执行 STOP 指令，则中断程序立即终止，并且忽略所有等待执行的中断，继续扫描循环中的剩余主程序，在当前扫描结束时将 CPU 由 RUN 模式切换至 STOP 模式。

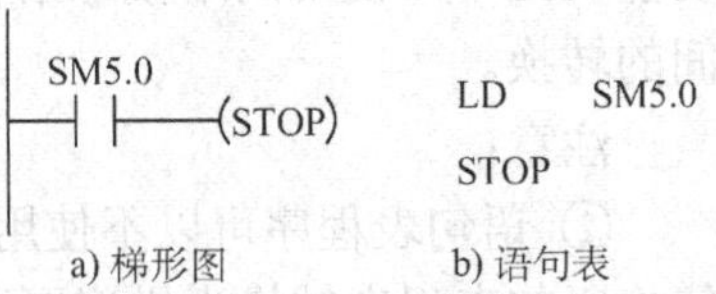

```
SM5.0
─┤ ├──(STOP)        LD    SM5.0
                    STOP

   a) 梯形图         b) 语句表
```

图 4-3 停止指令

3. 监视器重设指令

如图 4-4 所示，监视器重设（WDR，Watchdog Reset）指令又称为看门狗复位指令或监控定时器复位指令，用于重新触发 CPU 的系统监视程序定时器，扩展扫描允许使用的时间，而不会出现监视程序错误。

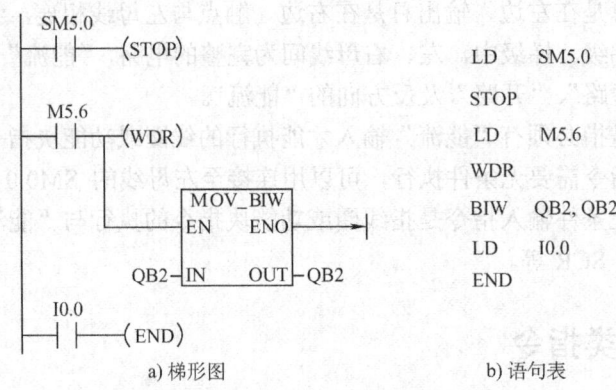

图 4-4 监视器重设指令

工作原理：为了保证系统可靠运行，PLC 内部设置了系统监视定时器 WDT，用于监视扫描周期是否超时。监视器定时时间为 500ms，每次扫描它都被自动复位一次。如果扫描周期小于 500ms，它不起作用。由于用户程序很长、执行中断程序的时间较长、循环指令的循环次数过多等原因，扫描周期有可能大于 500ms，监视定时器会停止执行用户程序。为了防止在正常情况下监视定时器动作，可将监视器复位指令插入到程序中适当的地方。若使能输入有效，监视定时器复位，可以增加一次扫描时间；若使能输入无效，监视定时器定时时间到，程序将终止当前指令的执行，重新启动，返回到第一条指令重新执行。

注意：

① 如果使用监视器重设指令允许执行扫描时间很长的程序，模式开关切换到 STOP 位置，会使 S7-200 在 1.4s 内转换为 STOP 模式。

② 带数字量输出的扩展模块也有一监视定时器，在使用 WDR 指令时，应对每个扩展模块的某一个输出字节使用立即写（BIW）指令来复位扩展模块的监视定时器。

4. 循环指令

程序的循环结构用于描述一段程序的重复循环执行。由 FOR 和 NEXT 指令构成程序的循环体。FOR 指令执行 FOR 和 NEXT 之间的指令，是循环的开始；NEXT 指令表示循环结束，并将堆栈的栈顶值设为 1。

FOR 指令中，INDX 为索引值或当前值计数器，INIT 为起始值，FINAL 为终值，均为整数类型。当使能输入 EN 有效时，循环体开始执行，执行到 NEXT 指令时返回，每执行一次循环体，当前值计数器 INDX 加 1，达到终值 FINAL 时，循环结束；当使能输入无效时，循环体不执行。

注意：每次使能输入有效，指令自动将各参数复位。FOR 指令与 NEXT 指令必须配套使用，且允许嵌套，最多可以嵌套 8 层。图 4-5 中，当 I2.1 接通时，执行 10 次标有①的外循环；当 I2.1 和 I2.2 同时接通时，每执行一次外循环，需执行 5 次标有②的内循环。

5. 跳转指令

跳转（JMP）指令也称为跳接至标签指令。如图 4-6 所示，JMP 与 LBL（Label）配合实现程序的跳转，当使能输入有效时，跳转指令使程序流程转到对应的标号 LBL 处，标号指令用来指示跳转指令的目的位置；当使能输入无效时，程序顺序执行。

JMP 以线圈形式编程，而 LBL 以功能块形式编程。JMP 与 LBL 指令之间的区域称为跳转区，在跳转发生的扫描周期中，跳转区内的程序段停止执行，涉及的各输出元件状态保持不变。跳转执行时，栈顶值始终为"1"。JMP 与 LBL 指令中的操作数 n 为常数 0～255。

注意：

① 跳转及其对应的标号指令必须始终位于相同的代码段中（同在主程序内、同一子程序或同一中断服务程序内），不可由主程序跳转至子程序或中断服务程序中的标号，也不可由子程序或中断服务程序跳转至子程序或中断服务程序之外的标号。

② 由于跳转指令具有选择程序段的功能，因此，在同一程序但位于因跳转而不会被同时执行的程序段中的相同线圈不被视为双线圈。

③ 可以多条跳转指令使用同一标号，但不能一个跳转指令对应多个标号。

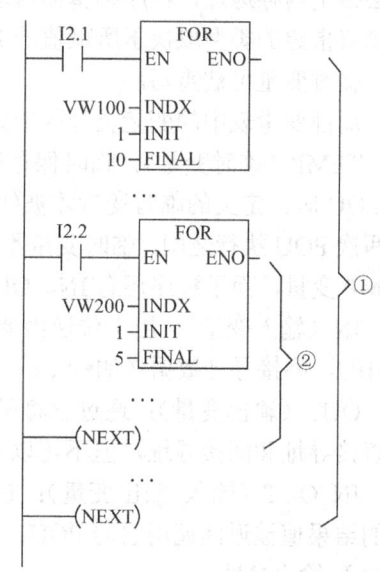

图 4-5 循环指令

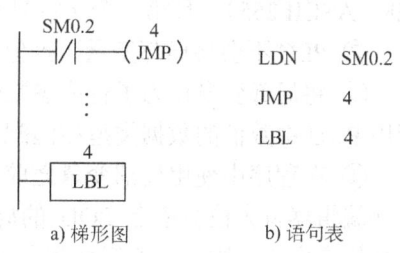

a) 梯形图　　　b) 语句表

图 4-6 跳转指令

4.3 局部变量表与子程序

4.3.1 局部变量表

S7-200 将主程序、子程序和中断程序统称为 POU（Program Organization Unit，程序组织单元）。程序中的每个 POU 都有自己的局部变量表，配备 64B 的 L 内存，用户可以使用前 60B。局部变量只在建立该变量的 POU 中有效，而变量存储器 V 是全局存储器，可以被所有的 POU 存取。

使用局部变量有两个原因：一是在子程序中只用局部变量，不用绝对地址或全局符号，子程序可以移植到其他项目中去；二是希望使用临时变量（说明为 TEMP 的局部变量）进行计算，同一片物理存储器可以在不同的程序中重复使用。

局部变量还用来在子程序和调用它的程序之间传递输入参数和输出参数。

在局部变量表中赋值时，需指定说明类型（TEMP、IN、IN_OUT 或 OUT）和数据类型，不必指定内存地址，程序编辑器自动在 L 内存区中为所有的局部变量指定内存位置。局部变量赋值指定的类型取决于所赋值的 POU。只有在执行块时，临时变量才可用；块在执行完以后，临时变量可被重写。

局部变量表中的变量类型区中定义的变量有以下几种：

TEMP（临时变量）：临时保存在局部数据区中的变量，不能用来传递参数。只有在执行该 POU 时，定义的临时变量才被使用；一旦该 POU 完全执行，则临时变量数值无法再用。在两次 POU 执行之间，临时变量不保持其数值。在主程序和中断程序中，局部变量表只包含 TEMP 变量，而子程序还有 IN、OUT 和 IN_OUT 变量。

IN（输入变量）：用于传递由调用它的 POU 提供的输入参数，可以是直接寻址数据（如 VB10）、间接寻址数据（如 *AC1）、常数（如 16#1234）或地址（如 &VB100）。

OUT（输出变量）：通过它将子程序的执行结果返回给调用它的 POU，输出变量可以采用直接寻址和间接寻址，但不可以是常数和地址。

IN_OUT（输入_输出变量）：初始值由调用它的 POU 提供，由子程序修改，从子程序得到的结果值被返回调用它的 POU。参数可以采用直接寻址和间接寻址，但常数和地址不能作为输入/输出参数。

注意：

① 局部变量名称最多可包含 23 个字母、数字字符和下划号，也可包含扩展字符（ASCII 128～ASCII 255），且第一个字符只能为字母或扩展字符。

② PLC 不会将局部变量数据值初始为 0，必须在程序逻辑中初始化所使用的局部变量。

③ 将局部变量作为子程序参数传递时，在该子程序局部变量表中指定的数据类型必须与调用 POU 中数值的数据类型相匹配。

④ 在程序中使用局部变量之前，在局部变量表中赋值最为有效。在程序中使用符号名时，程序编辑器首先检查适合 POU 的局部变量表，然后检查符号表/全局变量表。如果符号名在两处均未定义，则程序编辑器将之视为全局符号。

⑤ 每个子程序调用的输入/输出参数的最大限制为 16。

⑥ 若有全局符号和局部变量使用相同的符号名称（如 INPUT1）时，定义局部变量的 POU 中的局部定义优先，全局定义用于其他 POU。

4.3.2 子程序的编写与调用

S7-200 CPU 的控制程序由主程序、子程序和中断程序组成。STEP 7-Micro/WIN 4.0 在程序编辑器窗口里为每个 POU 提供一个独立的页，主程序总在第 1 页，后面是子程序和中断程序。

在程序设计中，通常将具有特定功能，并且多次使用的程序段作为子程序，通过调用来实现，无须重复编写。

子程序的调用是有条件的，满足调用条件时，主程序调用子程序并执行，子程序指令全部执行后系统将返回至调用子程序的主程序；未调用时不会执行子程序指令，可以减少扫描时间。使用子程序可以将程序进行分块，使程序结构清晰，易于查错和维护，更有效地使用 PLC。另外，如果子程序中只使用局部变量，由于与其他 POU 没有地址冲突，可以将子程序移植到其他项目。

使用子程序，必须进行：①建立子程序；②在子程序局部变量表中定义参数（如果有）；③从适当的 POU 调用子程序。

1. 子程序的创建

STEP 7-Micro/WIN 4.0 编程软件生成项目时将自动生成一个子程序，默认为 SBR_0。可以用下列方法创建子程序：

1）从"编辑"菜单中，选择"插入"→"子程序"。

2）从"指令树"中，用鼠标右击"程序块"图标，并从弹出菜单中选择"插入"→"子程序"。

3）从"程序编辑器"窗口中，用鼠标右击，并从弹出菜单中选择"插入"→"子程序"。

一个项目最多可创建 64 个子程序。

2. 子程序的调用

子程序指令包括子程序调用指令和子程序返回指令。在使能输入有效时，子程序调用指令将程序控制权交给子程序 SBR_n，等子程序执行完成后，程序控制权返回到子程序调用指令的下一条指令。子程序的调用可以带参数，也可以不带参数。

如果用梯形图编程，子程序调用和子程序返回指令如图 4-7 所示。如果用语句表编程，子程序调用指令的格式如下：

CALL SBR_n：子程序调用指令。编号 n 从 0 开始，随着子程序个数的增加自动生成。

CRET：子程序条件返回指令。在使能输入有效时，结束子程序的执行，返回主程序调用指令的下一条指令，不带参数。

RET：子程序无条件返回指令。子程序必须以本指令作结束，返回原调用处的 CALL 指令的下一条指令。STEP 7-Micro/WIN 4.0 编程软件为每个子程序自动加入 RET 指令。

注意：CRET 指令只能用于子程序中，在子程序中不得使用 END 指令。

如果在子程序内部又对另一个子程序执行调用指令，称为子程序嵌套，但在子程序中不能调用自己，最大嵌套深度为 8 级。可以在主程序、其他子程序或中断程序中调用子程序，但在中断服务程序中调用的子程序不能再调用别的子程序。

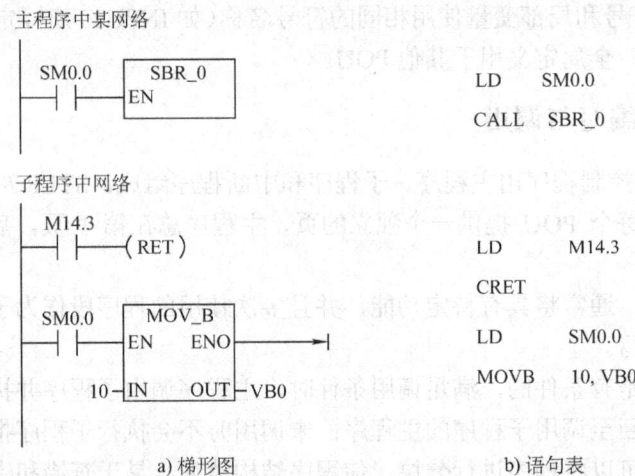

图 4-7 子程序调用和子程序返回指令

当有子程序被调用时,系统会保存当前的逻辑堆栈,保存后栈顶值置 1,其他堆栈位置 0,将控制权交给被调用子程序。当该子程序完成时,通过返回指令自动恢复堆栈在调用点时保留的数值,控制权交还给调用程序。

子程序可能有要传递的参数(变量和数据),所有的参数必须在子程序的局部变量表中定义,它可以在子程序与调用程序之间传送。参数必须有变量名、变量类型和数据类型,格式如下:

CALL 子程序号,参数 1,参数 2,…,参数 n $n=1\sim16$

局部变量表中的变量类型域定义参数是否交接至子程序(IN)、交接至或交接出子程序(IN_OUT)或交接出子程序(OUT),任何不用于传递数据的局部存储器都可以在子程序中作为临时存储器 TEMP 使用。在子程序中,可以使用 IN、IN_OUT、OUT 类型的变量和调用子程序 POU 之间传递参数,参数必须按顺序排列,分别为 IN、IN_OUT、OUT 类型。子程序调用指令中的有效操作数为存储器地址、常量、全局符号以及调用指令所在 POU 中的局部变量,而不能指定被调用子程序中的局部变量。图 4-8 为带参数子程序调用实例,表 4-1 为 STEP 7-Micro/WIN 4.0 局部变量表。

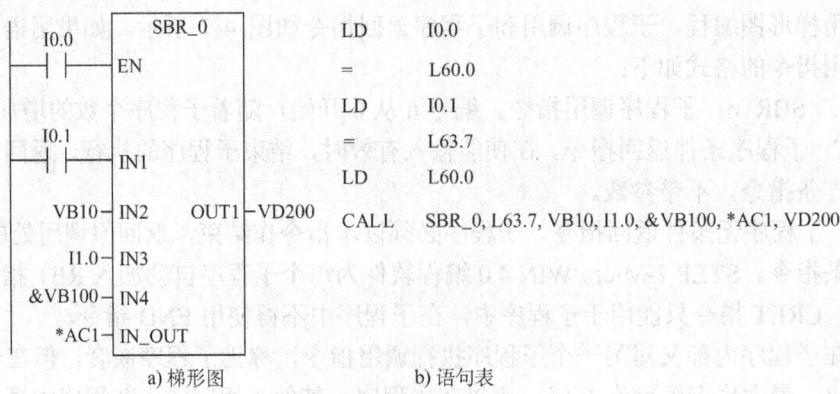

图 4-8 带参数子程序调用实例

第 4 章　S7-200 PLC 的功能指令

表 4-1　STEP 7-Micro/WIN4.0 局部变量表

L 地址	参数名称	变量类型	数据类型
	EN	IN	BOOL
L0.0	IN1	IN	BOOL
LB1	IN2	IN	BYTE
L2.0	IN3	IN	BOOL
LD3	IN4	IN	DWORD
LW7	IN_OUT	IN_OUT	WORD
LD9	OUT1	OUT	DWORD

注意：

① 子程序的局部变量只在该子程序中使用，不与其他 POU 地址冲突。因此，将子程序移植到别的项目时无需修改局部变量的地址，且尽量避免在子程序中使用全局变量。

② 同一编程元件的线圈可以在不同时调用的子程序中分别出现一次。

4.4 数据处理类指令

4.4.1 数据转换指令

数据转换指令是对操作数的类型进行转换。利用转换指令，可以实现数据类型的转换，及数据类型到 ASCII 码字符串的转换、编码和译码操作，还可产生七段码输出。

1. 标准转换指令

标准转换指令包括数字转换、进位和截尾、分段三部分。

1) 数字转换指令将输入数值 IN 转换为指定的格式，并将输出值存储在 OUT 指定的内存位置，包括字节至整数（BTI）、整数至字节（ITB）、整数至双整数（ITD）、双整数至整数（DTI）、双整数至实数（DTR）、BCD 至整数（BCDI）和整数至 BCD（IBCD）指令，表达形式如图 4-9 所示。

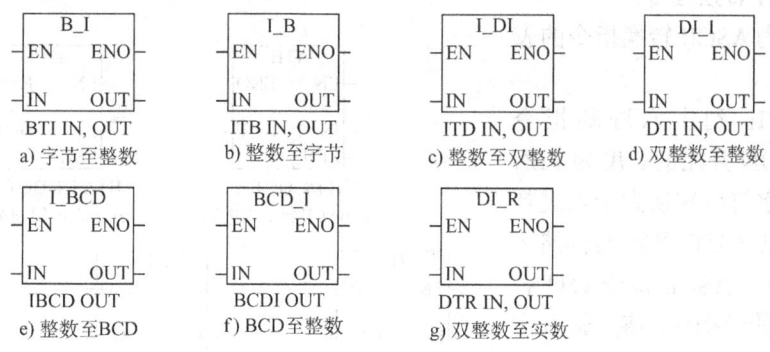

图 4-9　数字转换指令

BTI 指令将字节数值 IN 转换为整数值，结果放入 OUT 指定的存储单元中，字节是无符号的，没有符号扩展；ITB 指令将整数值 IN 转换为字节数值，结果放入 OUT 指定的存储单元中，转换数值为 0~255，超出范围导致溢出，置位 SM1.1。

ITD 指令将整数值 IN 转换为双整数值，结果放入 OUT 指定的存储单元中，符号位扩展到高字节中；DTI 指令将双整数值 IN 转换为整数值，结果放入 OUT 指定的存储单元中，如果转换的数值太大而无法在输出中表示，则置位 SM1.1 且输出不变。

BCDI 指令将二进制编码的十进制数值 IN 转换为整数值，结果放入 OUT 指定的存储单元中，IN 的有效输入范围为 0~9999 的 BCD 码；IBCD 指令将输入的整数值 IN 转换为二进制编码的十进制数值，结果放入 OUT 指定的存储单元中，IN 的有效输入范围为 0~9999 的整数。

DTR 指令将 32 位有符号整数 IN 转换为 32 位实数，并将结果放入 OUT 指定的存储单元中。

2）进位指令（ROUND）将实数 IN 转换为有符号双字整数，并将结果放入 OUT 指定的存储单元中。如果小数部分为 0.5 或以上，则向上进位，实数四舍五入为双整数。

截尾指令（TRUNC）将实数 IN 转换为双整数，并将结果放入 OUT 指定的存储单元中。只有实数的整数部分被转换，小数部分被丢弃。

图 4-10 为进位和截尾指令的表达形式。

3）段指令（SEG）根据输入字节 IN 的低 4 位确定十六进制数（16#0~F），产生相应的七段码，结果输出到 OUT，OUT 的最高位恒为 0。例如，显示数字"5"，输出值为 2#0110 1101。图 4-11 为段指令格式。

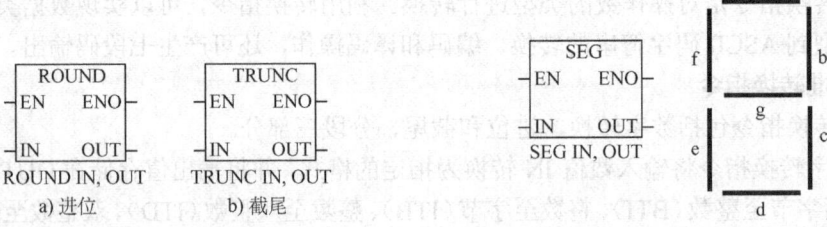

图 4-10 进位和截尾指令　　　　　图 4-11 段指令

2. ASCII 转换指令

图 4-12 为 ASCII 转换指令的表达形式。

1）ASCII 到十六进制指令（ATH）将从 IN 开始的长度为 LEN 的 ASCII 码字符串转换为十六进制数，存放在以 OUT 开始的存储区中；十六进制到 ASCII 指令（HTA）是 ATH 指令的逆操作，将从输入字节 IN 开始的十六进制数转换为 ASCII 码字符串，并将转换结果存入由 OUT 指定的起始地址的存储区，被转换的十六进制数的位数由

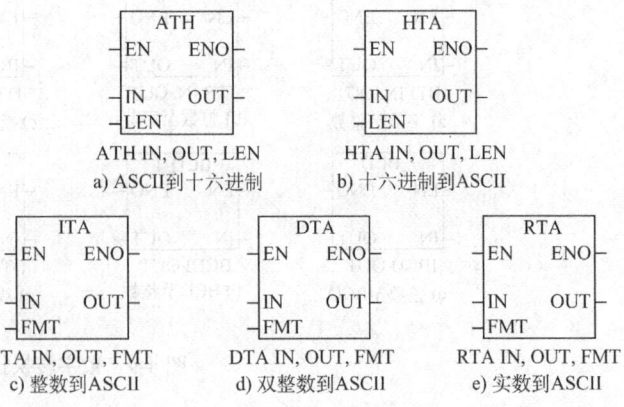

图 4-12 ASCII 转换指令

LEN 给出。可转换的 ASCII 码字符或十六进制数的最大数目为 255。

有效的 ASCII 码字符是十六进制数值为 30H~39H 和 41H~46H, 分别为 0~9 和大写字母 A~Z。每个 ASCII 码占一个字节, 转换后得到的十六进制数占半个字节。

2) 整数到 ASCII 指令 (ITA)、双整数到 ASCII 指令 (DTA) 和实数到 ASCII 指令 (RTA) 分别用于转换整数、双整数和实数值到 ASCII 码字符。ITA、DTA 指令转换后分别得到 8 个、12 个字符, 而 RTA 指令可以指定为 3~15B 或字符的大小范围。输入参数 FMT 指定小数点右边的转换精度等, 转换结果放在以 OUT 开始的连续字节中。

对于 ITA 和 DTA 指令, 格式操作数 FMT 的定义如图 4-13 所示。FMT 占用一个字节, 高 4 位必须为 0; c 位用来指定整数和小数之间的分隔符 (c=1, 用逗号 ","分隔; c=0, 用点号 "." 分隔); nnn 表示输出缓冲区中小数点右侧的数字位数, 范围为 0~5, 若 nnn 大于 5 为非法格式, 此时无输出, 输出缓冲区用空格键的 ASCII 码填充。输出缓冲区格式必须符合以下要求:

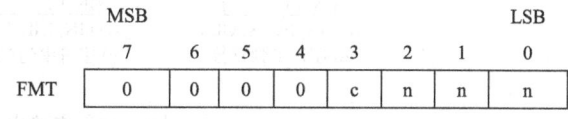

图 4-13 ITA 和 DTA 指令格式操作数的格式

① 正数值写入输出缓冲区时没有符号位。
② 负数值写入输出缓冲区时以负号开头。
③ 对小数点左侧的开头的 0 被隐藏。
④ 数值在输出缓冲区中为右对齐。

对于 RTA 指令, 格式操作数 FMT 的定义如图 4-14 所示。FMT 占用一个字节, 高 4 位 ssss 区指定输出缓冲区的字节数 (3~15B), 并规定输出缓冲区的字节数应大于输入实数小数点右

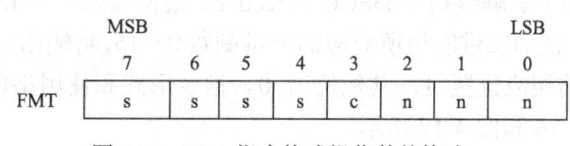

图 4-14 RTA 指令格式操作数的格式

边的位数; c 位及 nnn 区的定义与 ITA 和 DTA 指令相同。输出缓冲区格式除应符合 ITA 和 DTA 指令规格外, 还必须符合以下要求:

① 小数点右侧的数值按照指定的小数点右侧的数字位数被四舍五入。
② 输出缓冲区的大小应至少比小数点右侧的数字位数多 3 个字节。

3. 字符串转换指令

字符串转换指令如图 4-15 所示。

整数到字符串指令 (ITS)、双整数到字符串指令 (DTS) 和实数到字符串指令 (RTS) 将整数、双整数和实数值 (IN) 转换为 ASCII 码字符串, 存放在 OUT 指定的存储区中, FMT 用来设置数据格式。指令的操作与 ASCII 码转换指令基本相同, 不同之处在于这三条指令转换后得到的字符串的起始字节中是字符串的长度, 然后才是转换后得到的 ASCII 码。

字符串到整数指令 (STI)、字符串到双整数指令 (STD) 和字符串到实数指令 (STR) 将以偏移量 INDX 开始的字符串数值 IN 转换为整数、双整数和实数值, 存放在 OUT 指定的存储区中。

STI 指令和 STD 指令将字符串转换为以下格式: [空格][+或-][数字 0~9]。STR 指令将字符串转换为格式: [空格][+或-][数字 0~9][.或,][数字 0~9]。

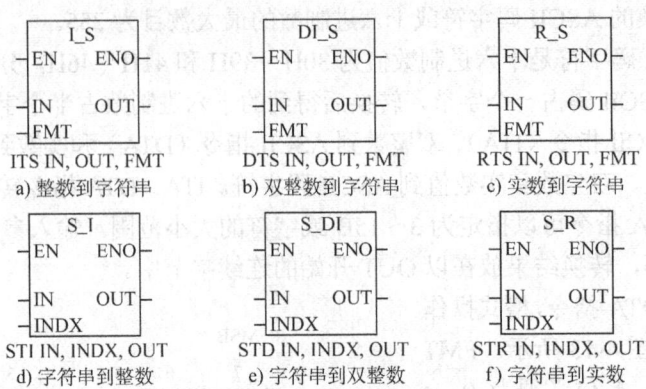

图 4-15 字符串转换指令

INDX 通常设置为 1，从第一个字符开始转换。若 INDX 为其他值，则从字符串中的不同位置开始转换，当输入字符串包含不需要转换的数字部分的文本时，可以使用。例如，如果输入字符串是"Temperature：77.8"，设置 INDX 为数值 13，这样可以跳过在字符串开始的字"Temperature："。

4. 编码和解码指令

编码指令 ENCO（Encode）将输入字 IN 的最低位设置的位号写入输出字节 OUT 的最低有效"半字节（4位）"。解码指令 DECO（Decode）根据输入字节 IN 的低 4 位的二进制值所对应的十进制数 0～15，将输出字 OUT 的相应位置 1，其他位清 0。指令形式和使用举例如图 4-16 和图 4-17 所示。

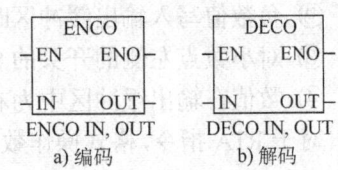

图 4-16 编码和解码指令

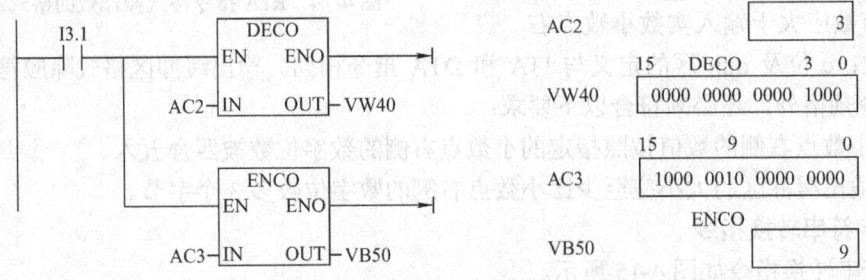

图 4-17 编码和解码指令使用举例

4.4.2 表指令

所谓表是指定义的一块连续存放数据的存储区，通过专设的表指令可以方便地实现对表中数据的各种操作。表指令的主要功能是管理存储器指定区域中的数据，根据需要填入数据、取出数据、查找符合条件的数据等，对表内的数据进行统计、比较等处理，在数据监控等方面有重要意义。表指令包括添加到表格指令、先入先出和后入先出指令、内存填充指令、查表指令等。

1. 添加到表格指令

添加到表格指令（ATT）将一个字的数值（DATA）添加到表格中（TBL）。操作数 TBL 指明表格的首地址，表中第一个数值是最大表格长度（TL）；第二个数值是输入计数（EC），指出已填入表格中数据的个数。新数据添加到表格中上次填入数据的后面，每次新数据添加到表格，输入计数 EC 自动加 1。一个表格可以有最多 100 个数据条目，表格溢出置位 SM1.4。DATA 的数据类型为 INT 型，TBL 为 WORD 型。添加到表格指令执行示意图如图 4-18 所示。

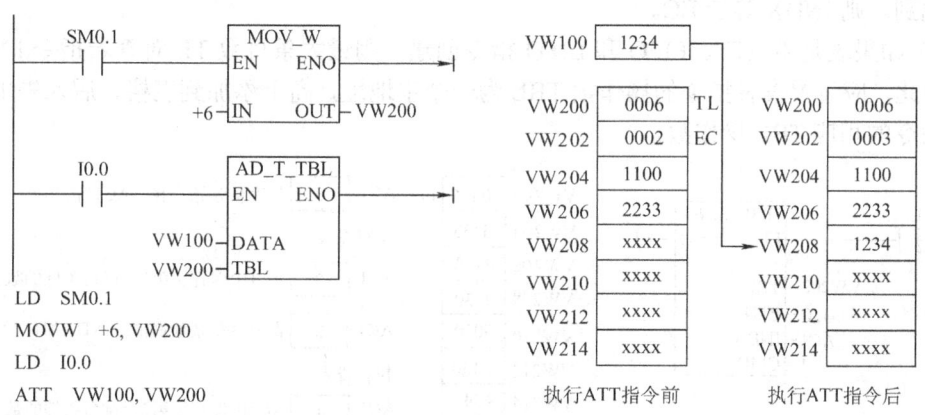

图 4-18　添加到表格指令执行示意图

2. 先入先出和后入先出指令

在 S7-200 中，可以将表中的字型数据按照"先进先出"或"后进先出"的方式取出，送到指定的存储单元。每取一个数，EC 自动减 1。

先入先出指令（FIFO）移走最先放进表中的第一个数据，并将此数据输出到 DATA 指定的地址，表格中剩下的所有其他条目依次向上移动一个位置；后入先出指令（LIFO）将表中最后放进的数据移走，送到 DATA 指定的地址，其余数据位置不变。图 4-19 为 FIFO 指令执行示意图。

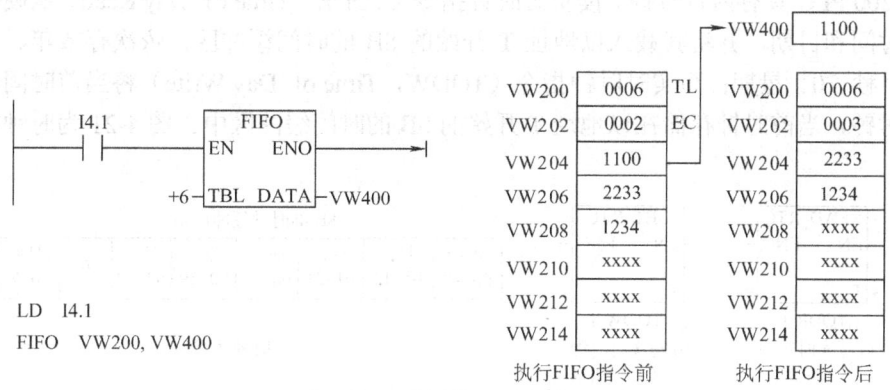

图 4-19　FIFO 指令执行示意图

3. 查表指令

查表指令（FND）的功能是从指针 INDX 开始搜索表格 TBL，以找到匹配某条件的数据，查找与数据 PTN 的关系满足 CMD 定义的条件的数据。命令参数 CMD 给定一个 1~4 的数值，分别相当于"="、"<>"、"<"和">"。如果找到匹配数据，则 INDX 指向表格中该数据。为了查找下一个符合条件的数据，在调用查表指令前必须先对 INDX 加 1。表格最多可以有 100 个数据，搜索的区域为 0~99。图 4-20 为查表指令执行示意图。

注意：

① 查表前必须将 INDX 置为 0。若找到匹配数据，INDX 中保存表中该数据的编号；若没有找到，则 INDX 等于 EC。

② 如果表是用 ATT、FIFO 和 LIFO 指令创建，则最大条目数 TL 对查表指令 FND 无意义。因此，应设置查表指令的操作数 TBL 为一个字地址，高于添加到表格、后入先出或先入先出指令的相应 TBL 操作数。

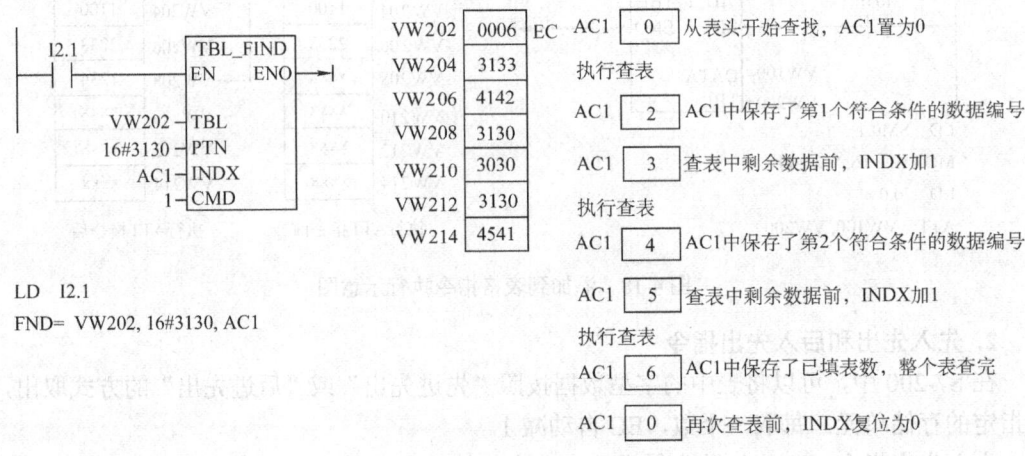

图 4-20　查表指令执行示意图

4.4.3　时钟指令

S7-200 PLC 具有内置时钟。读实时时钟指令（TODR，Time of Day Read）从硬件时钟读取当前时间和日期，并将其载入以地址 T 开始的 8B 的时间缓冲区，依次存放年、月、日、时、分、秒、0、星期；写实时时钟指令（TODW，Time of Day Write）将当前时间和日期写入硬件时钟，当前时钟存储在以地址 T 开始的 8B 的时间缓冲区中。图 4-21 为时钟指令表达形式。

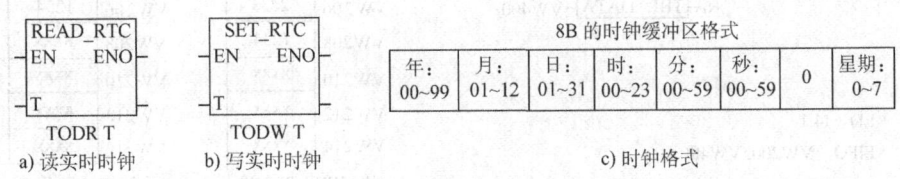

图 4-21　时钟指令及格式

扩展读实时时钟指令（TODRX）和扩展写实时时钟指令（TODWX）用于读写实时时钟的夏令时时间和日期。

注意：

① 实时时钟用年的最低两位数字，如 16#10 表示 2010 年。若用户程序中使用算术或与年份值相比较时，必须考虑两位数的表示法和世纪变化。

② 所有日期和时间值必须以 BCD 码格式编码，如 16#12 表示 12 月。

③ 星期的取值范围为 0～7，其中 1 表示星期日，2 表示星期一……0 将禁用星期。

④ S7-200 CPU 不会根据日期核实星期是否正确，如 2 月 30 日也可被接受。因此，必须确保输入的日期是正确的。

⑤ 不要在主程序和中断程序中同时使用 TODR/TODW 指令。SM4.3 被设置为显示对此时钟曾有两个同时访问尝试，错误代码 0007。

⑥ 在扩展电源停电后或当内存丢失时，时钟初始化为：01－01－90，00:00:00，星期日。

4.4.4 字符串指令

字符串指令包括下面六条指令，形式如图 4-22 所示。字符串长度指令（SLEN）用于求字符串的长度。复制字符串指令（SCPY）将由 IN 指定的字符串复制到由 OUT 指定的字符串。并置字符串指令（SCAT）将 IN 指定的字符串附加到 OUT 指定的字符串的后面，进行字符串的连接。

从字符串复制子字符串指令（SSCPY）将 IN 指定的字符串中从索引 INDX 开始的 N 个字符复制到由 OUT 指定的新字符串。

在字符串中查找字符串指令（SFND）在字符串 IN1 中搜索字符串 IN2 的首次出现，搜索从 OUT 指定的位置开始。如果 IN1 中有完全匹配 IN2 的字符串，则将 IN1 中出现 IN2 字符串首字符的位置写入 OUT；如果字符串 IN2 没有在字符串 IN1 中找到，则 OUT 设置为 0。

在字符串中查找字符指令（CFND）在字符串 IN1 中搜索第一个出现的来自字符串 IN2 中描述的任何字符，搜索从 OUT 指定的位置开始。如果有匹配的字符，则该字符的位置写入 OUT；如果没有找到匹配的字符，则 OUT 设置为 0。

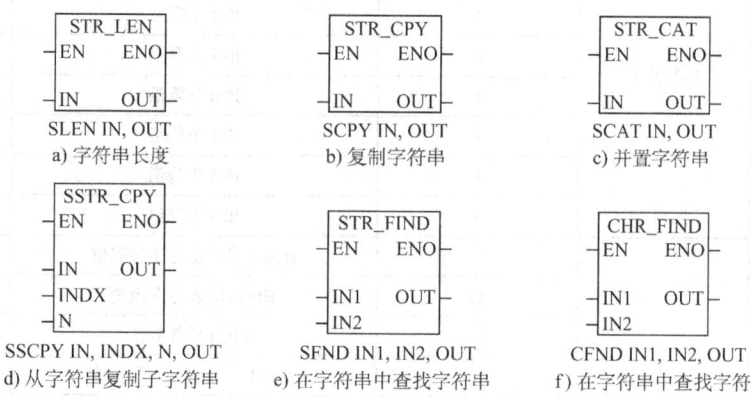

图 4-22 字符串指令

4.5 中断程序与中断指令

S7-200 设置了中断功能，用于实时控制、高速处理、通信和网络等复杂和特殊的控制任务。中断程序不是由程序调用，而是在中断事件发生时由操作系统调用，终止当前正在运行的程序，去执行为立即响应的信号而编制的中断服务程序，执行完毕再返回原先终止的程序并继续执行。

中断程序是为随机发生且必须立即响应的事件安排的，其响应时间应小于机器的扫描周期。中断处理提供对特殊内部事件或外部事件的快速响应，应优化中断程序，使其尽量短小，以减少执行时间，中断程序应越短越好。

4.5.1 中断源

中断源是指发出中断请求的事件，S7-200 CPU 支持 34 种中断源，见表 4-2。不同的 CPU 对中断事件的支持不同，34 种中断事件可分为三大类，每类中断中的不同中断事件又有不同的优先级。

表 4-2　S7-200 中断事件描述

优先级	组内类型	中断事件号	中断事件描述	组内优先级
通信（最高）	通信口	8	通信口 0：接收字符	0
		9	通信口 0：发送完成	0
		23	通信口 0：接收消息完成	0
	通信口	24	通信口 1：接收消息完成	1
		25	通信口 1：接收字符	1
		26	通信口 1：发送完成	1
I/O（中等）	脉冲串输出	19	PTO0 完成脉冲数输出	0
		20	PTO1 完成脉冲数输出	1
	外部输入	0	I0.0 上升沿	2
		2	I0.1 上升沿	3
		4	I0.2 上升沿	4
		6	I0.3 上升沿	5
		1	I0.0 下降沿	6
		3	I0.1 下降沿	7
		5	I0.2 下降沿	8
		7	I0.3 下降沿	9
	高速计数器	12	HSC0 当前值等于预置值	10
		27	HSC0 输入方向改变	11
		28	HSC0 外部复位	12
		13	HSC1 当前值等于预置值	13
		14	HSC1 输入方向改变	14
		15	HSC1 外部复位	15
		16	HSC2 当前值等于预置值	16
		17	HSC2 输入方向改变	17
		18	HSC2 外部复位	18
		32	HSC3 当前值等于预置值	19

(续)

优先级	组内类型	中断事件号	中断事件描述	组内优先级
I/O （中等）	高速计数器	29	HSC4 当前值等于预置值	20
		30	HSC4 输入方向改变	21
		31	HSC4 外部复位	22
		33	HSC5 当前值等于预置值	23
时基 （最低）	定时	10	定时中断 0	0
		11	定时中断 1	1
	定时器	21	T32 当前值等于预置值	2
		22	T96 当前值等于预置值	3

1. 通信口中断

用户通过编程控制通信端口的事件称为通信口中断。PLC 的串行通信口可以由 LAD 或 STL 用户程序来控制，这种操作模式称为自由端口模式。在该模式下，用户可通过编程来设置波特率、每个字符的位数、校验和通信协议等参数，接收报文完成、发送报文完成和接收一个字符都可产生中断事件，利用接收和发送中断可以简化程序对通信的控制。

2. I/O 中断

I/O 中断包括外部输入上升/下降沿中断、高速计数器（HSC）中断和脉冲串输出（PTO）中断。S7-200 CPU 可以用输入点 I0.0、I0.1、I0.2 和 I0.3 的上升/下降沿产生中断，用于捕获必须立即处理的上升沿事件和下降沿事件。高速计数器中断是其运行时产生的事件实时响应，包括当前值等于预置值时产生的中断、计数方向改变时产生的中断和计数器外部复位时产生的中断。高速计数器可对高速事件实时响应，但 PLC 的扫描工作方式是无法快速响应高速事件的。脉冲串输出中断给出完成指定的高速脉冲数的指示，其典型应用是控制步进电动机。

3. 时基中断

时基中断包括定时中断和定时器 T32/T96 中断。用定时中断来执行周期性的操作，以 1ms 为增量，周期时间可以取 1~255ms。定时中断 0、定时中断 1 的周期时间分别写入特殊存储器字节 SMB34 和 SMB35。当定时时间到时，执行相应的定时中断程序，通常可用定时中断以固定的时间间隔去控制模拟量输入的采样或者执行一个 PID 回路。如果定时中断事件已被连接到某定时中断程序，若要改变定时中断的时间间隔，必须修改 SMB34 或 SMB35 的值，再把中断程序连接到定时中断事件。

当某中断程序连接到定时中断事件，且该定时中断被允许时，即开始计时。在连接期间系统捕捉周期时间值，后面若再对 SMB34 和 SMB35 更改将不会影响周期。若要改变周期时间，必须先修改周期时间值，然后重新将中断程序连接到定时中断事件。当重新连接时，定时中断功能清除前一次连接时的任何累计值，以新值重新开始计时。

定时中断一旦被允许，中断就会周期性地不断产生。每当定时时间到，就会执行中断程序。如果退出 RUN 状态或者定时中断被分离，定时中断才被禁止。如果执行了全局中断禁止指令，出现了定时中断事件，将进入中断队列，直到中断允许或队列满。

定时器 T32/T96 中断允许及时地响应一个给定的时间间隔。这些中断只支持 1ms 分辨率的接通延时定时器（TON）T32 和断开延时定时器（TOF）和 T96。一旦中断允许，当定时器的当前值等于预置值时,在 CPU 的正常 1ms 定时刷新中,执行被连接的中断程序。

4.5.2 中断优先级

中断优先级是指多个中断事件同时发出中断请求时,CPU 对中断事件响应的优先次序。中断优先级由高到低依次是通信口中断、I/O 中断和时基中断。

一个程序中最多可有 128 个中断。在某时刻,只能执行一个中断程序,在各自的优先级组内按照先来先服务的原则为中断提供服务。一旦某中断程序开始执行,则要一直执行至结束,而不能被其他中断程序即使是更高优先级的中断程序所打断。中断程序执行中,出现的新的中断请求需按优先级排队等候,中断队列能保存的中断个数有限(见表 4-3),若超出,将产生溢出。存在多种中断队列时,CPU 优先响应级别高的中断。

表 4-3 中断队列能保存的最多中断数

队　　　列	CPU221、CPU222、CPU224	CPU224XP、XPU226	溢出的 SM 位
通信中断队列	4	8	SM4.0
I/O 中断队列	16	16	SM4.1
时基中断队列	8	8	SM4.2

4.5.3 中断指令

中断允许指令(ENI)全局性地允许所有被连接的中断事件;中断禁止指令(DISI)全局性地禁止处理所有中断事件。

中断有条件返回指令(RETI)根据前面的逻辑操作的条件,满足时从中断程序返回。编程软件自动地为各中断程序添加无条件返回指令。

当 PLC 进入 RUN 模式,初始状态为禁止中断时,执行 ENI 指令后才允许所有中断。执行 DISI 指令可禁止中断过程,激活的中断事件仍允许中断排队等候,但不允许执行,直至重新允许中断。

中断连接指令(ATCH)将中断事件(EVNT)与中断程序号(INT)相连接,并启用中断事件;中断分离指令(DTCH)取消某中断事件与中断程序号之间的连接,并禁用该中断事件。

清除中断事件指令(CEVNT)将中断队列中不需要的中断事件清除。如果此指令用于清除假的中断事件,需首先分离事件,否则在执行完该指令后,新的事件将被增加到队列中。

中断指令如图 4-23 所示。

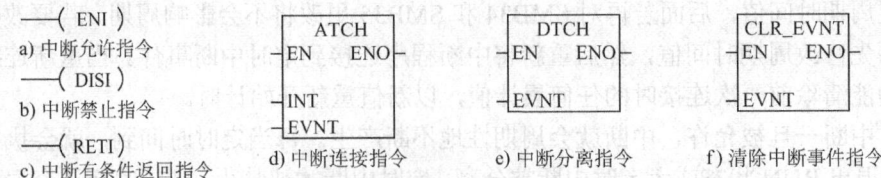

图 4-23 中断指令

注意:一个中断事件只能连接一个中断程序,但多个中断事件可以调用一个中断程序;

在中断程序中禁止使用 DISI、ENI、HDEF、LSCR、END 指令。

4.6 高速计数器与高速脉冲输出指令

PLC 的普通计数器因受 CPU 扫描速度的影响，对高速脉冲信号的计数会发生脉冲丢失的现象。高速计数属于硬件计数，采用中断的运行方式，独立于 PLC 的扫描周期，其计数频率不受 PLC 扫描周期的影响。因而，高速计数器可以独立计数，能够对脉宽小于主机扫描周期的高速脉冲准确计数。高速计数器一般与增量式编码器一起使用，主要用于电动机转速的检测等。使用时，编码器安装在设备转轴上，将电动机的转速转化成脉冲信号，再用高速计数器对转速脉冲信号进行计数。

4.6.1 高速计数器的工作模式与输入端口

S7-200 PLC 有 6 个高速计数器，分别为 HSC0~HSC5，型号间有差别，其标号及最高工作频率见表 4-4。

表 4-4　S7-200 CPU 支持的高速计数器号

CPU 型号		CPU221、CPU222	CPU224、CPU226	CPU224XP
支持的 HSC 号		HSC0、HSC3~HSC5	HSC0~HSC5	HSC0~HSC5
最高工作频率	单相	4 个，30kHz	6 个，30kHz	4 个，30kHz；2 个，200kHz
	两相	2 个，20kHz	4 个，20kHz	3 个，30kHz；1 个，100kHz

高速计数器共有 12 种工作模式，可分为以下 4 类：

1）带有内部方向控制的单相加/减计数器（模式 0~2）。用高速计数器控制字节的第 3 位来控制加/减计数器。若等于 1 为加计数器；若等于 0 则为减计数器。

2）带有外部方向控制的单相加/减计数器（模式 3~5）。方向输入信号等于 1 为加计数器；若等于 0 则为减计数器。

3）带有增/减计数时钟的两相计数器（模式 6~8）。一路时钟为加计数时钟，另一路为减计数时钟。若加计数时钟输入口有上升沿到达，计数器当前值加 1；若减计数时钟输入口有上升沿到达，计数器当前值则减 1。如果加计数脉冲和减计数脉冲的上升沿出现的时间间隔小于 0.3ms，那么高速计数器会认为两个事件为同时发生，当前值保持不变，且不会给出计数方向变化的指示。

4）A/B 相正交计数器（模式 9~11）。两路计数脉冲相位差为 90°，正转时 A 相超前 B 相，为加计数；反转时 A 相滞后 B 相，为减计数。A/B 相正交计数器工作时可设置为 1x 正交模式和 4x 正交模式。1x 正交模式接收一个计数脉冲计 1 个数；4x 正交模式接收一个计数脉冲计 4 个数，即分别在 A、B 相波形的上升沿和下降沿计数，精确度提高到一个脉冲时间的 1/4，但是被测信号的最高频率要相应降低。

注意：两相计数器的两个时钟脉冲可同时工作在最高频率，全部计数器可同时以最高频率运行，互不干扰。

4 类模式的计数时序如图 4-24~图 4-28 所示。

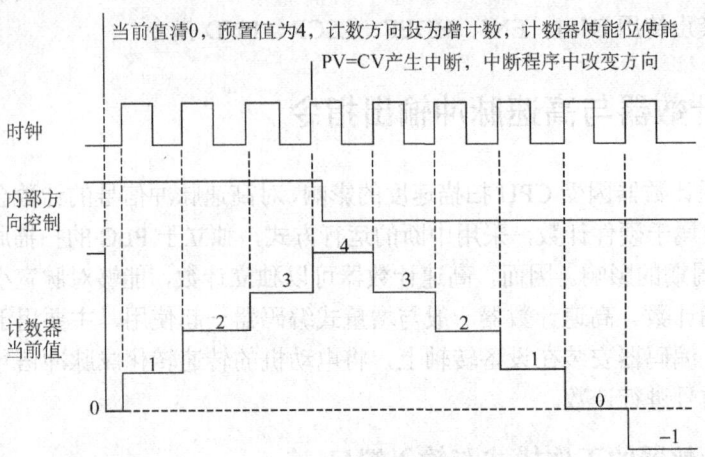

图 4-24 高速计数器模式 0～2 操作时序图

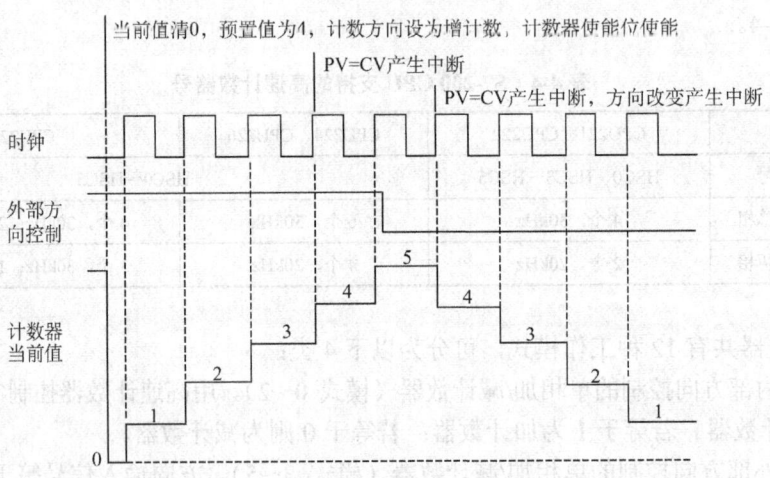

图 4-25 高速计数器模式 3～5 操作时序图

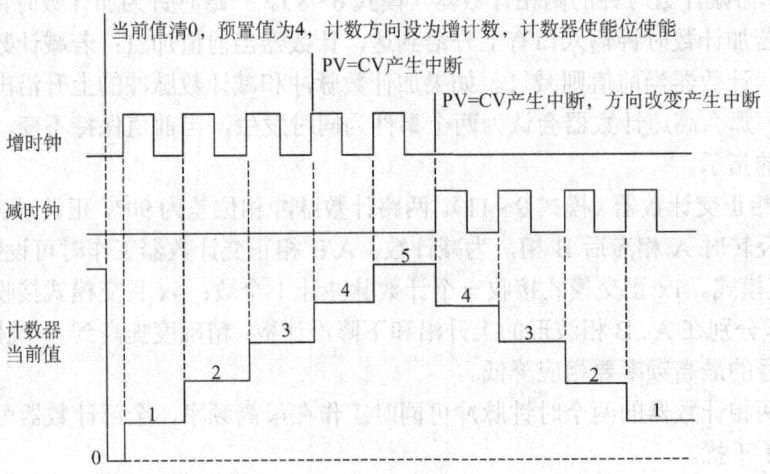

图 4-26 高速计数器模式 6～8 操作时序图

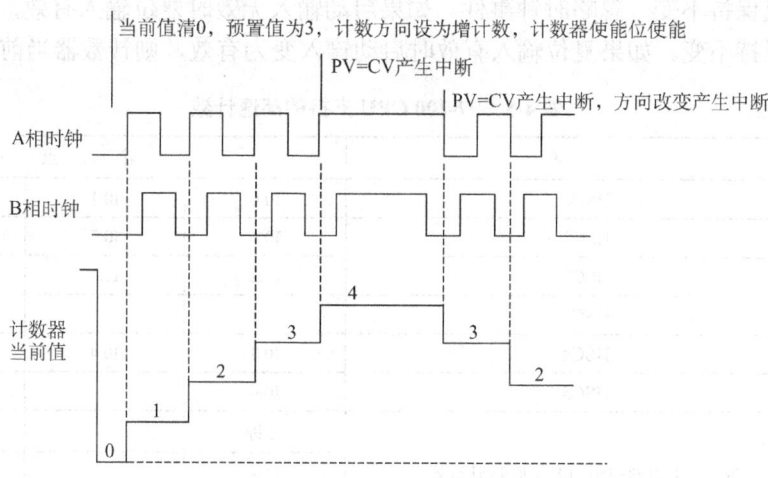

图 4-27　高速计数器模式 9～11 操作时序图（1x 正交模式）

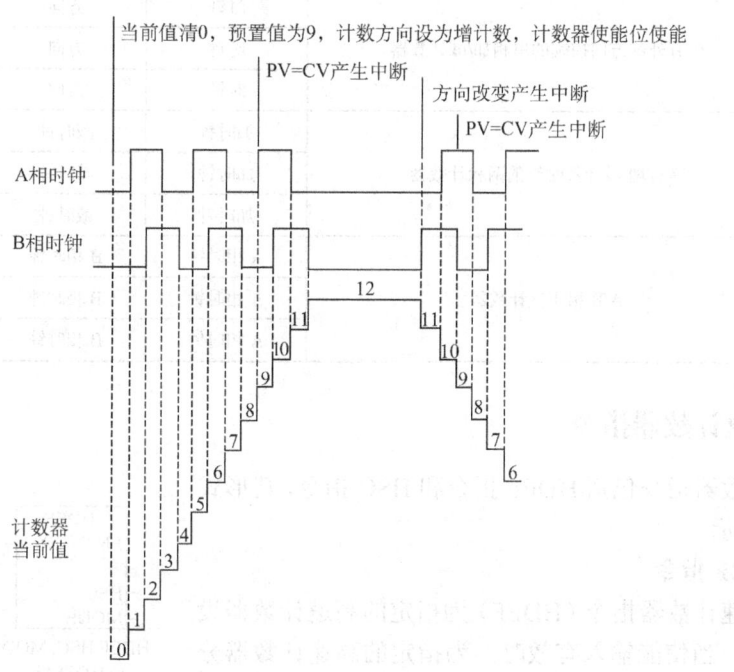

图 4-28　高速计数器模式 9～11 操作时序图（4x 正交模式）

HSC0～HSC5 可通过编程配置为以上类型之一。根据有无外部硬件复位输入和启动输入，上述 4 类模式又可各分 3 种，具体见表 4-5。

高速计数器的输入点相互间可以有重叠，它们与边沿中断的输入点（I0.0～I0.3）间也有重叠，但同一输入点不能同时用于两种不同的功能。高速计数器当前模式中没有使用的输入点依然可以用于其他功能。

高速计数器在相同的工作模式下有相同的功能。当激活复位输入时，将清除当前计数值并保持到复位信号关闭。当激活启动输入时，则允许计数器计数。当启动输入信号无效时，计数器当前值保持不变，忽略时钟事件。如果启动输入无效时复位输入有效，将忽略复位输入，当前值保持不变。如果复位输入有效时启动输入变为有效，则计数器当前值被清除。

表 4-5 S7-200 CPU 支持的高速计数

模式	描述	输入点			
输入端子	HSC0	I0.0	I0.1	I0.2	
	HSC1	I0.6	I0.7	I1.0	I1.1
	HSC2	I1.2	I1.3	I1.4	I1.5
	HSC3	I0.1			
	HSC4	I0.3	I0.4	I0.5	
	HSC5	I0.4			
0		时钟			
1	带有内部方向控制的单相加/减计数器	时钟		复位	
2		时钟		复位	启动
3		时钟	方向		
4	带有外部方向控制的单相加/减计数器	时钟	方向	复位	
5		时钟	方向	复位	启动
6		加时钟	减时钟		
7	带有增/减计数时钟的两相计数器	加时钟	减时钟	复位	
8		加时钟	减时钟	复位	启动
9		A 相时钟	B 相时钟		
10	A/B 相正交计数器	A 相时钟	B 相时钟	复位	
11		A 相时钟	B 相时钟	复位	启动

4.6.2 高速计数器指令

高速计数器指令包括 HDEF 指令和 HSC 指令，其形式如图 4-29 所示。

1. HDEF 指令

定义高速计数器指令（HDEF）为指定的高速计数器设置工作模式。当使能输入有效时，为指定的高速计数器分配一种工作模式，即用来建立高速计数器和工作模式之间的联系。对每个高速计数器只能使用一条 HDEF 指令，可以利用初次扫描存储器位 SM0.1（该位仅在第一个扫描周期接通，然后断开）调用一个包含 HDEF 指令的子程序来完成高速计数器的定义。

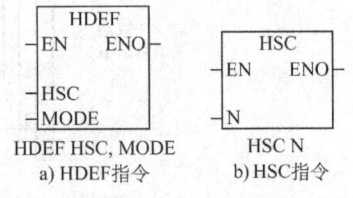

图 4-29 高速计数器指令

功能块中有两个数据输入端：HSC，高速计数器编号，为 0~5 的常数，BYTE 型；MODE，工作模式，为 0~11 的常数，BYTE 型。

2. HSC 指令

高速计数器指令（HSC），当使能输入有效时，根据高速计数器特殊存储器位的状态，并按照 HDEF 指令指定的工作模式，设置和控制高速计数器的工作模式。

功能块中输入端 N 为高速计数器编号，为 0~5 的常数，WORD 型。

4.6.3 高速计数器的程序设计

高速计数器编号选择以后，其模式也随之确定，在安排完高速计数器的输入端口后即可开始编制应用程序，包括高速计数器初始化程序和执行程序两部分。

高速计数器初始化程序步骤如下：

1）定义高速计数器和模式。

2）设置控制字。在定义了高速计数器和工作模式后，才能对其动态参数进行编程。各高速计数器均有一个控制字节，见表 4-6。

表 4-6 高速计数器控制位

HSC0	HSC1	HSC2	HSC3	HSC4	HSC5	描述
SM37.0	SM47.0	SM57.0		SM147.0		复位有效电平控制：0 高电平有效；1 低电平有效
	SM47.1	SM57.1				启动有效电平控制：0 高电平有效；1 低电平有效
SM37.2	SM47.2	SM57.2		SM147.2		正交模式计数速率选择：0 为 4x；1 为 1x
SM37.3	SM47.3	SM57.3	SM137.3	SM147.3	SM157.3	计数方向控制位：0=减计数；1=加计数
SM37.4	SM47.4	SM57.4	SM137.4	SM147.4	SM157.4	向 HSC 写计数方向：0=无更新；1=更新计数方向
SM37.5	SM47.5	SM57.5	SM137.5	SM147.5	SM157.5	向 HSC 写入新预置值：0=无更新；1=更新预置值
SM37.6	SM47.6	SM57.6	SM137.6	SM147.6	SM157.6	向 HSC 写入新当前值：0=无更新；1=更新当前值
SM37.7	SM47.7	SM57.7	SM137.7	SM147.7	SM157.7	HSC 允许：0=禁用 HSC；1=允许 HSC

将控制位设置成需要的状态，默认设置为复位输入和启动输入高电平有效、正交计数速率为输入时钟的 4 倍。这些控制字在执行 HDEF 指令后不能再改变。

3）设置初始值和预置值。每个高速计数器内部都存储有一个预置值（PV）和一个 32 位的当前值（CV），二者均为有符号整数。当前值（CV）为高速计数器的实际计数值；预置值（PV）为一个可选择的比较值，用于在当前值到达预置值时触发一个中断。要向高速计数器装入新的当前值和预置值，必须先设置控制字节，并将期望的新的当前值和/或预置值存入特殊存储器字节中，然后执行 HSC 指令，即可将新数值传送到高速计数器。表 4-7 对保存新的当前值和预置值的特殊存储器字节作了说明。

表 4-7 高速计数器当前值和预置值

要装入的值	HSC0	HSC1	HSC2	HSC3	HSC4	HSC5
新当前值	SMD38	SMD48	SMD58	SMD138	SMD148	SMD158
新预置值	SMD42	SMD52	SMD62	SMD142	SMD152	SMD162

4）指定并使能中断程序。为捕获当前值等于预置值这一事件，需要编程将相应的事件号

与中断程序相关联。例如，使用 ATCH 指令，输入端 INT 为 INT_0，输入端 EVNT 为 13，则将事件号与 INT_0 相关联。执行 ENI 指令以允许 HSC1 中断。

5）激活高速计数器。执行 HSC 指令对所选高速计数器编程。

4.6.4 高速脉冲输出

S7-200 PLC 的每个 CPU 有两个 PTO（脉冲串）/PWM（脉宽调制）生成器，可产生一个高速脉冲串或者一个脉宽调制信号波形。一个生成器分配给数字量输出点 Q0.0，另一个分配给数字量输出点 Q0.1。

1. 脉宽调制

脉冲宽度与脉冲周期的比值称为占空比。PWM 功能产生一个占空比可变的输出脉冲，时间基准为 μs 或 ms，周期的变化范围为 10~65535μs 或 2~65535ms，脉宽时间范围为 0~65535μs 或 0~65535ms。脉宽、周期和 PWM 功能的执行结果见表 4-8。

可以通过以下两个方法改变 PWM 信号波形的特性：

1）同步更新。PWM 的典型操作是当周期事件保持常数时变化脉冲宽度，不要求改变时间基准，此时可以使用同步更新。利用同步更新，信号波形特性的变化发生在周期边沿交界处，提供平滑过渡。

表 4-8 脉宽、周期和 PWM 功能的执行结果

脉宽/周期	结　果
脉宽≥周期值	占空比为 100%，连续接通输出
脉宽=0	占空比为 0%，连续关闭输出
周期<2 个时间单位	将周期缺省设置为 2 个时间单位

2）异步更新。如果需要改变 PTO/PWM 生成器的时间基准，则使用异步更新。异步更新会造成 PTO/PWM 功能被瞬时禁止，造成和 PWM 信号波形不同步，会引起被控设备的振动。因此，建议采用 PWM 同步更新，选择一个适合于所有周期时间的时间基准。

2. 脉冲串操作

脉冲串操作功能可提供周期与脉冲数目可控、占空比为 50%的方波。周期的范围为 10~65535μs 或 2~65535ms，脉冲数目为 1~4294967295。如果周期小于 2 个时间单位，则默认地设置为 2 个时间单位。如果脉冲个数为 0，则默认地设置为 1 个脉冲。

注意：如果为周期指定了奇数的微秒数或毫秒数，将会引起占空比失真。另外，PTO 功能允许脉冲串"链接"或者"排队"，即当前脉冲串输出完成时，会立即开始输出新的脉冲串，保证了多个输出脉冲串间的连续性。

3. 高速输出指令

脉冲输出指令 PLS 用于在高速输出（Q0.0 和 Q0.1）上控制脉冲串输出和脉宽调制功能，指令形式如图 4-30 所示。

PTO/PWM 生成器和输出映像寄存器共享 Q0.0 和 Q0.1，当 Q0.0 或 Q0.1 被设置为 PTO 或 PWM 功能时，PTO/PWM 生成器控制输出，该输出点的数字输出功能被禁止，输出信号波形不受映像寄存器的状态、输出点强制值或立即输出指令的影响；当不使用 PTO/PWM 生成器功能时，对输出点 Q0.0 和 Q0.1 的控制权交回给过程映像寄存器。建议在启动 PTO/PWM 操作之前，用复位指令将

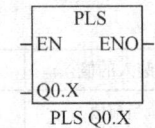

图 4-30 脉冲输出指令

Q0.0 和 Q0.1 的映像寄存器清 0。

4. 开环位置控制

S7-200 提供了三种开环运动控制方式：

1）内置的脉宽调制，可用于速度、位置或占空比控制。
2）内置的脉冲串输出，可用于速度和位置控制。
3）使用 EM253 位置控制模块控制速度和位置。

思考与练习

4-1 利用循环指令完成下面的控制程序：在 I0.0=1 的上升沿，将 10，15，20，…，35 这 6 个数分别送到 VW10，VW12，…，VW20 中。

4-2 利用循环移位指令实现跑马灯程序，也就是灯的亮、灭沿某一方向依次移动，给人的感觉是灯在移动。

4-3 在 PLC 的通信中，经常需要将接收到的数据进行分离，以便使用。若接收到的为 16 位二进制数据，试用整数除法实现高 4 位和低 12 位的分离。

4-4 试编制程序，将英寸转换为厘米。

4-5 用实时时钟指令控制路灯的定时接通和断开，请按 19：00 开灯、06：00 关灯设计出程序。

第 5 章 S7-200 PLC 程序设计方法

梯形图是各种 PLC 通用的编程语言，尽管各厂家的 PLC 所使用的指令符号不一致，但梯形图的设计与编程方法基本上大同小异，下面具体讨论 S7-200 PLC 的梯形图编程方法。

5.1 编程原则

5.1.1 程序设计内容

PLC 控制系统的程序设计就是根据被控对象（机电设备或生产过程）的控制要求及系统功能设计的要求，为应用程序的编写提出明确的目的、依据、要求和指标，编制出程序规格说明书，然后在程序规格说明书的基础上，使用相应的编程语言、指令进行程序设计。

工程中应用的 PLC 控制系统程序设计一般包含控制程序功能分析和设计、程序的结构分析、编制程序规格说明书、程序设计等内容。

1. 控制程序功能分析和设计

PLC 控制系统的整体功能是通过硬件和程序两方面来实现的。软件方面，对工程设计人员就是编制应用程序。在编写程序之前，首先要确定应用程序的功能，包括控制功能、操控功能、故障诊断显示功能三个方面。

1) 控制功能。它是 PLC 的基本功能，主要依据受控对象和生产工艺要求来设计。根据受控设备的动作时序、精度、控制条件等规定，分析这些规定是否合理、能否实现。必要时可修改与之配合的硬件系统，直至所有的控制功能都被证明是可行的为止。

2) 操控功能。为了便于操作，PLC 系统就需要人机界面，如现场采用的文本显示器、触摸屏，控制室中的监控程序等，而且系统的规模越大、自动化程度越高，对这部分的要求也越高。人机界面显示的内容如参数信息、趋势报警、数据、表格的更新、存储和输出等。

3) 故障诊断显示功能。它包括 PLC 自身工作状态的自诊断和系统中受控设备工作状态的诊断两部分。对于前者可利用 PLC 自身的一些信息和手段来完成。对于后者则可以通过分析受控设备接收到的控制指令及受控动作的反馈信息来判断受控设备的工作状态。如果有故障发生，则以电、声、光报警，并通过计算机显示发生故障的原因以及处理故障的方法和步骤，可以给系统的调试和维护带来极大的方便。

2. 程序的结构分析

简单的控制程序一般不用涉及程序的结构分析，编程也比较简单易于实现。而复杂、多对象、多要求的控制程序，模块化的编程结构是最理想、最有效的方法。程序结构分析和设计的基本任务就是以模块化程序结构为前提，以系统功能要求为依据，按照相对独立的原则，将全部程序划分为若干个"程序模块"，并对每一"模块"提出程序要求、规格说明。

3. 编制程序规格说明书

程序规格说明书应包括技术要求、编制依据等内容。如整体应用程序功能要求，程序模块功能要求，被控对象及其动作时序和响应速度要求，输入装置、输入条件、执行装置、输出条件和接口条件，输入模块、输出模块的 I/O 地址分配等。

4. 程序设计

根据 PLC 控制系统硬件结构和生产工艺要求，在程序规格说明书的基础上，使用相应的编程指令，编制实际应用程序的过程就是程序设计。

5.1.2 程序设计步骤

程序设计步骤为：

1）根据 PLC 担负的任务，明确 PLC 的输入/输出信号的种类和数量，给每个输入/输出信号分配地址，给出每个地址对应的信号的条件、名称或编号，编制出 I/O 地址分配表。

2）制定控制结构框图，选择控制方案。确定控制程序的基本结构，绘制出程序结构框图。然后再根据工艺要求，绘制出各功能单元的详细功能框图。框图画得越详尽，对编程越有利。

3）编写 PLC 梯形图程序。编写程序就是根据设计出的框图逐条地编写控制程序，这是整个程序设计工作的核心部分。应尽量使用编程软件 STEP 7-Micro/WIN4.0 等。梯形图语言是最普遍使用的编程语言，对初学者来讲，应熟悉掌握指令系统，尽量多参考典型控制环节程序，如电动机起停、正反转程序。另外，编程过程中要利用编程软件中的网络名、网络注释等及时对程序进行注释，最好能随编随注，增强程序可读性，方便调试。

4）程序调试和修改。程序调试又称为模拟调试，是整个程序设计工作中一项很重要的内容，它可以初步检查程序的实际效果，程序的许多功能是在调试中修改和完善的。调试时可先设置输入信号，观察输出信号的逻辑状态及变化关系，输出状态可通过编程软件中的程序状态观察；控制程序经过模拟调试和修改后，再现场调试。

5）编制程序说明书和其他文件。程序说明书是对程序的综合说明，是整个程序设计工作的总结。编写程序说明书的目的是便于用户和现场调试人员使用，它是程序文件的组成部分。程序说明书一般应包括程序设计的依据、程序的基本结构、各功能单元分析、使用的公式和原理、各参数的来源和运算过程、程序调试情况等内容。

5.1.3 编程基本规则

采用梯形图编程方式的特点是：简单直观，可读性较高，易懂、易掌握。用户必须注意以下基本规则。

1. 网络规则

在梯形图中，程序被划分为称为网络（Network）的独立段，编程软件按顺序自动地给网络编号。一个网络中只能有一个独立电路，有时一条指令也算一个网络。如果一个网络中有两个独立电路，在编译时将会显示"无效网络或网络太复杂无法编译"。

STL 程序可以不使用网络，但是只有将没有语法错误的 STL 程序准确地划分为网络，才能将 STL 程序转换为梯形图程序。

每个网络必须以一个触点开始，网络不能以触点终止。

2. 线圈的放置

网络不能以线圈开始，线圈用于终止逻辑网络。只要线圈位于该特定网络的并行分支上，一个网络可有若干个线圈。不能在网络上串联一个以上线圈，即不能在一个网络的一条水平线上放置多个线圈。

3. 指令盒方框的放置

如果方框有 ENO，使能位扩充至方框外，表示可以在方框后放置更多的指令。在网络的同级线路中，可以串联若干个带 ENO 的方框。如果方框没有 ENO，则不能在其后放置任何指令。

4. 网络尺寸

可以将程序编辑器窗口视为划分为单元格的网格（单元格是可放置指令、为参数指定值或绘制线段的区域）。在网格中，一个单独的网络最多能垂直扩充 32 个单元格或水平扩充 32 个单元格。可以用鼠标右键在程序编辑器中单击，并选择"选项"菜单，改变网格大小。

5. STEP 7-Micro/WIN LAD 编辑器中可能存在的逻辑结构

1）如果符合第一个条件，初步输出（输出 1）在第二个条件评估之前显示，可以建立有中线输出的多个级档，如图 5-1 所示。

2）当符合起始条件时，所有的输出（方框和线圈）均被激活。如果一个输出未评估成功，电源仍然流到其他输出，不受失败指令的影响，如图 5-2 所示。

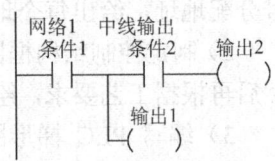

图 5-1 中线输出结构

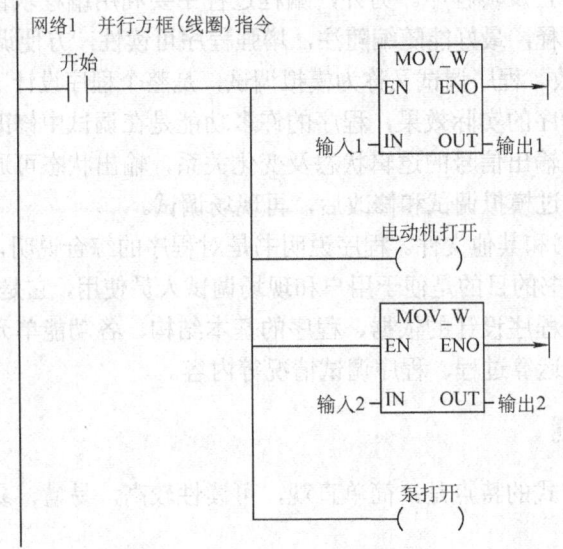

图 5-2 并行输出结构

3）如果第一个方框指令评估成功，电流顺着网络流至第二个方框指令，则可在网络的同一级上将多条 ENO 指令用串联方式级联。如果任何指令失败，剩余的串联指令不会执行，使能位停止。注意：错误不通过该串联级联。

4）串联多的支路应尽量放在上部，并联电路块应尽量靠近母线。这样在进行语句表转换时，可少出一行指令，如图 5-3、图 5-4 所示。

除以上规则之外还要注意以下问题：

1）无论选用何种 PLC 机型，所使用的软元件编号（即地址）必须在该机型的有效范围内。

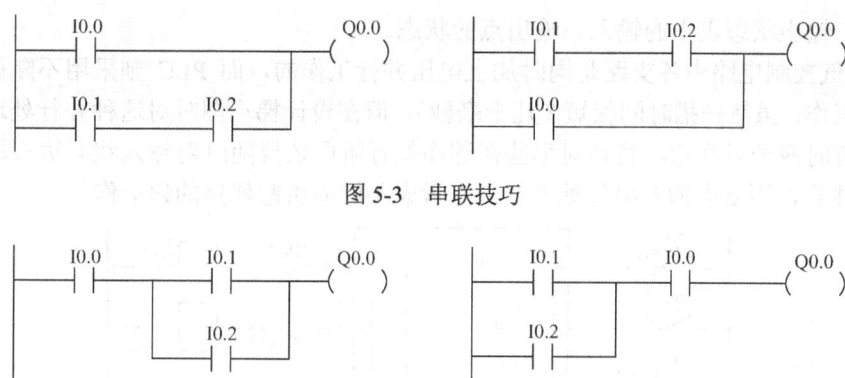

图 5-3 串联技巧

图 5-4 并联技巧

2)每一个输入或输出继电器对外电路仅提供一个信号接点,以便信号输入或驱动外部负载。

3)在梯形图中适当地安排串、并联触点的位置可减少程序步数。

4)采用状态流程图描述控制要求时,必须按有关规则使用状态元件。

5)所使用的基本指令和功能指令必须在现用 PLC 机型的指令范围内,否则会出现编程错误。

6)梯形图中串联和并联的触点数是无限次数的。

7)梯形图中同一个编号的输出线圈只能有一次输出,如多次重复输出,称为多线圈输出,则程序容易产生错误,应尽量避免。

8)绘梯形图时,应注意 PLC 外部所接"输入信号"的触点状态与梯形图中所采用的内部输入触点对应的关系。以交流三相异步电动机正反转工作的电气控制电路为例,如图 5-5 所示,SB1、SB2、SB3、FR 分别为停止按钮、正转和反转起动按钮及过载保护触点。如图 5-6 所示,I0.0、I0.1、I0.2、I0.3 分别为采用 PLC 控制的停止按钮、正转和反转起动按钮及过载保护触点相对应的 PLC 输入点,电路中采用了按钮联锁(机械互锁)和正反转互锁(电气互锁)以保证正反转接触器不同时接通。

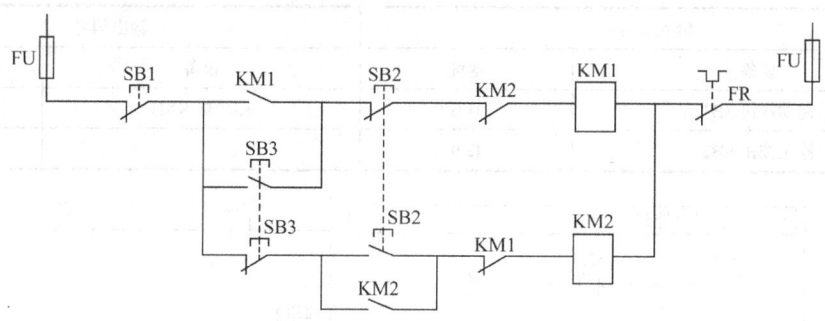

图 5-5 异步电动机正反转控制电路

① 梯形图中使用的各种 PLC 内部元件如辅助(中间)继电器、计数器、定时器等并不是电气元件,但具有相同的功能;其常开、常闭触点可以使用无数次,但线圈只能使用一次。梯形图中的输入点(如 I0.0、I0.1 等)和输出线圈(如 Q0.0、Q0.1 等)不是物理接点和线圈,

而是输入、输出状态表中的输入、输出点的状态。

② 电气控制电路中各支路是同时加上电压并行工作的,而 PLC 则采用不断循环、顺序扫描方式工作。虽然扫描时间很短(几十毫秒),但在设计梯形图时对这种并行处理与串行处理的差别有时应予以注意。特别对那些在程序执行阶段还要随时对输入状态进行刷新操作的 PLC 更要注意,不要因为对串行处理这一点考虑不够而引起偶然的误动作。

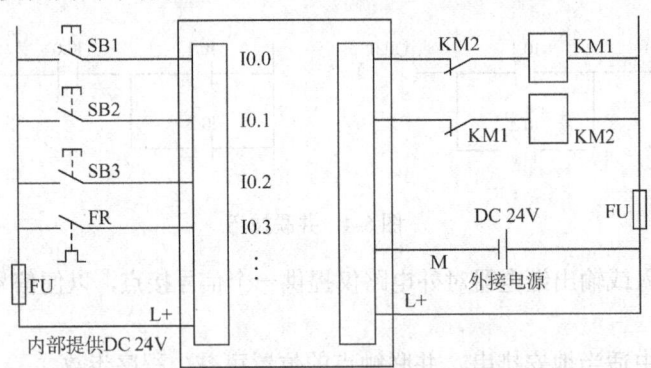

图 5-6 PLC 控制电路

5.2 基本电路编程

PLC 不仅能取代继电器控制系统所具有的开关量逻辑控制、顺序控制、定时、计数等控制功能,而且还具有处理数字运算的能力,能通过数字量或模拟量输入/输出控制各种类型机械的生产过程。以下介绍一些常用基本电路的编程方法。

1. 电动机起保停控制

电动机的起保停控制是最常见的控制,控制系统中通常设置起动按钮、停止按钮,用接触器实现控制。地址分配表见表 5-1。控制程序如图 5-7 所示。

表 5-1 起保停控制程序地址分配表

输入信号		输出信号	
设备	地址	设备	地址
起动按钮 SB1	I1.0	接触器 KM1	Q0.3
停止按钮 SB2	I2.0		

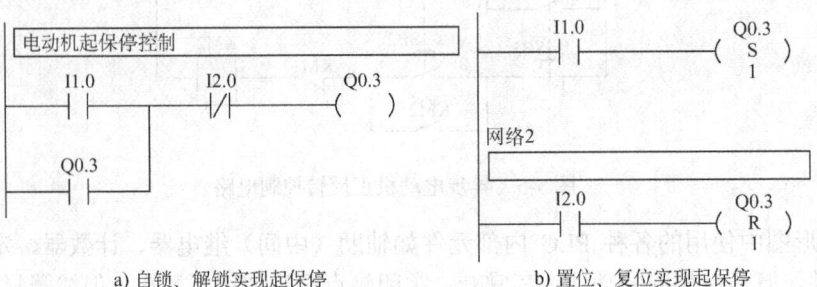

a) 自锁、解锁实现起保停   b) 置位、复位实现起保停

图 5-7 起保停控制程序

图 5-7 中的梯形图均能实现起动、保持和停止的功能。图 5-7a 是利用输入 I1.0 起动电机，由输出 Q0.3 常开触点实现自锁保持，再利用输入 I2.0 实现解锁，使电动机停止；图 5-7b 是利用 SET、RST 指令实现自锁保持与解锁的。

2. 电动机点动起停控制

有些设备的运动部件的位置常常需要进行调整，这就要用到具有点动调整的功能。这样除了上述起动按钮、停止按钮外，还需要增添点动按钮 SB3，对应的 I/O 地址分配表见表 5-2。控制程序如图 5-8 所示。

表 5-2 电动机点动起停控制程序地址分配表

输入信号		输出信号	
设备	地址	设备	地址
起动按钮 SB1	I1.0	接触器 KM1	Q0.3
停止按钮 SB2	I2.0		
点动按钮 SB3	I3.0		

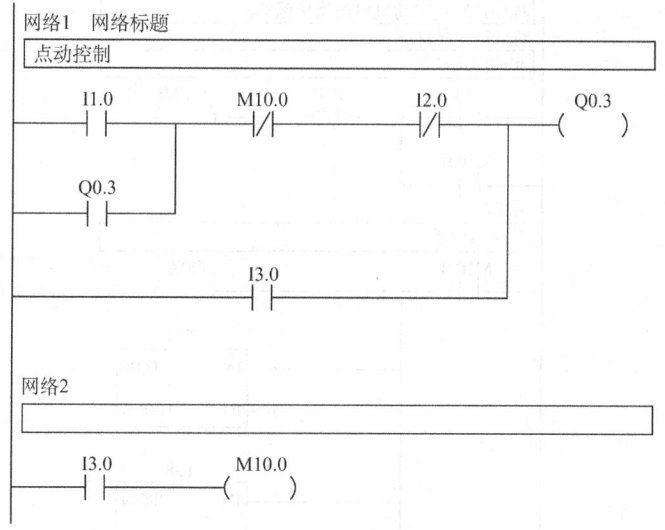

图 5-8 电动机点动控制程序

3. 电动机 Y-△ 起动控制

较大功率电动机如果在电源变压器容量不够大的情况下直接起动，会使电源变压器输出电压大幅下降，这样不仅会减小电动机本身的起动转矩，还会影响同一供电网中其他设备的正常工作，因此较大功率的电动机需要采取减压起动。

在几种常用的方法中，采用 Y-△ 起动是一种理想的减压起动方法。这种起动方法在电动机起动时将定子绕组接成 Y 联结，待转速上升到一定程度时，再将定子绕组的接线改成 △ 联结，让电动机在全压下运行，如图 5-9 所示。图中，电动机由接触器 KM1、KM2、KM3 控制，KM1 控制总电源，KM2 实现电动机绕组的 △ 联结，KM3 实现电动机绕组的 Y 联结。输入信号设置有停止按钮 SB0、起动按钮 SB1。控制程序 I/O 地址分配表见表 5-3。控制程序如图 5-10 所示。

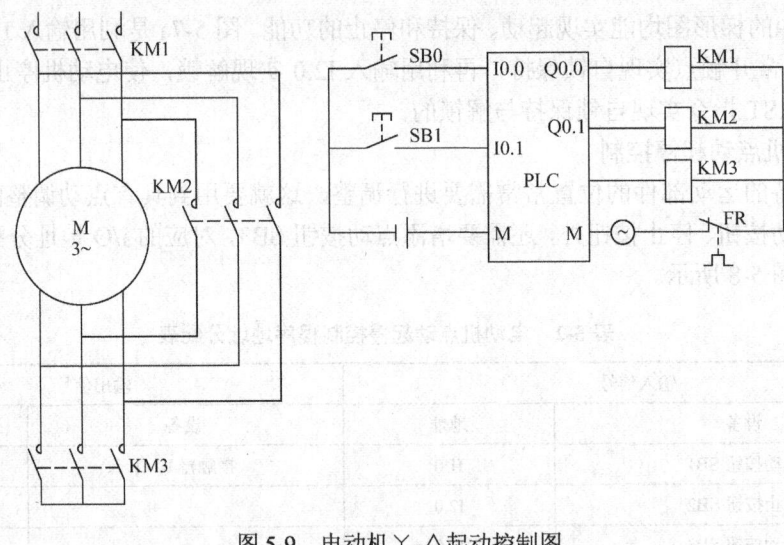

图 5-9　电动机 Y-△ 起动控制图

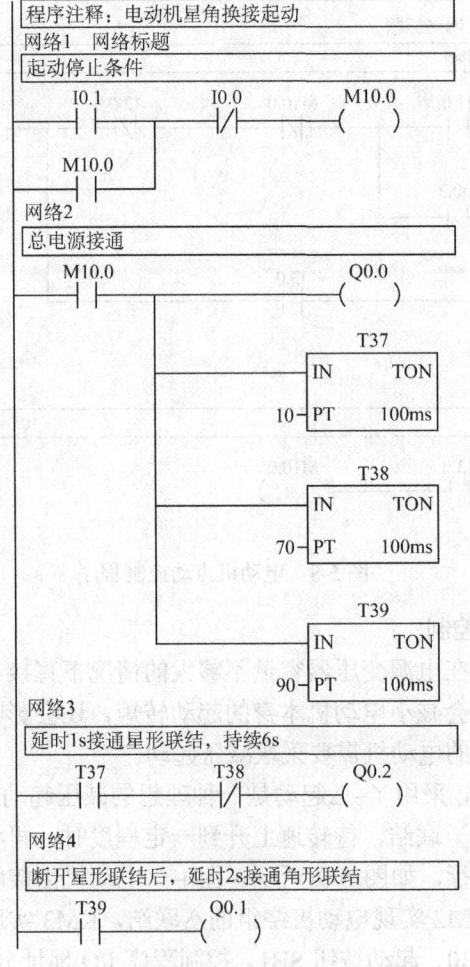

图 5-10　电动机 Y-△ 起动控制程序

表 5-3 电动机丫-△起动控制地址分配表

输入信号		输出信号	
设备	地址	设备	地址
停止按钮 SB0	I0.0	电源接触器 KM1	Q0.0
起动按钮 SB1	I0.1	△联结接触器 KM2	Q0.1
		丫联结接触器 KM3	Q0.2

程序中的三个定时器的预置值可以根据现场电动机的参数、接触器的型号适当选取。需要注意的是，当丫联结接触器断开后应延时足够长的时间，然后再接通△联结接触器，避免 KM3、KM2 同时接通造成的电源相间短路。

4. 时间控制程序

（1）振荡电路

在图 5-11 中，改变定时器 T37、T38 的 PT 值，可改变 Q0.0 输出振荡周期。

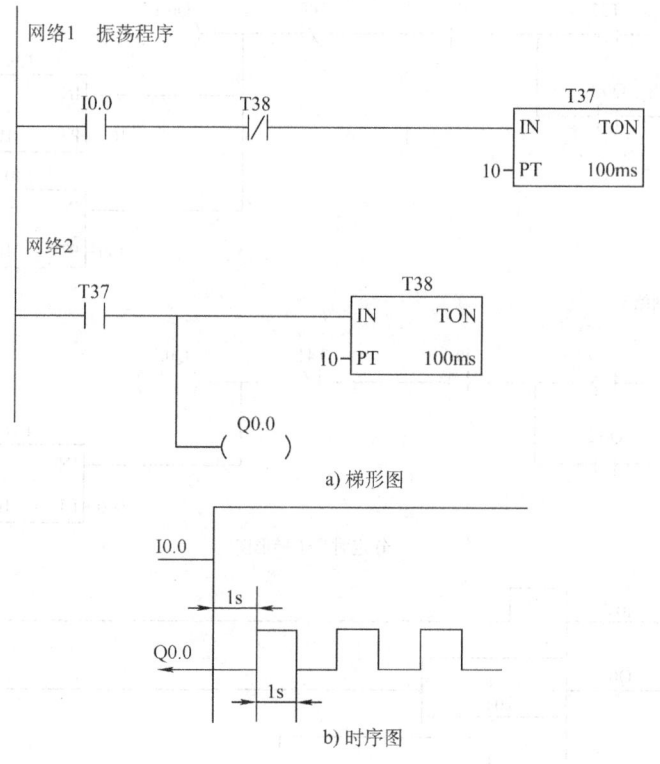

图 5-11 振荡电路程序及时序

（2）定时步进电路

在图 5-12 中，当 I0.0 接通时，Q0.0 输出 10s 后 Q0.1 有输出，Q0.0 输出 20s 后停止输出。Q0.1 输出 10s 后 Q0.2 有输出，Q0.1 输出 30s 后停止工作。Q0.2 输出 50s 后停止工作。I0.1 为总停输入触点。

（3）计数电路

在图 5-13 中，当 I0.0 接通时，Q0.0 有输出。Q0.1 输出状态合上 1s、关断 1s，连续计数

10 次后,Q0.0、Q0.1 停止输出。Q0.2 在第 10 个脉冲时,接通 1 个扫描周期后就关断。计数次数可通过改变计数器的 PV 值来设置;Q0.1 输出脉冲周期由 T37 的 PT 值决定。

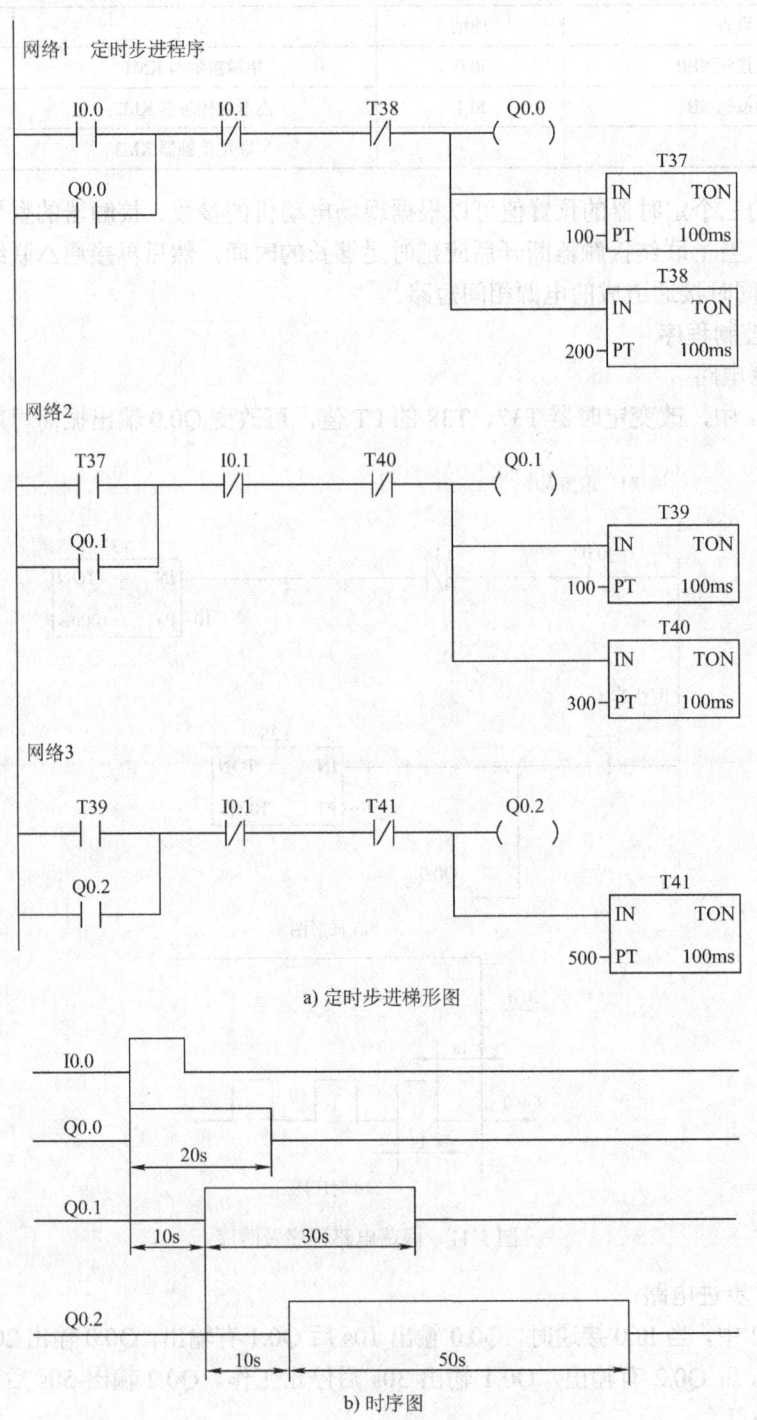

图 5-12 定时步进程序及时序

第 5 章 S7-200 PLC 程序设计方法

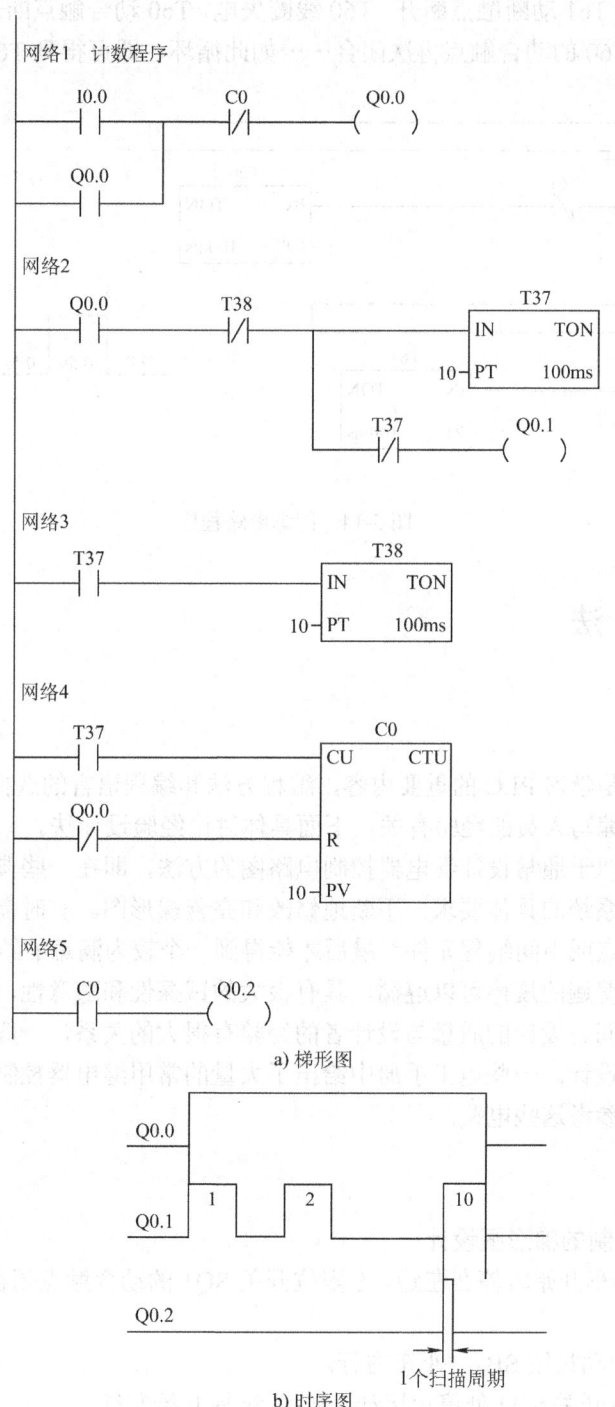

图 5-13 计数程序及时序

（4）闪烁电路

在图 5-14 中，当 I0.1 闭合时，T60 得电，延时 0.5s 后，T60 动合触点闭合，定时器 T61

得电，延时 0.5s 后，T61 动断触点断开，T60 线圈失电，T60 动合触点断开，而定时器 T60 再次得电，0.5s 后，T60 的动合触点再次闭合……如此循环，即可得到 T60 触发的工作波形。

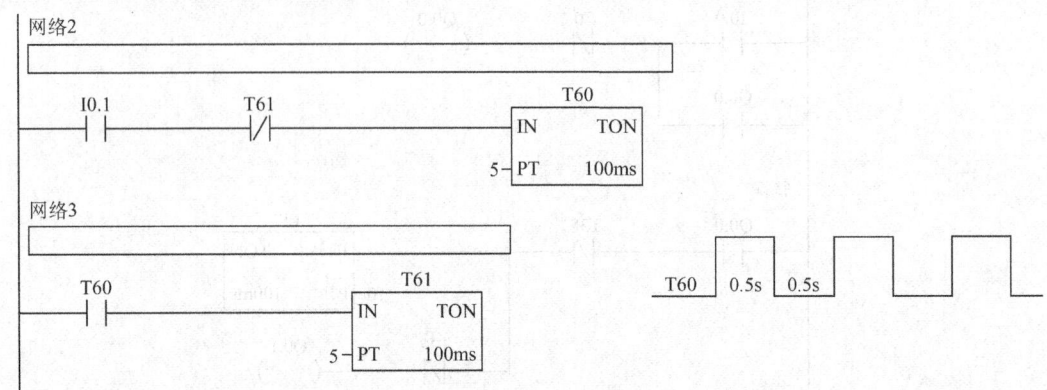

图 5-14 闪烁电路程序

5.3 经验设计法

5.3.1 基本方法

掌握程序编写是学习 PLC 的重要内容，编程方法和编程语言的选择全由个人习惯而定，特别是编程思路与编写人员的经验有关，下面具体讨论经验设计法。

经验设计法类似于通常设计继电器控制电路图的方法，即在一些典型电路的基础上，根据被控对象对控制系统的具体要求，不断地修改和完善梯形图。有时需要多次反复地调试和修改，增加一些触点或中间编程元件，最后才能得到一个较为满意的结果。

这种方法没有普遍的规律可以遵循，具有很大的试探性和随意性，最后的结果不是惟一的，设计所用的时间、设计的质量与设计者的经验有很大的关系，一般用于较简单的梯形图（如手动程序）的设计。一些电工手册中给出了大量的常用继电器控制电路，在用经验法设计梯形图时，可以参考这些电路。

5.3.2 设计举例

1. 自动往返控制的梯形图设计

图 5-15 中的小车开始时停在左边，左限位开关 SQ1 的动合触点闭合。要求按下列顺序控制小车：

1) 按下右行起动按钮 SB1，小车右行。
2) 走到右限位开关 SQ2 处停止运动，延时 5s 后开始左行。
3) 回到左限位开关 SQ1 处时停止运行。

在图 5-5 所示异步电动机正反转控制电路的基础上，设计满足上述要求的梯形图，如图 5-16 所示。

在控制右行的 Q0.0 的线圈回路中，串联了 I0.4 的动断触点，小车走到右限位开关 SQ2

处时，I0.4 的动断触点断开，使 Q0.0 的线圈断电，小车停止右行。同时 I0.4 的动合触点闭合，T100 的线圈通电，开始定时。5s 后定时时间到，T100 的动合触点闭合，使 Q0.1 的线圈通电并自保持，小车开始左行。离开右限位开关 SQ2 后，I0.4 的动合触点断开，T100 的动合触点因为其线圈断电而断开。小车运行到左边的起始点时，左限位开关 SQ1 的动合触点闭合，I0.3 的动合触点断开，使 Q0.1 的线圈断电，小车停止运动。在梯形图中，保留了左行起动按钮和停止按钮分别对应的输入寄存器的触点，使系统具有手动操作的功能。

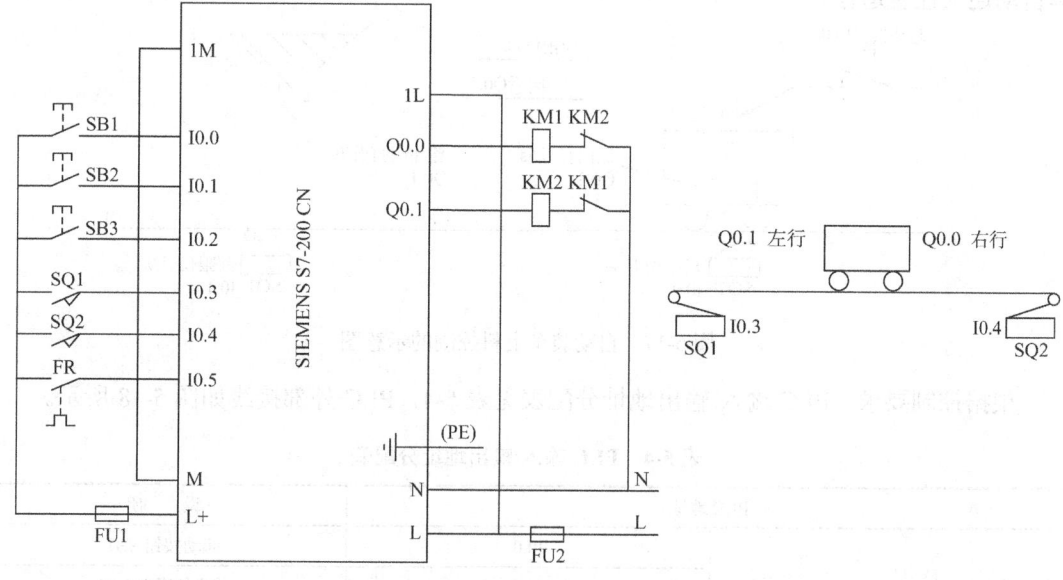

图 5-15 小车自动往返示意图

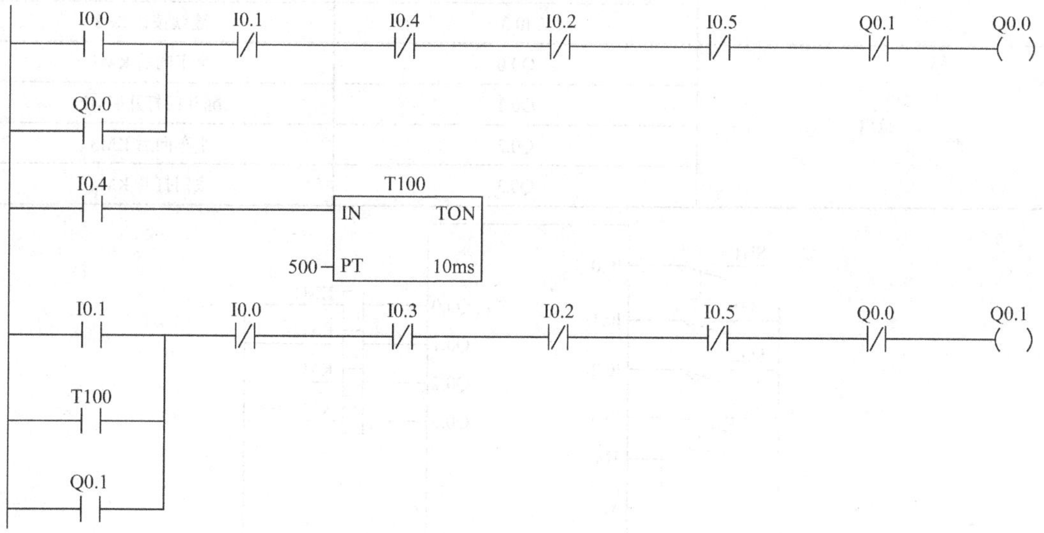

图 5-16 小车控制程序

程序中设置了软件互锁的功能，除了用 Q0.0 和 Q0.1 的动断触点分别与对方的线圈串联来保证 KM1 和 KM2 的线圈不会同时通电外，程序中还采用了由输入映像寄存器 I0.0、I0.1

的动断触点来实现正反操作的互锁,采用了由输入映像寄存器 I0.3、I0.4 的动断触点来实现左右限位的互锁。

2. 自动装车上料控制程序设计

图 5-17 为自动装车上料控制的示意图。当小车处于后端时,按下起动按钮,小车向前运行;行至前端压下前限位开关,翻斗门打开装货,7s 后关闭翻斗门,小车向后运行;行至后端压下后限位开关,打开小车底门卸货,5s 后底门关闭,完成一次动作。按下连续按钮,小车自动连续往复运行。

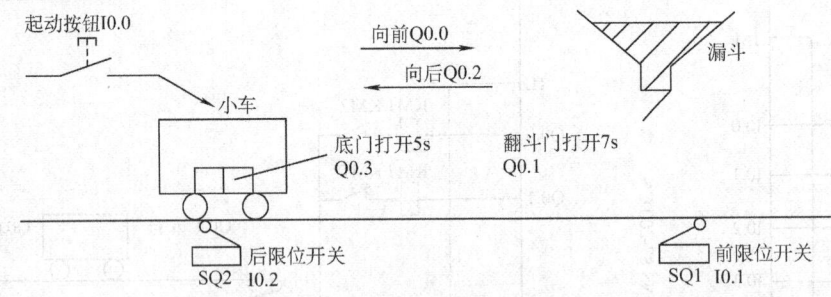

图 5-17 自动装车上料控制的示意图

根据控制要求,PLC 输入/输出地址分配表见表 5-4,PLC 外部接线如图 5-18 所示。

表 5-4 PLC 输入/输出地址分配表

PLC 地址		说 明
输入	I0.0	起动按钮 SB1
	I0.1	前限位开关 SQ1
	I0.2	后限位开关 SQ2
	I0.3	连续按钮 SB2
输出	Q0.0	小车向前 KM1
	Q0.1	翻斗门打开 KM2
	Q0.2	小车向后 KM3
	Q0.3	底门打开 KM4

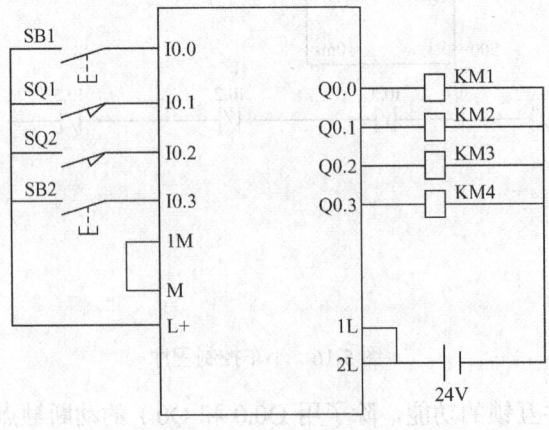

图 5-18 PLC 外部接线图

采用经验设计法设计出的梯形图程序如图 5-19 所示。

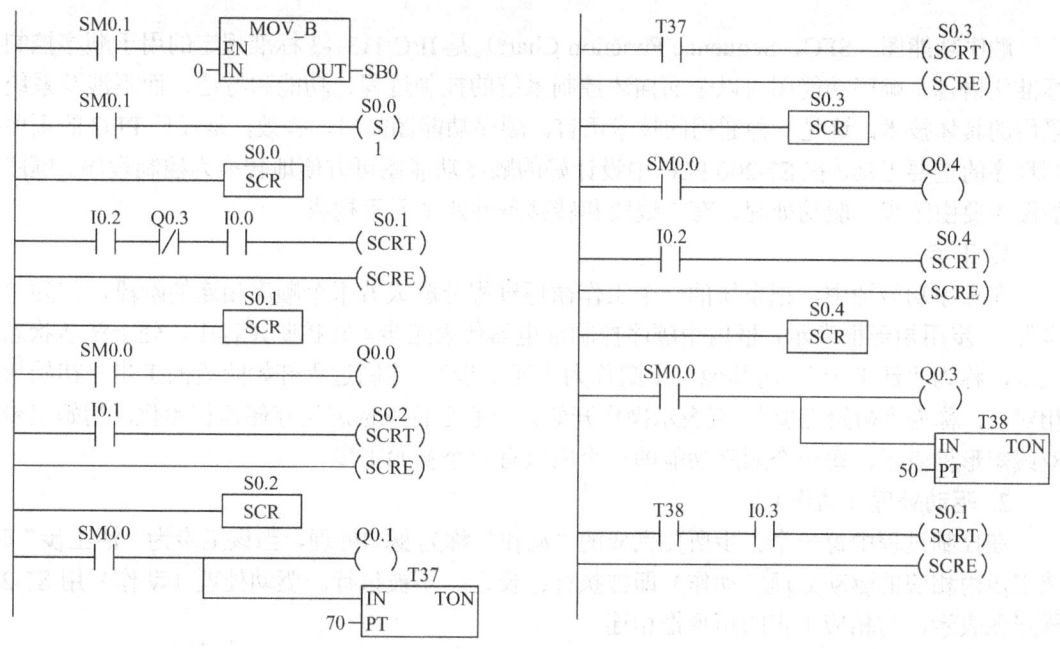

图 5-19 自动装车上料控制程序

3. 常闭触点提供的输入信号的处理

在继电器-接触器控制电路中，热继电器的常闭触点与接触器的线圈串联。在图 5-15 中，使用的却是热继电器对应的常开触点 I0.5，对于熟悉继电器电路的人来说，这是很不习惯的。因此建议尽可能使用常开触点作为 PLC 的输入信号，使继电器电路与对应的梯形图电路中的触点的常开、常闭类型一致。

如果某些信号只能用常闭触点，可以按输入全部为常开触点来设计，然后将梯形图中相应的输入继电器的触点改为相反的触点，即常开触点改为常闭触点，常闭触点改为常开触点。

5.4 顺序控制设计法

所谓顺序控制设计法就是按照生产工艺和控制要求预先规定的顺序，根据外部输入信号、内部状态或时间等条件，各个执行机构自动地有秩序地进行操作，顺序自动地进行生产的控制方式。它是工业控制中常见的控制方式。

顺序控制设计法最基本的思想是将系统的一个工作周期划分为若干个顺序相连的阶段，这些阶段称为工步（Step），可用顺序控制继电器 S 或辅助继电器 M 来代表各工步。工步的划分依据是驱动处理的状态变化，即不同的驱动处理动作对应不同的工步。将系统的控制过程分为若干个工步后，原有大量复杂的联锁关系就可以被分解，而对于每一步的程序段，则只需处理极其简单的逻辑关系。因而这种编程方法在用于顺序控制时，较普通的逻辑控制编程具有简单、快速、规律性强的特点，设计出的程序结构清晰、易读、易调试，可以极大提高工作效率。

5.4.1 顺序功能图的组成

顺序功能图（SFC，Sequence Function Chart）是 IEC 1131-3 标准规定的用于顺序控制的标准化语言。顺序功能图用以全面描述控制系统的控制过程、功能和特性，而不涉及系统所采用的具体技术，这是一种通用的技术语言。顺序功能图简单、有效，是设计 PLC 的顺序控制程序的重要工具。在 S7-200 PLC 中设计好的顺序功能图可方便地转换为控制程序。顺序功能图主要由工步、驱动处理、有向线段和转移条件四个元素构成。

1. 工步

在顺序功能图中，把系统的一个工作循环过程分解成若干个顺序相连的阶段，称为"工步"。工步用矩形框表示，框内由顺序控制继电器代表工步。在控制过程中，处于激活状态的工步，称为"活工步"，而其他工步则称为"死工步"。控制过程开始阶段的工步与初始状态相对应，称为"初始工步"，它表示操作开始，一般由特殊标志位存储器初始化。初始工步用双线矩形框表示，每一个顺序功能图至少应该有一个初始工步。

2. 驱动处理（动作）

在控制过程中每一个工步所要完成的"动作"称为驱动处理，当该工步为"活工步"时，该工步内相应的驱动处理（动作）即被执行；反之，不被执行。驱动处理（动作）用 S7-200 梯形图表示，与相应工步的矩形框相连。

3. 有向线段

在顺序控制系统中活动工步是变化的，会按照控制条件向前转移，而转移的方向是按有向线段规定的路线进行的，习惯上是从上到下、由左至右。如不是上述方向，应在有向线段上用箭头标明转移方向。

4. 转移条件

活动工步的转移是有条件的，转移条件在有向线段上划一短横线表示，横线旁边注明转移条件。当两工步之间的转移条件得到满足时，转移得以实现，即上一工步的活动结束而下一工步的活动开始，因此不会出现工步的重叠。因此，在顺序控制中允许多重输出，即同一个输出可被驱动多次，这在普通的逻辑控制中是被严格禁止的。每个活动工步持续的时间取决于工步之间转移的实现。

图 5-20a 为液压动力滑台的进给运动示意图和输入/输出信号的时序图。设动力滑台在初始位置时停在左边，限位开关 I0.3 为 1 状态，Q0.0～Q0.2 是控制动力滑台运动的 3 个电磁阀。按下起动按钮后，动力滑台进入一个工作周期，返回初始位置后停止运动。根据 Q0.0～Q0.2 的 ON/OFF 状态的变化，一个工作周期可以分为快进、工进、暂停和快退 4 步，另外还应设置等待起动的初始步，图 5-20b 中分别用 M0.0～M0.4 来代表这 5 步。图 5-20b 为描述该系统的顺序功能图，图中用矩形框表示步，矩形框中可以用数字表示各步的编号，也可以用代表各步的存储器位的地址作为步的编号，如 M0.0 等，这样在根据顺序功能图设计梯形图时就较为方便了。

顺序功能图主要有以下三种基本形式：

（1）单一序列（单流程）

单一序列由一系列前后相继激活的工步组成，每步的后面紧接一个转移条件，每个转移条件后面只有一个工步，如图 5-21 所示。

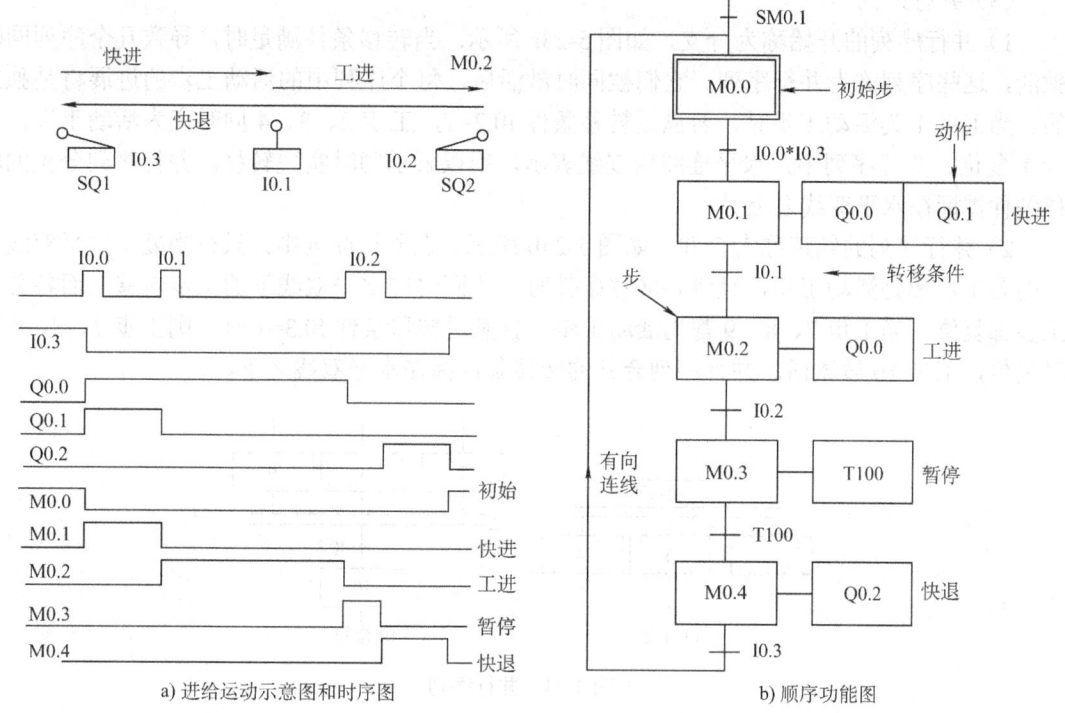

图 5-20 顺序功能图示例

(2) 选择序列

1) 选择序列的开始称为分支,如图 5-22a 所示。某一步的后面有几个工步,当满足不同的转移条件时,转向不同的工步。当工步 1 为活动工步时,若满足转移条件 I0.2=1,则工步 1 转向工步 2;若满足转移条件 I0.3=1,则工步 1 转向工步 3;若满足转移条件 I0.4=1,则工步 1 转向工步 4。

2) 选择序列的结束称为合并,如图 5-22b 所示。几个选择序列合并到同一个序列下,各自转移条件满足时转移到同一个工步。当工步 7 为活动工步,且满足转移条件 I0.5=1 时,则工步 7 转向工步 10;当工步 8 为活动工步,且满足转移条件 I0.6=1 时,则工步 8 转向工步 10;当工步 9 为活动工步,且满足转移条件 I0.7=1 时,则工步 9 转向工步 10。

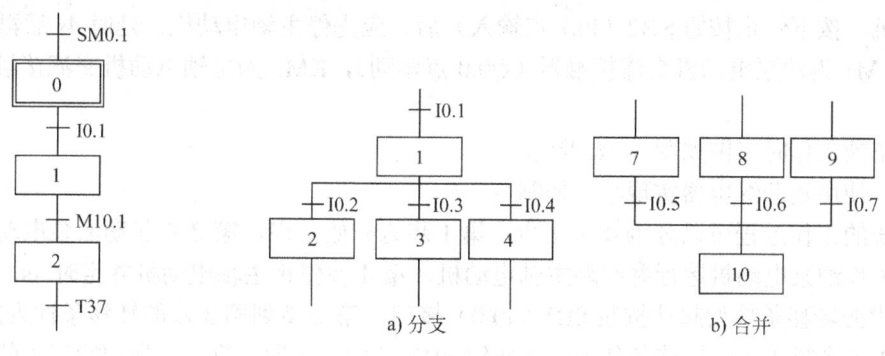

图 5-21 单一序列   图 5-22 选择序列

(3) 并行序列

1) 并行序列的开始称为分支,如图 5-23a 所示。当转移条件满足时,导致几个序列同时激活,这些序列称为并行序列。它们被同时激活后,每个序列中的活动工步的进展将是独立的。当工步 1 为活动工步时,若满足转移条件 I0.2=1,工步 2、3、4 同时变为活动工步;工步 1 复位。并行序列中,水平连线用双线表示,用以表示同时实现转移。并行序列分支的转移条件需标在水平双线之上。

2) 并行序列的结束称为合并,如图 5-23b 所示。在并行序列中,只有当处于水平双线以上的各工步都为活动工步,且满足转移条件时,才同时向水平双线下的工步转移,而各分支工步都复位。当工步 7、8、9 都为活动工步,且满足转移条件 I0.3=1 时,则工步 7、8、9 同时复位,工步 10 被激活。并行序列合并的转移条件标在水平双线之下。

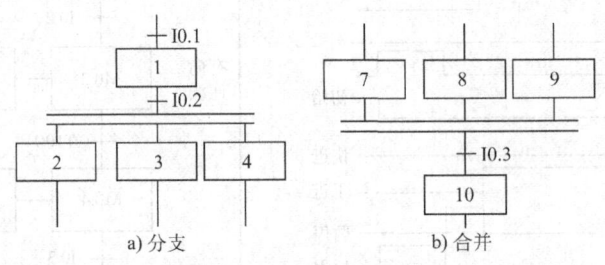

图 5-23 并行序列

5.4.2 顺序功能图的实现

S7-200 PLC 在解决顺序控制问题时,首先要根据系统的控制要求画出顺序功能图,然后可以使用两种方法将顺序功能图转换成控制程序,一种是采用普通的辅助继电器指令实现顺序控制,另一种是采用顺序控制继电器指令实现顺序控制。下面通过几个例子来说明三种基本形式的顺序功能图是如何使用的。

1. 单一序列(单流程)的编程方法

单流程的特点是动作一个接一个完成,每个工步仅连接一个转移条件,每个转移条件也仅连接一个工步。

例如,机床的主轴电动机和油泵电动机的控制。

控制要求:按下起动按钮 SB1(I0.0 点输入)后,应先开油泵电动机,延时 4s 后再开主轴电动机。按下停止按钮 SB2(I0.1 点输入)后,应先停主轴电动机,延时 4s 后再停油泵电动机。KM1 为油泵电动机交流接触器(Q0.0 点驱动),KM2 为主轴电动机交流接触器(Q0.1 点驱动)。

系统的工作时序图如图 5-24a 所示。

(1) 使用辅助继电器实现顺序控制

系统的工作过程可以分为 4 个工步,第 1 步为初始工步,第 2 步起动油泵电动机并定时 4s,第 3 步油泵电动机运行并起动主轴电动机,第 4 步停止主轴电动机并定时 4s。初始工步到第 2 步的转移条件为起动按钮 SB1(I0.0)接通,第 2 步到第 3 步的转移条件为定时 4s 满足,第 3 步到第 4 步的转移条件为停止按钮 SB2(I0.1)接通,第 4 步到初始工步的转移条件为定时 4s 满足。初始工步的驱动处理为空,第 2 步的驱动处理为油泵电动机交流接触器 KM1

（Q0.0）和定时器 T37，第 3 步的驱动处理为油泵电动机交流接触器 KM1（Q0.0）和主轴电动机交流接触器 KM2（Q0.1），第 4 步的驱动处理为油泵电动机交流接触器 KM1（Q0.0）和定时器 T38。顺序功能图如图 5-24b 所示，顺序功能图由中间继电器实现的梯形图如图 5-24c 所示。

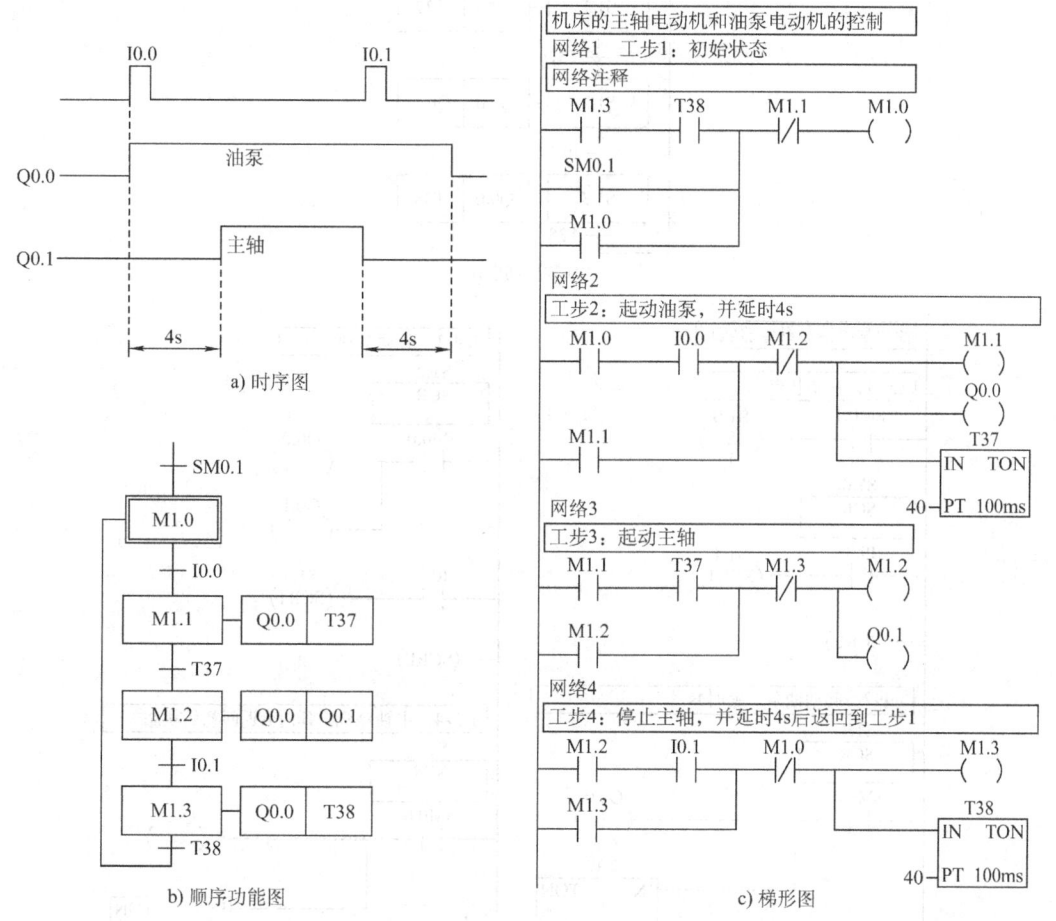

图 5-24 机床的主轴电动机和油泵电动机的控制

（2）使用顺序控制继电器指令实现顺序控制

LSCR、SCRT、SCRE 等顺序控制继电器指令是 S7-200 PLC 专门应用于顺序功能图的编程指令，使用简单、针对性强。使用 LSCR 指令启动一个顺序控制继电器，激活一个工步，这样此活动工步的驱动处理程序就可以执行，反之，非活动工步的程序则不执行。

当转移条件满足时，SCRT 指令可以将当前的活动工步复位变为非活动工步，且驱动处理停止执行，SCRT 指令同时会激活相继的工步，程序开始执行相继工步的驱动处理。SCRE 指令表示当前工步工作的结束。

使用顺序控制继电器的实现方法如图 5-25 所示。

2. 选择序列的编程方法

选择序列是指在某一步后有若干个单一序列等待选择，一次仅能选择进入一个序列。选择序列中的各单一序列是互相排斥的，其中任何两个单一序列都不会同时执行。

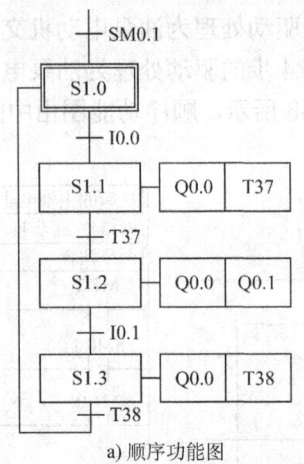

a) 顺序功能图

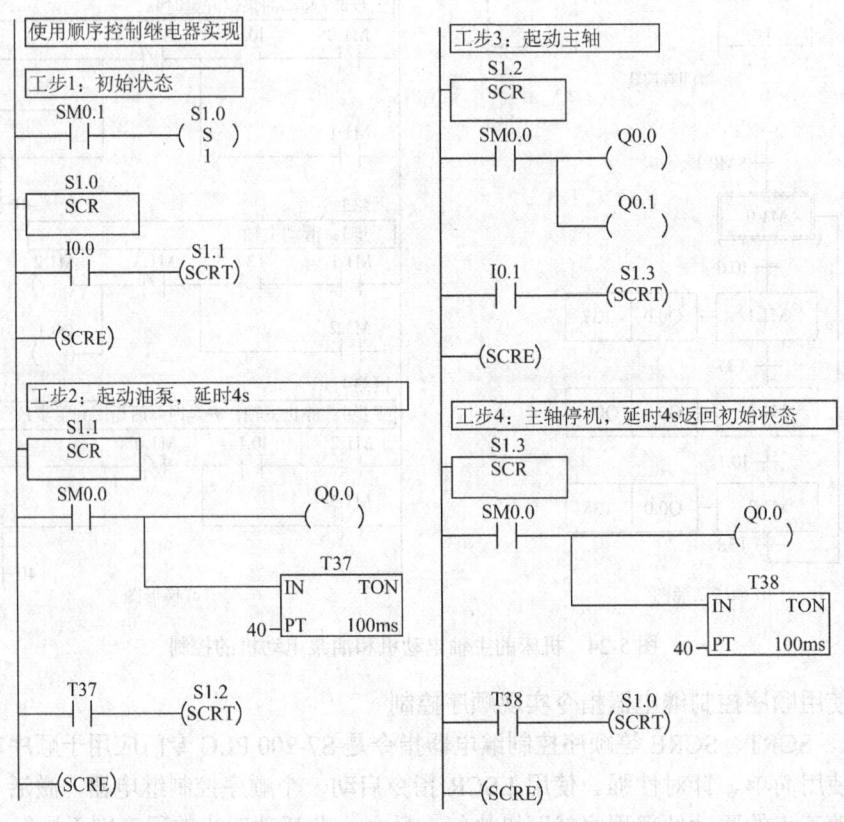

b) 顺序控制程序

图 5-25 顺序控制继电器程序

例如，大小球分拣控制系统。

在生产过程中，经常要对产品进行分拣，图 5-26 为大小球分拣控制系统。

(1) 系统的控制要求

1) 原位指示。当机械手位于左上角处，即上限位开关 SQ4 及左限位开关 SQ1 接通时，原位指示灯 HL1 点亮，系统准备就绪。

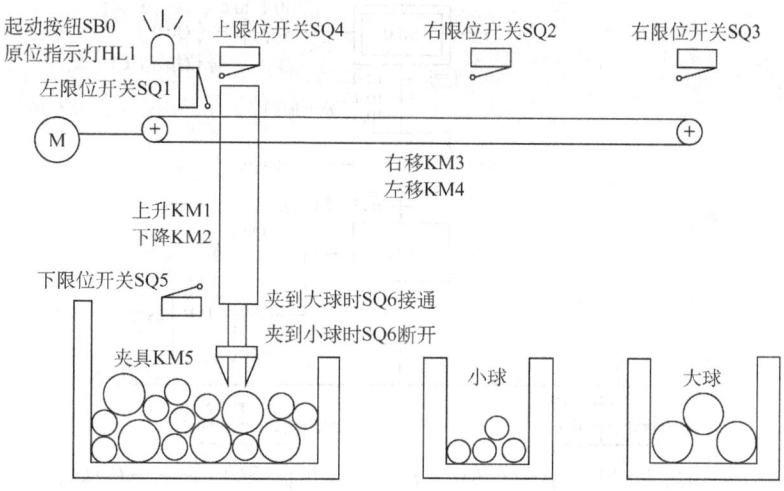

图 5-26 大小球分拣控制系统

2)起动。按下起动按钮 SB0 后,机械手开始下降,当机械手下降到位时,下限位开关 SQ5 接通,停止下降。

3)抓取。安装在机械手末端的夹具夹紧,时间为 2s,并由夹具上的限位开关 SQ6 判断所夹的球。当夹住大球时,SQ6 接通;当夹住小球时,SQ6 断开。

4)传送。机械手夹紧球后开始上升,当到达上限位时,SQ4 接通停止上升,开始向右移动,如果为小球则右移至 SQ2 处停止并下降,如果为大球则右移至 SQ3 处停止并下降。

5)下降至下限位开关 SQ5 接通时停止,并开始放松夹具,时间为 2s。

6)放下球后,机械手开始做返回原位运动。回到原始位置停止,一次运动结束。

(2)地址分配(见表 5-5)。

表 5-5 大小球分拣控制系统地址分配表

输入信号		输出信号	
设备	输入地址	设备	输出地址
起动按钮 SB0	I0.0	原位指示灯	Q0.0
左限位开关 SQ1	I0.1	机械手下降	Q0.1
小球右限位开关 SQ2	I0.2	机械手上升	Q0.2
大球右限位开关 SQ3	I0.3	机械手右移	Q0.3
上限位开关 SQ4	I0.4	机械手左移	Q0.4
下限位开关 SQ5	I0.5	夹具夹紧	Q0.5
夹具限位开关 SQ6	I0.6		

(3)编写顺序功能图

对控制要求进行分析后可知,对于大小球分拣的控制过程中,抓球部分的结果不确定到底是大球还是小球,所以不能够确定机械手右移后下降的位置;但是,对于任意一种球来讲,抓球、传送、释放的过程又是一个严格意义的顺序控制。所以在这个例子中须使用选择序列形式的顺序功能图,如图 5-27 所示。

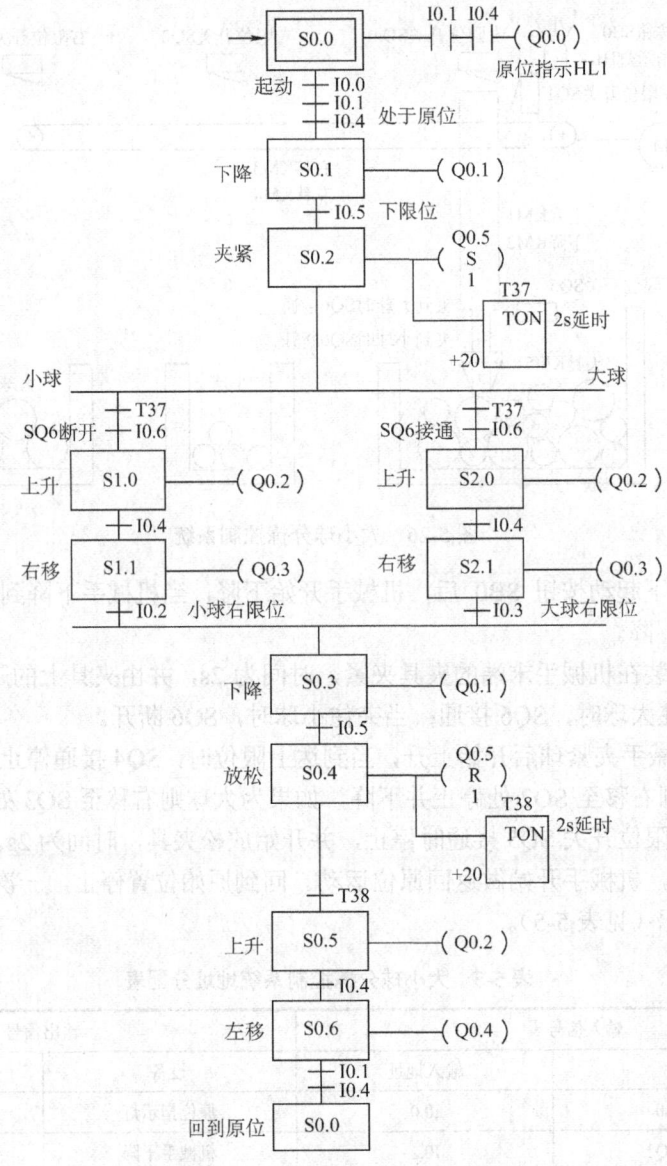

图 5-27 大小球分拣控制系统顺序功能图

系统起动后,按照工艺流程分为两个状态:下降、抓取。抓取结束后,机械手上用于判断大小球的限位开关 SQ6 分为两种状态,接通状态对应抓取大球,而断开状态对应抓取小球。在使用选择序列时,转移条件出现分化处进行分支最恰当,这样可以避免在后面的编程中出现混淆,当然,编程经验丰富的工程师也可以在对象的动作出现分化时再实现顺序控制的分支。本例中采用在判断出大小球后既实现分支,大小球在各自的分支中实现顺序控制,而当后续的动作和转移条件一致时就可以实现合并了,如本例中当机械手右移到位后,下降、放松、延时 2s、上升、回到原位等动作和转移条件都一致,顺序功能图可以在这里合并。

(4) 使用顺序控制继电器指令实现顺序控制

系统程序如图 5-28 所示。

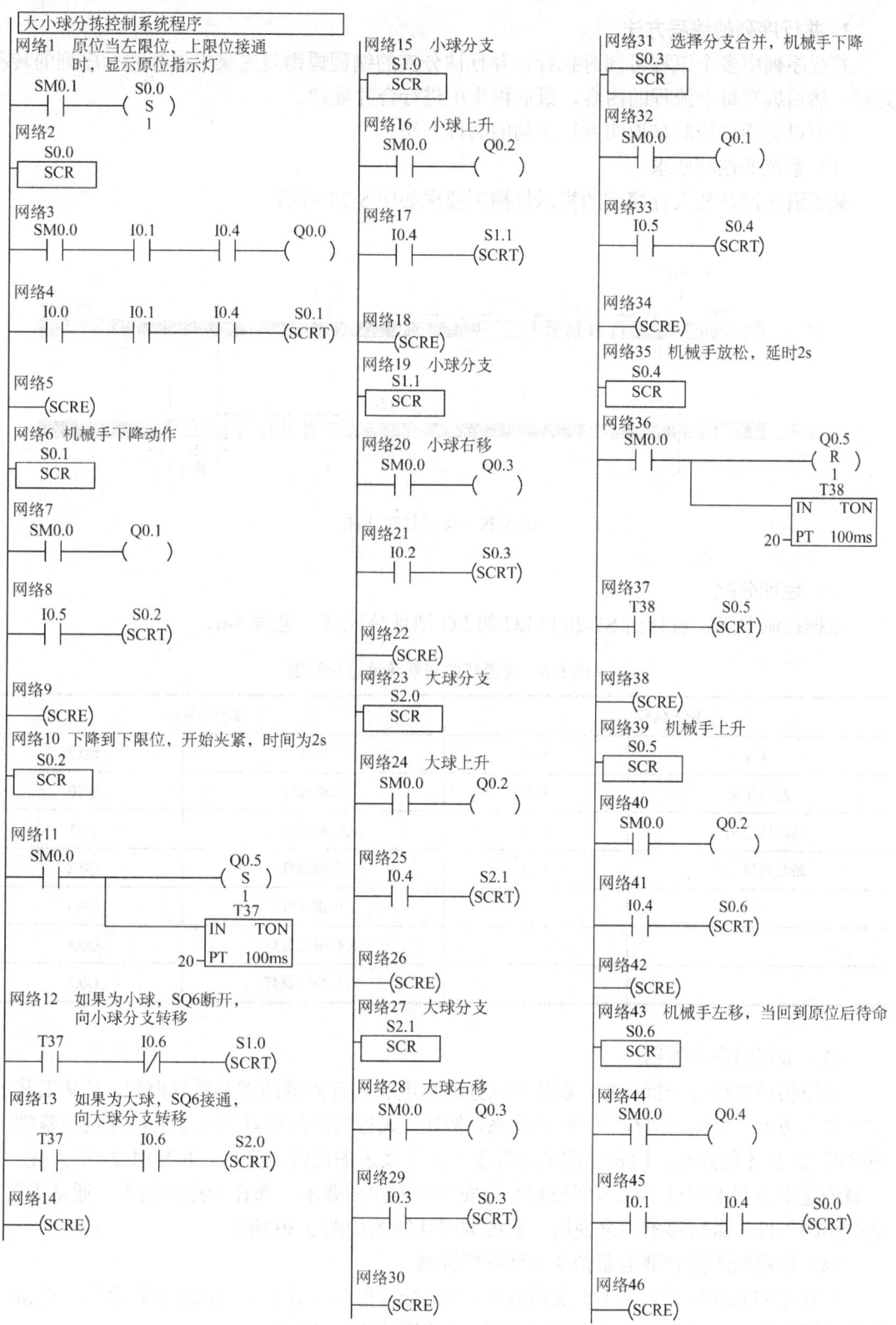

图 5-28 大小球分拣控制系统梯形图

3. 并行序列的编程方法

并行序列中多个流程可同时执行,并行性分支的编程原则是先集中进行并行序列的转移处理,然后编写每个流程的内容,最后再集中进行合并处理。

下面以交通灯控制来说明并行序列的编程方法。

(1) 系统的控制要求

某车道交通灯与人行横道的指示灯控制要求如图 5-29 所示。

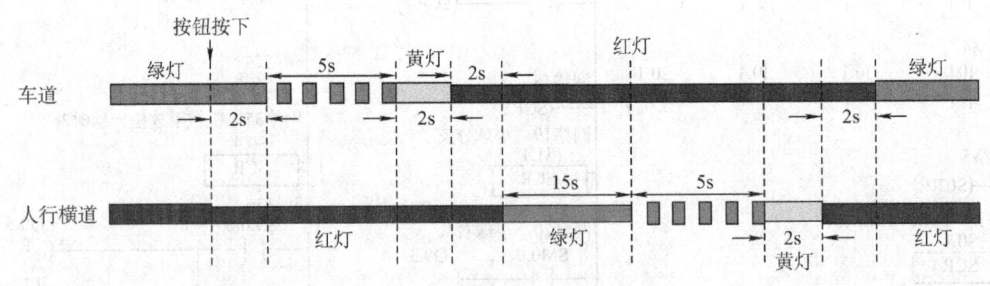

图 5-29 交通灯时序图

(2) 地址分配

根据控制要求,设计出 S7-200 PLC 的 I/O 地址分配表,见表 5-6。

表 5-6 交通灯控制系统地址分配表

输入信号		输出信号	
设备	地址	设备	地址
起动开关	I0.0	车道绿灯	Q0.0
路南按钮 SB0	I0.1	人行横道红灯	Q0.1
路北按钮 SB1	I0.2	车道黄灯	Q0.2
		车道红灯	Q0.3
		人行横道绿灯	Q0.4
		人行横道黄灯	Q0.5

(3) 编写顺序功能图

对控制要求进行分析可知,系统可以分成车道和人行横道两部分进行控制,且从工艺上、安全性上考虑,相互之间有一定制约关系。例如,人行横道的绿灯需在车道红灯点亮基础上,再延时 2s 后才能点亮;同样车道的绿灯要在人行横道的红灯点亮后,再延时 2s 后点亮。在一般的逻辑控制中可以引入互锁控制实现安全性方面的要求,而在顺序控制中,通常需要将这些制约条件当做转移条件来使用。系统顺序功能图如图 5-30 所示。

(4) 使用顺序控制继电器指令实现顺序控制

并行序列的编程难点在于分支的合并,要充分考虑每条分支是否均具备汇总转移的条件,各分支同时向下一状态转移合并。交通灯控制程序如图 5-31 所示。

第 5 章 S7-200 PLC 程序设计方法

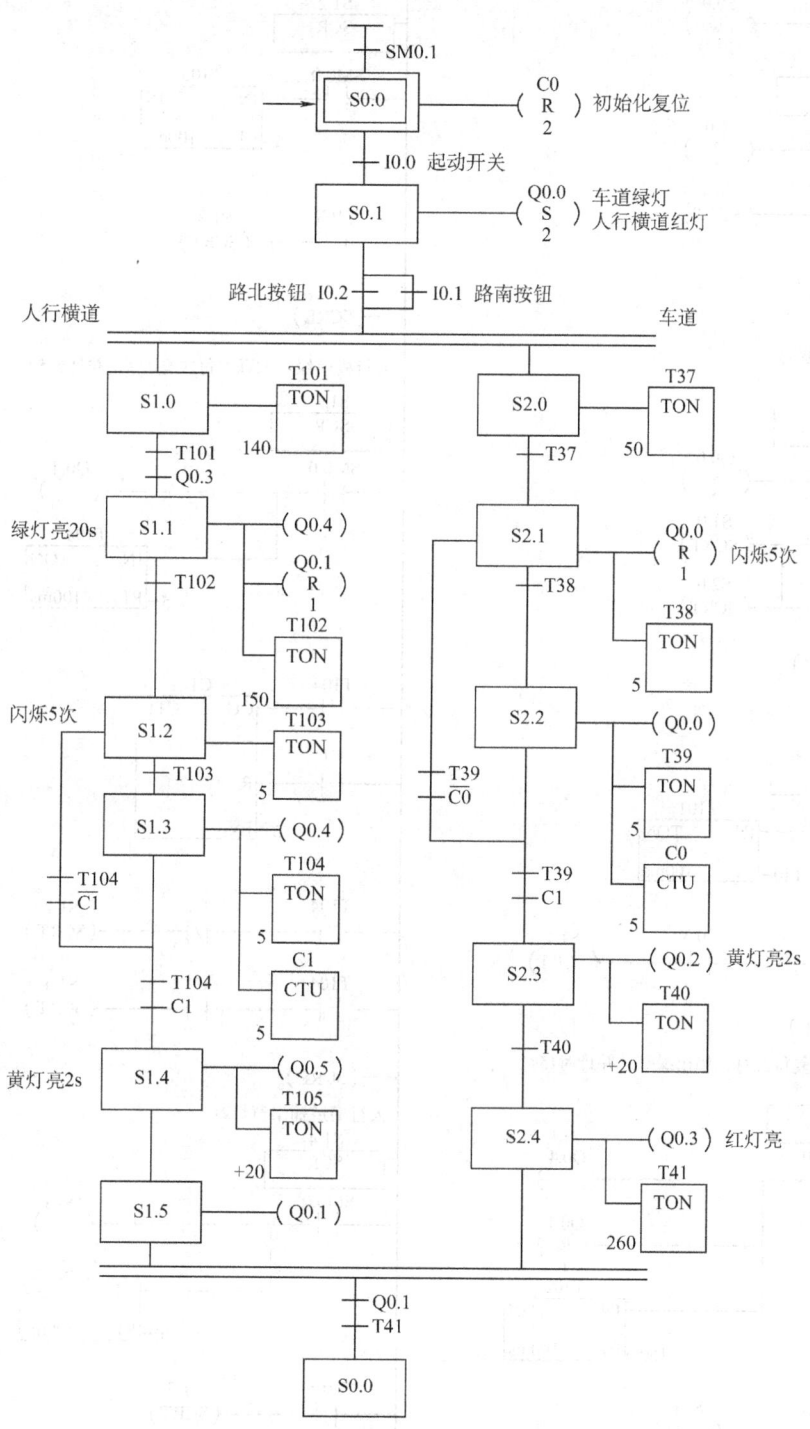

图 5-30 交通灯控制系统顺序功能图

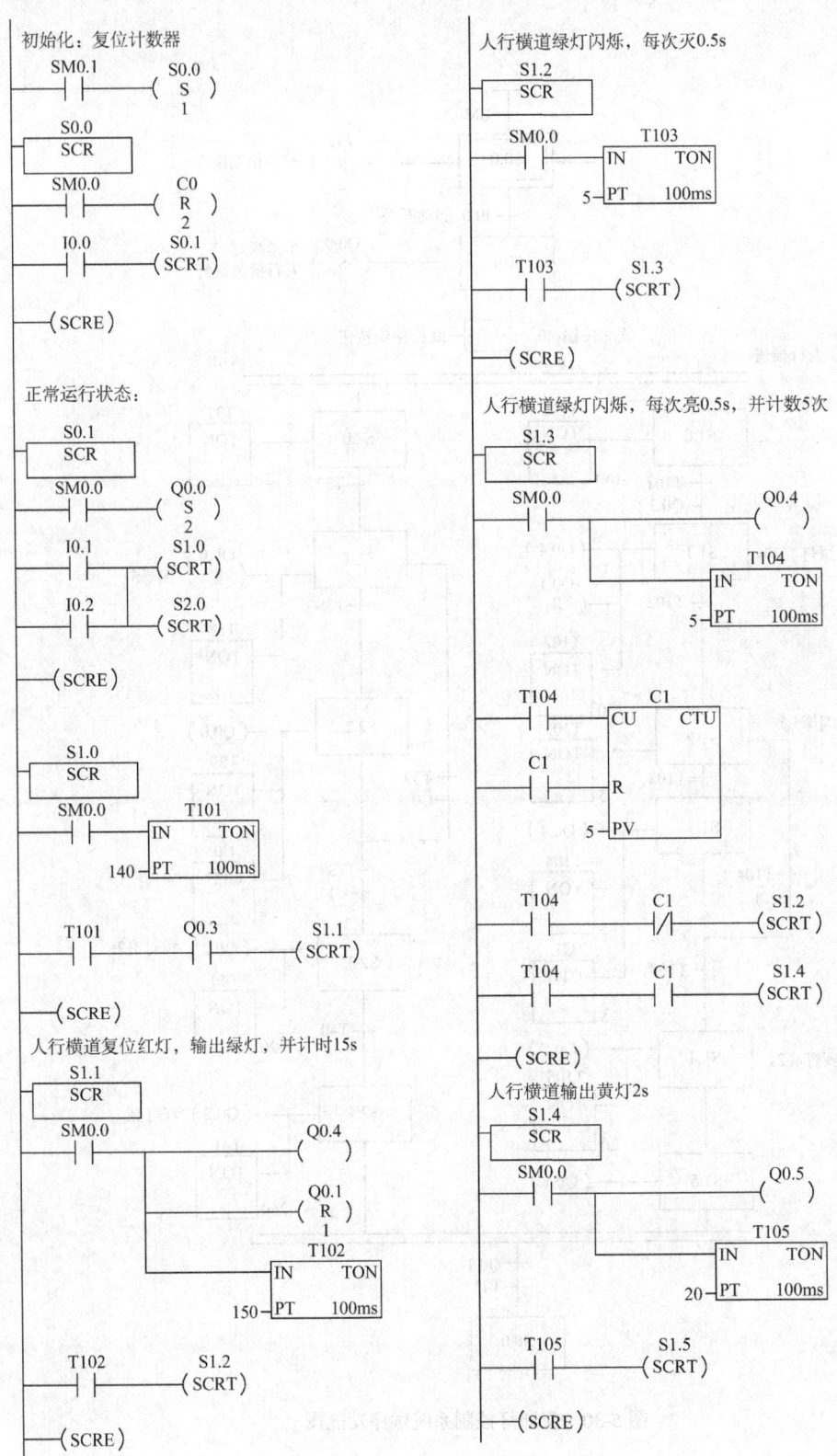

图 5-31 交通灯

第 5 章　S7-200 PLC 程序设计方法

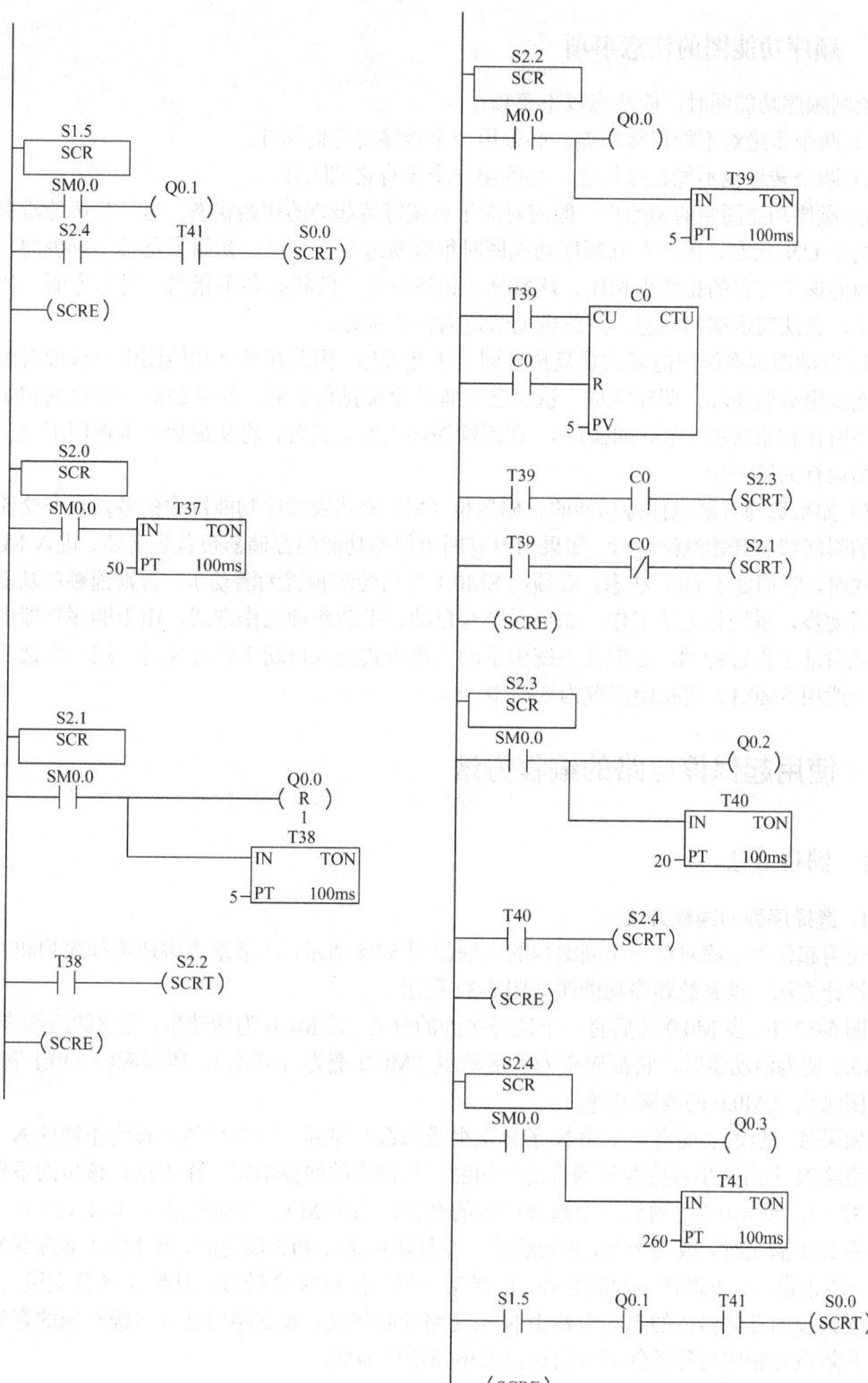

控制程序

5.4.3 顺序功能图的注意事项

绘制顺序功能图时，应注意以下事项：

1）两个步绝对不能直接相连，必须用一个转移将它们隔开。

2）两个转移也不能直接相连，必须用一个步将它们隔开。

3）顺序功能图中的初始步一般应对应于系统等待起动的初始状态，这一步可能没有什么输出处于 ON 状态，因此在画顺序功能图时很容易遗漏这一步。初始步是必不可少的，一方面，因为该步与它的相邻步相比，从整体上说输出变量的状态各不相同；另一方面，如果没有该步，无法表示初始状态，系统也无法返回停止状态。

4）自动控制系统应能多次重复执行同一工艺过程，因此在顺序功能图中一般应有由步和有向连线组成的闭环，即在完成一次工艺过程的全部操作之后，应从最后一步返回初始步，系统停留在初始状态（单周期操作），在连续循环工作方式时，将从最后一步返回下一工作周期开始运行的第一步。

5）如果选择有断电保持功能的存储器位（M）来代表顺序功能图中的各步，在交流电源断电的瞬间状态开始继续运行。如果用没有断电保持功能的存储器位代表各步，进入 RUN 工作方式时，它们处于 OFF 状态，必须用 SM0.1 将初始步预置为活动步，否则因顺序功能图中没有活动步，系统将无法工作。如果系统有自动、手动两种工作方式，由于顺序功能图是用来描述自动工作过程的，还应在系统由手动工作方式进入自动工作方式时，用一个适当的信号（一般用 SM0.1）将初始步置为活动步。

5.5 使用起保停电路的编程方法

5.5.1 编程方法

1. 选择序列的编程方法

使用起保停电路对单一序列编程的方法如图 5-24 所示，本节重点讲述选择序列和并行序列的设计方法。设系统顺序功能图如图 5-32 所示。

图 5-32 中，步 M0.0 之后有一个选择序列的分支，设 M0.0 为活动步，当它的后续步 M0.1 或 M0.2 变为活动步时，它都应变为不活动步（M0.0 变为 0 状态），所以应将 M0.1 和 M0.2 的常闭触点与 M0.0 的线圈串联。

如果某一步的后面有一个由 N 条分支组成的选择序列，该步可能转移到不同的 N 步去，则应将这 N 个后续步对应存储器位的常闭触点与该步的线圈串联，作为结束该步的条件。在图 5-32 中，步 M0.2 之前有一个选择序列的合并，当步 M0.1 为活动步（M0.1 为 1）并且转移条件 I0.1 满足时，或当步 M0.0 为活动步并且转移条件 I0.2 满足时，步 M0.2 都应变为活动步。一般来说，对于选择序列的合并，如果某一步之前有 N 个转移，即有 N 条分支进入该步，则代表该步的存储器位的起动电路由 N 条支路并联而成，各支路由某一前级对应的存储器位的常开触点与相应转移条件对应的触点或电路串联而成。

2. 并行序列的编程方法

图 5-32 中的步 M0.2 之后有一个并行序列的分支，当步 M0.2 为活动步并且转移条件 I0.3

满足时，步 M0.3 与步 M0.5 应同时变为活动步，这是用 M0.2 和 I0.3 的常开触点组成的串联电路分别作为 M0.3 和 M0.5 的起动电路来实现的；与此同时，步 M0.2 应变为不活动步。步 M0.3 和步 M0.5 是同时变为活动步的，只需将 M0.3 或 M0.5 的常闭触点与 M0.2 的线圈串联即可。

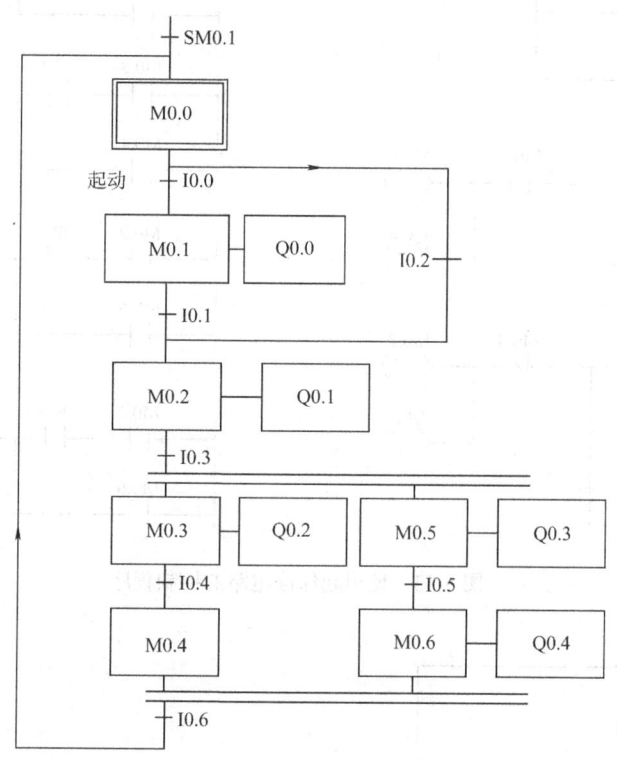

图 5-32 选择与并行序列

步 M0.0 之前有一个并行序列的合并，该转移实现的条件是所有的前级步（即步 M0.4 和步 M0.6）都是活动步和转移条件 I0.6 满足。由此可知，应将 M0.4、M0.6 和 I0.6 的常开触点串联，作为控制 M0.0 的起动条件。M0.4 和 M0.6 的线圈都串联了 M0.0 的常闭触点，使步 M0.4 和步 M0.6 在转移实现时同时变为不活动步。

图 5-32 对应的梯形图程序如图 5-33 所示。

5.5.2 虚拟步的应用

使用起保停电路设计程序时，如果在顺序功能图中有仅由两步组成的小闭环，如图 5-34a 所示，设计出的梯形图不能正常工作。例如，M0.2 和 I0.0 均为 1 时，M0.3 的起动电路接通，但是这时与 M0.3 的线圈串联的 M0.2 的常闭触点却是断开的，所以 M0.3 的线圈不能得电。这是由于步 M0.2 既是步 M0.3 的前级步，又是它的后续步。此时，在顺序功能图中增加一个虚拟步，就可以很好地解决这个问题了，如图 5-35 所示。

图 5-35 中的 M0.5 称为虚拟步，系统中本来没有这一步，没有这步时无法将顺序功能图转换成能工作的梯形图程序。增加虚拟步 M0.5 后，M0.2 不再是 M0.3 的后续步了，只要将 T10 的延时时间设置得很短，虚拟步对系统的正常工作基本没有影响，同时图 5-35 也很容易

转换成梯形图程序。

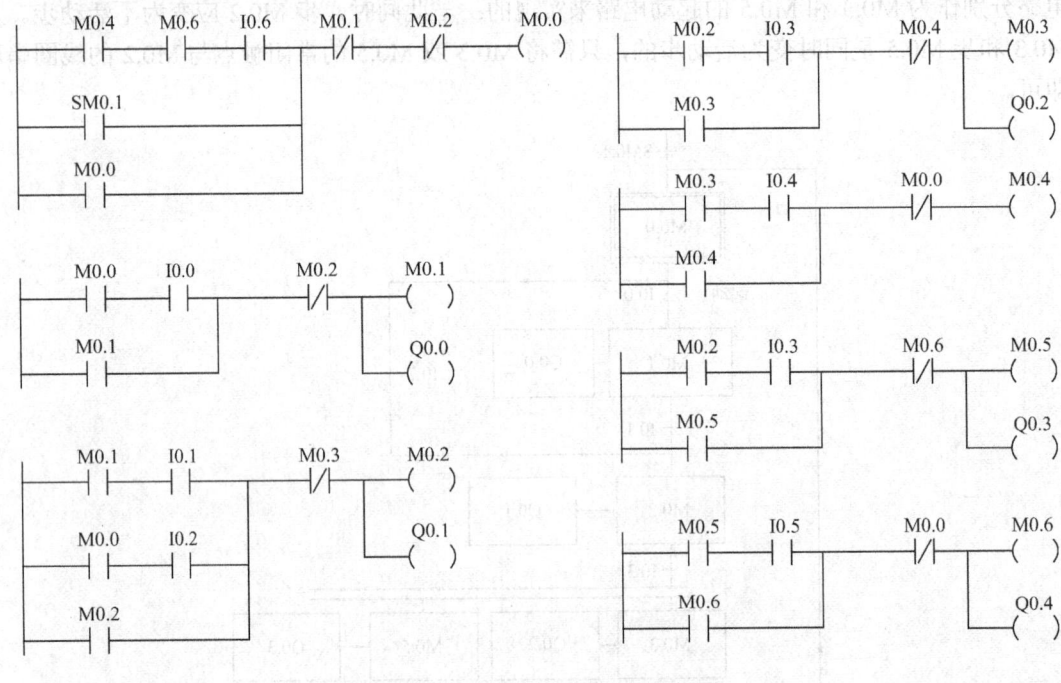

图 5-33 使用起保停电路的控制程序

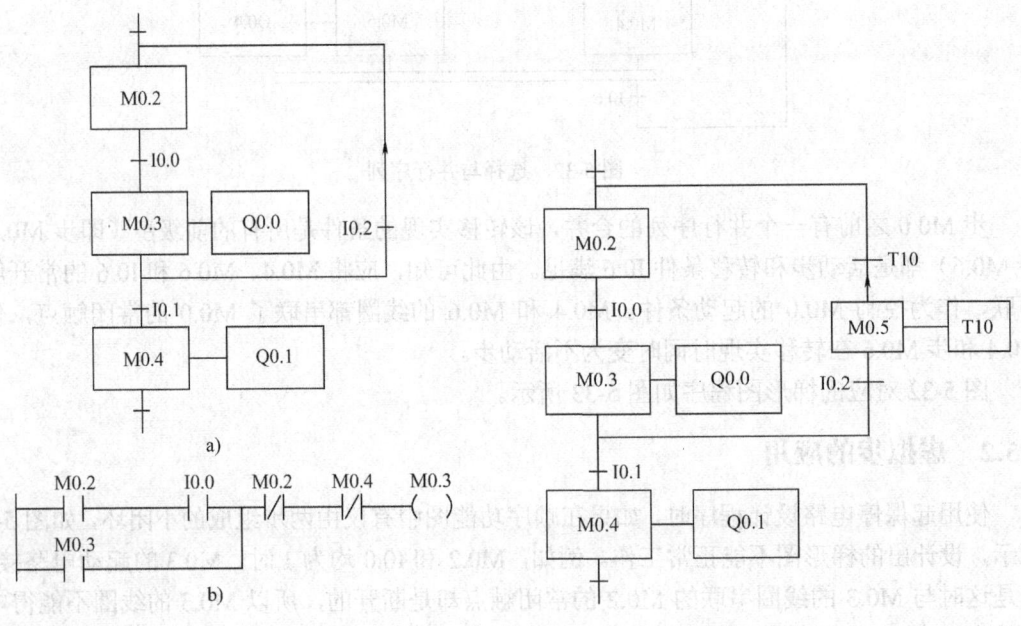

图 5-34 简单闭环顺序功能图　　　　图 5-35 虚拟步的设置

任何复杂的顺序功能图都是由单一序列、选择序列和并行序列组成的，掌握了单一序列的编程方法和选择序列、并行序列的分支、合并的编程方法，就不难设计出任意复杂的顺序功能图描述的数字量控制系统的梯形图。

思考与练习

5-1 用经验设计法设计电动机正反转控制系统梯形图程序。要求电动机正转 10s，停 5s，反转 10s，停 5s，如此循环 3 次。

5-2 如图 5-36 所示，某机械手用来将工件从 A 点移到 B 点，输出 Q0.1 为 "1" 时工件被夹紧，为 "0" 时工件被松开。系统要求有手动、单周期、单步、连续 4 种工作方式，设计 PLC 接线图、I/O 地址表、顺序功能图及程序。

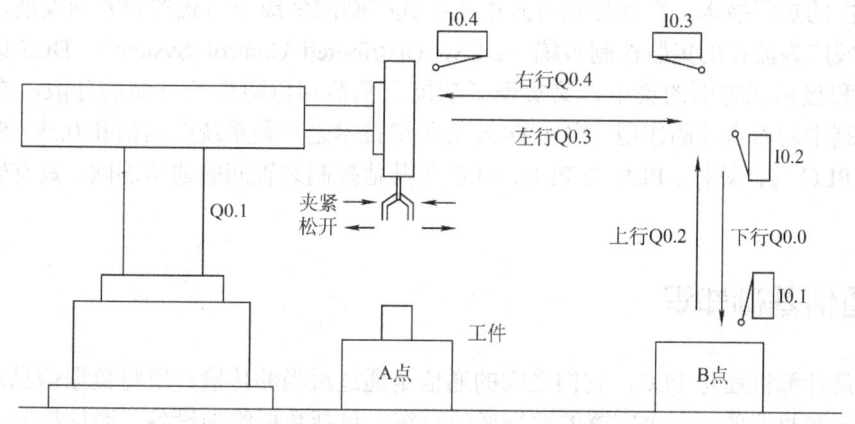

图 5-36 机械手工作示意图

5-3 钻床主轴多次进给运动示意图如图 5-37 所示，试设计系统顺序功能图和 PLC 控制程序。

5-4 使用顺序控制程序结构，编写出实现红、黄、绿 3 种颜色信号灯循环显示程序（3 步），要求循环间隔时间为 1s，并画出顺序功能图。

5-5 顺序功能图的组成有哪几部分？

5-6 顺序功能图的基本结构有哪几种？

5-7 顺序控制指令格式是什么？

5-8 在顺序功能图中，转移实现的基本规则是什么？

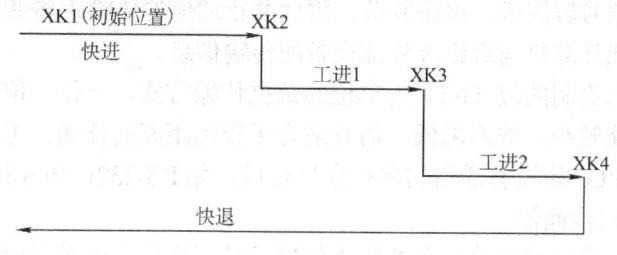

图 5-37 钻床主轴工作示意图

第 6 章　S7-200 PLC 的通信及网络

随着自动化技术、网络通信技术和传感技术等科学技术的发展，智能控制芯片、智能传感器等不断出现，工业控制系统发展迅速，计算机网络控制已成为工业控制领域具有先进性与可发展性的热门技术。自动控制方式由集中式控制向多级分布式控制方向发展，这就是工业控制领域广为流行的集散控制系统（DCS，Distributed Control System）。DCS 既实现了管理、操作和显示三方面的集中，又实现了功能、负荷和危险性三方面的分散，在现代化生产过程控制中起着重要的作用。实现 DCS 的关键技术之一是系统的通信和互连，S7-200 PLC 能够实现 PLC 与计算机、PLC 与 PLC、PLC 与其他控制装置间的通信连网，具有较强的通信功能。

6.1　通信基础知识

无论是计算机还是 PLC，它们之间的通信是通过适当的传输介质将数据信息从一台机器传送到另一台机器的。一个完整的数据通信系统，包括数据终端设备、通信控制器、通信信道和信号变换器，其任务是把数据源终端所产生的数据迅速、可靠、准确地传输到数据宿（目的）计算机或专用外设。

6.1.1　基本概念和术语

1. 并行通信与串行通信

并行通信是指一次同时使用多条线路来传输一组数据的各数据位。因为数据各位同时进行传输，所以传递速度快，但成本高。并行传输数据时，可以以字或字节为单位进行传输，除 8 根或 16 根数据线和一根公共线外，还需要联络线以保证终端设备间能够协调工作。由于长线上驱动和接收信号较困难，电路复杂，因此并行通信的传输距离受到限制（小于 30m），多用于计算机内部或计算机与近距离外部设备间传输信息。

串行通信是以二进制的位（bit）为单位的数据传输方式，一位一位地传输。与并行通信相比，占用通信线路较少，成本降低，而且适合于较远距离的传输，工业控制中一般采用串行通信。计算机和 PLC 均设有通用的串行通信接口，如 RS-232C 和 RS-485 接口。

2. 异步通信和同步通信

在串行通信中，发送端和接收端的同步问题是数据通信中的重要问题。发送和接收的传输速率应该相同，但实际上二者之间往往有微小的区别。如果不能很好地解决同步问题，将导致误码增加，甚至整个系统无法正常工作，因此必须使发送过程和接收过程同步。按照采用的同步技术的不同，可将串行通信分为异步通信和同步通信。

异步通信中，数据传输的单位通常为字符，每个字符作为一个独立的整体进行传输，其信息格式如图 6-1 所示。发送的数据字符由 1 个起始位、7~8 个数据位、1 个奇偶校验位（可以没有）和停止位组成。发送方和接收方需对双方所采用的信息格式和数据的传输速率进行相同的约定。接收方检测到停止位和起始位之间的下降沿后,将其作为接收起始点,在每一位的中点接收信息。由于一个字符中包含位数较少,即使通信双方收发频率有所不同,也不会因双方设备间时钟脉冲周期的误差积累而使收发错位。由于异步通信传输过程中附加较多的非有效信息,使其传输效率较低,故多用于低速通信,如 PLC 一般采用异步通信。

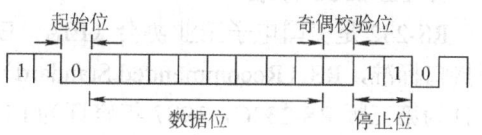

图 6-1 异步通信的信息格式

同步通信中,把每个完整的数据块(帧)作为整体来传输,同步通信的信息格式如图 6-2 所示。在需要传输大量数据块的场合,同步通信可以克服异步通信传输效率低的缺点。为了使接收方能够准确地接收数据块信息,在数据开始处,用同步字符"SYN"进行指示,由定时信号(同步时钟)来实现发送端和接收端同步。一旦检测到与规定的字符相符合,接着即按顺序传输数据。同步通信中,以数据块为单位传输,一次传输的字符个数可变,字节之间无需附加停止位与起始位,因此传输速率高,但所需的软硬件价格比异步通信高,常用在传输速率要求较高的系统中。

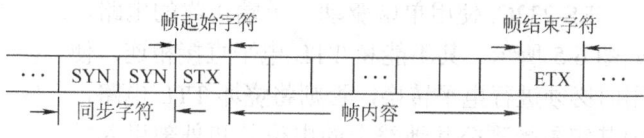

图 6-2 同步通信的信息格式

3. 线路通信方式

数据在通信线路上传输有方向性,按照信号传输方向与时间的关系,线路通信方式可分为单工通信、半双工通信和全双工通信。

单工通信方式中,信道为单向信道,只能沿单一方向发送或接收数据,发送端和接收端是固定的,如图 6-3a 所示。半双工通信方式中,信号可以在信道中双向传输,但两个方向不能同时进行,必须交替收发。通信双方都可以作为发送端或接收端,但在某一时刻,一方只能为发送端或接收端,如图 6-3b 所示。全双工通信方式可以在两个方向同时传输,通信双方可同时为发送端和接收端。如图 6-3c 所示,发送和接收使用两组不同的数据线,一方的发送端和另一方的接收端相连。

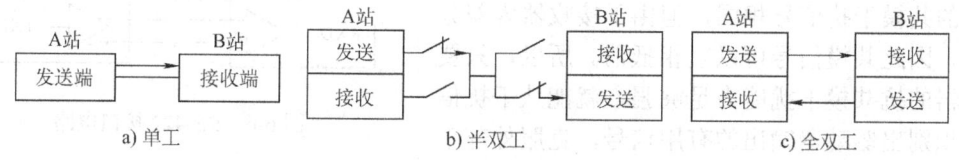

图 6-3 单工、半双工和全双工通信方式

4. 数据传输速率

数据的传输速率为单位时间内传输的信息量。在串行通信中,传输速率也称为波特率,是每秒传送的二进制位数,其单位为 bit/s。传输速率是评价通信速率的重要指标,常用的标准波特率为 300bit/s、600bit/s、1200bit/s、2400bit/s、4800bit/s、9600bit/s 和 19200bit/s 等。

6.1.2 异步串行通信接口标准

串行通信发展迅速,传输速率已达 1Gbit/s。PLC 通信主要采用异步串行通信,其常用的串行通信接口标准有 RS-232C、RS-422 和 RS-485 等。

1. RS-232C 标准

RS-232 是美国电子工业协会（EIA，Electronic Industry Association）于 1962 年制定的物理接口标准，RS（Recommended Standard）代表推荐标准，232 是标识号。该标准在 1969 年修订为第三版 RS-232C，1987 年修订为 EIA-232D，1991 年修订为 EIA-232E。不过，一般统称为 RS-232C 标准。RS-232C 接口最大传输速率为 20kbit/s，线缆最长为 15m。

RS-232C 标准是"数据终端设备（DTE，Data Terminal Equipment）和数据通信设备（DCE，Data Communication Equipment）之间串行二进制数据交换接口技术标准"，PLC 和上位计算机间的通信就是采用 RS-232C 标准接口来实现的。

RS-232C 采用负逻辑，用 -5～-15V 表示逻辑"1"，用 +5～+15V 表示逻辑"0"。RS-232C 只能进行一对一的通信，可使用 9 针或 25 针 D 型连接器。PLC 一般使用 9 针的连接器，若距离较近，则只需 3 根传输线，如图 6-4 所示。

RS-232C 使用单端驱动、单端接收的电路，如图 6-5 所示。其不能和 TTL 电平直接相连，使用时必须进行电平转换，否则将烧坏 TTL 电路，因其容易受到公共地线上的电位差和外部引入的干扰信号的影响，实际使用时常用 MAX232 电平转换电路。

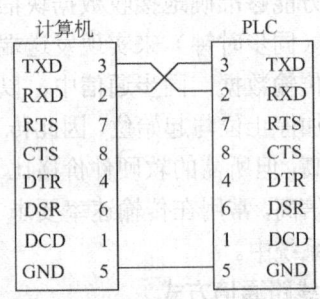

图 6-4 RS-232C 的信号线近距离连接

2. RS-422 标准

RS-422 的全称是"平衡电压数字接口电路的电气特性"，定义了接口电路的特性，采用平衡驱动、差分接收电路（见图 6-6），从根本上取消了信号地线。平衡驱动器相当于两个单端驱动器，有一个输入信号，两个输出信号互为反相信号。外部输入的干扰信号以共模方式出现，两根传输线上的共模干扰信号相同，但由于接收器为差分输入，因此共模信号可以互相抵消。所以，只要接收器的抗共模干扰能力足够强，就能从干扰信号中识别出驱动器输出的有用信号，克服外部干扰的影响。

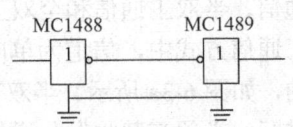

图 6-5 单端驱动、单端接收电路

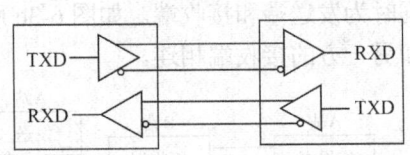

图 6-6 RS-422 接口电路

由于接收器采用高输入阻抗，发送驱动器具有比 RS-232 更强的驱动能力，允许在相同传输线上连接多个接收节点（最多可接 10 个，即一个主设备，其余为从设备），从设备之间不能通信，所以 RS-422 支持点对多的双向通信。

3. RS-485 标准

RS-485 是与 RS-422 兼容的接口标准，在 RS-422A 基础上修改而成，是面向网络的一种接口标准。RS-485 采用差分信号负逻辑，-6～-2V 表示"1"，+2～+6V 表示"0"。RS-485 为半双工通信，只有一对平衡差分信号线，不能同时发送和接收，最少采用两根传输线，如图 6-7 所示，但当共模电压超出一定范围时会影响通信可靠性，甚至损坏接口，因此还是需要一根低阻的信号地线。该接线方式可为总线式拓扑结构，在同一总线上最多可以挂接 32 个节点，新的接口器件允许连接 128 个节点。RS-485 通信网络一般采用主从式通信方式，即一个主机带多个从机。RS-485 传输速率最高为 10Mbit/s，最大距离为 1200m。

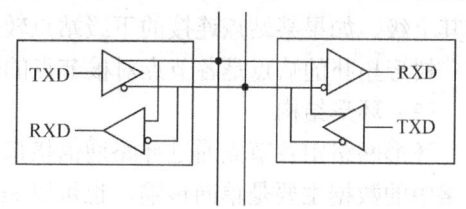

由于 PC 只带有 RS-232 接口，可通过以下方法得到 PC 上位机的 RS-485 电路：① 通过 RS-232/RS-485 转换电路将 PC 串口 RS-232 信号转换成 RS-485 信号。如果是情况比较复杂

图 6-7 RS-485 网络

的工业环境，最好是选用防浪涌、带隔离栅的产品。② 通过 PCI 多串口卡，直接选用输出信号为 RS-485 类型的扩展卡。

6.2 计算机通信网络及拓扑结构

将地理位置不同的具有独立功能的多台计算机及其外部设备，通过通信线路连接起来，在网络操作系统、网络管理软件及网络通信协议的管理和协调下，实现资源共享和信息传递的计算机系统称为计算机网络。PLC 与计算机之间或多台 PLC 之间也可以构成网络，实现信息交换。各 PLC 或远程 I/O 模块按功能各自放置在生产现场进行分散控制，通过网络实现互连，形成分布式网络，具有适应性强、扩展性好、维护简单等特点，得到了广泛的应用。

6.2.1 构成局域网的四大要素

控制系统中一般采用局域网，网络的拓扑结构、介质访问控制、通道利用方式和传输介质是构成局域网的四大要素。

1. 网络的拓扑结构

常用的拓扑结构有星形、树形、环形和总线型等，如图 6-8 所示。

（1）星形结构

星形网络以中央节点为中心与各节点连接组成，网络中任何两个节点进行通信都必须经过中央节点控制。星形网络具有结构简单、管理控制容易、数据流向明确、便于程序集中开发和资源共享等优点，但是电缆长度和安装工作量可观，中央节点负担较重，存在"瓶颈阻塞"和"危险集中"问题，各站点分布处理能力较低，通信线路利用率不高。星形结构常采用双绞线作为传输介质，在小系统、通信不

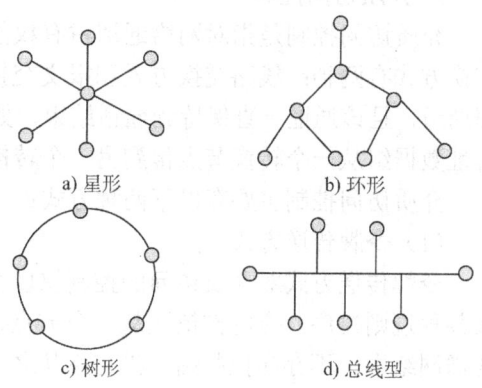

图 6-8 网络拓扑结构

频繁的场合可以使用，如上位计算机通过点对点的方式与各下位机进行通信就是星形结构。

（2）树形结构

树形结构广泛应用于分级分布通信系统中，形状像一棵倒置的树，顶端为树根，树根以下是分支，分支还可带子分支。其特点为故障隔离较容易、易于扩展。同级站点的数据传输

需要通过上一级站点的转接来实现,若某一级站点故障,其下级站点通信将瘫痪,但不会影响其上级。如果某站点连接的下级站点较多,当数据通信量大时,容易发生"瓶颈阻塞"问题。树形拓扑的缺点是各节点对根节点的依赖性较大。

(3) 环形结构

环形网络中各节点通过环路通信接口或适配器首尾相连,形成闭合环形通信线路。环形网络中的数据主要是单向传输,也可以是双向传输。环路上任何节点均可以请示发送信息,请求一旦被批准,便可以向环路发送信息。由于环线公用,节点发出的信息必须穿越所有环路接口,若信息中目的地址与某节点地址相符合,则其环路接口接收数据信息,但信息还将继续向下一节点传输,直至流回发送信息的环路节点。其特点为:结构简单,增加或减少节点操作容易,安装费用低;由于环形网络数据信息流动方向固定,大大简化了路径选择控制;节点发生故障时,可自动旁路,系统可靠性较高;但若节点过多,会影响传输效率,导致网络响应时间变长。

(4) 总线型结构

利用总线把所有节点连接起来,节点共享总线,对总线有同等访问权。总线型网络采用广播方式传输数据,任何节点发出的信息经过通信接口后,沿总线向相反两个方向传输,所有节点均可收到,节点接收目的地址与本站地址的信息。所以,总线型网络无需进行集中控制和路径选择,其结构和通信协议较简单。

在总线上,任何时刻只能有一个节点发送信息,在不使用通信指挥器的分散通信控制方式中,需规定一定的防冲突通信协议,常用令牌总线网(Token-passing-bus)和冲突检测载波监听多路存取控制规约(CSMA/CD,Carrier Sense Multiple Access with Collision Detection)。两节点间通过总线直接通信,速度快、延迟开销小。某节点发生故障时,对系统影响不大,但若总线发生故障,整个通信系统将会瘫痪。通信介质常使用同轴电缆或光纤,特别适合于工业控制领域,是工业控制局域网中常用的拓扑结构。

2. 介质访问控制

介质访问控制是指对网络通道占有权的管理和控制,也称为传输控制。局域网上的信息交换方式有两种:线路交换方式和报文交换方式。前者的发送节点和接收节点间有固定的物理通道,且该通道一直保持到通话结束,如电话系统;后者是"报文交换"或"包交换",把编址数据组从一个转换节点传到另一个转换节点,直到目的站点,没有固定的物理通道。

介质访问控制主要有以下两种方式:

(1) 令牌传送方式

令牌传送方式对介质访问的控制权以令牌为标志。令牌是一组二进制码,网络上的节点按某种规则排序,令牌被依次从一个节点传到下一个节点,谁有令牌谁就有传输权限。令牌传送网络中,不存在控制站,没有主从之说,若已发送完信息或无信息发送则将令牌传至下一节点。令牌传送方式结构简单、成本低,可在任何拓扑结构上实现,但常用于总线型和环形网络,称为令牌总线(Token Bus)和令牌环(Token Ring)。

令牌总线是一种在总线拓扑结构中利用令牌作为控制节点访问公共传输介质的确定型介质访问控制方法,被 IEEE 802.4 工作组标准化。令牌有"空"、"忙"两个状态,任何节点只有在取得令牌后才能使用共享总线去发送数据。发送站首先把令牌置为"忙",并写入要传输的信息、发送站名和接收站名,然后将载有信息的令牌送入逻辑环进行传输,令牌沿逻辑环循环一周后返回发送站，信息被接收站复制，发送站将令牌置为"空"，再送入逻辑环供其他站使用。如果在传输过程中令牌丢失，则由监控站向网中注入一个新令牌。

令牌环网中最有影响的是 IBM 公司的 Token Ring，IEEE 802.5 标准即在此协议基础上发展而来。令牌环网的缺点是需要维护令牌，一旦失去令牌就无法工作，需要选择专门的节点监视和管理令牌。

由于令牌总线便于实现集中管理、分散控制、传输效率高，能在重负荷下提供实时同步操作，适于频繁、较短的数据传输，颇受工业界青睐，也用于需要进行实时通信的工业控制网络系统。

(2) 争用方式

争用方式允许网络中各节点自由发送信息。当两个以上节点同时发送时会出现线路冲突，需要做些规定加以约束，目前常用的是 CSMA/CD 规约。该规约要求节点"先听后讲、边听边讲"：发送前先监听，若总线空则可以发送，在发送报文开始的一段时间仍然监听总线，边发送边接收，将接收到的信息和自己发送的信息作比较，如果相同则继续发送，如果不同说明发生冲突，则立即停止发送报文，并发送冲突标志。

CSMA/CD 允许各站平等竞争，实时性好，具有控制分散、效率高的优点，适合于轻负载场合，而令牌传送方式在重负载时效率高。

3. 通道利用方式

根据数据传输系统在传输时终端形成的数据信号是否进行了频谱搬移和是否进行了调制，可将数据传输方式分为基带传输方式和频带传输方式。

模拟信号经过信源编码得到的信号称为数字基带信号。基带传输就是在数字通信的信道上直接传输数据的基带信号，不经过调制，直接送到信道传输，是最基本的数据传输方式。计算机、PLC 及其他数字设备产生的"0"和"1"的电脉冲信号序列就是基带信号。PLC 网络中大多采用基带传输，不对二进制数字信号进行任何调制，按其原有脉冲形式直接传输，但当传输距离较远时，则应考虑采用调制解调器进行频带传输。

基带传输设备成本低，适用于较小范围的数据传输。为了满足基带传输的需要，通常将单极性的脉冲序列进行适当的编码，以保证传输码型中不含直流分量，且具有一定的检测错误信号状态的能力。

基带传输的传输码型很多，常用的编码方式有曼彻斯特编码、差分双向码、信号交替反转码等，PLC 网络中通常采用曼彻斯特编码。该编码方式将每一位二进制数位的中间均设置一个跳变，从低到高的跳变表示"0"，从高到低的跳变表示"1"，如图 6-9 所示。利用跳变，很容易区分不同的二进制位，同时易实现发送方和接收方的同步。

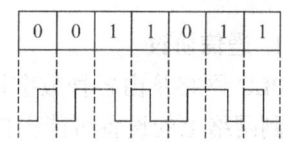

图 6-9　曼彻斯特编码

频带传输是将基带信号调制到载波信号，通过带通型模拟信道传输调制后的信号，接收方通过解调器进行解调，还原原来的基带信号。载波信号为正弦波信号，其参数为振幅、频率和相位，因此常用的调制方式有调幅（幅移键控法 ASK）、调频（频移键控法 FSK）和调相（相移键控法 PSK），分别如图 6-10a、b 和 c 所示。

调幅是根据数字信号的变化改变载波信号的幅度，如"1"时为载波信号，"0"时为 0，载波信号的频率和相位不变；调频是根据数字信号的变化改变载波信号的频率，如"1"时用高频率表示，"0"时用低频率表示，载波信号的幅度和相位不变；调相是根据数字信号的变化改变载波信号的相位，如从"0"到"1"时或从"1"到"0"时载波信号相位改变180°，载波信号的频率和幅度不变。

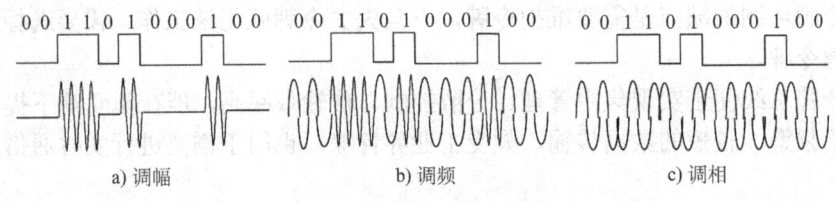

a) 调幅　　　　　　　b) 调频　　　　　　　c) 调相

图 6-10　调制方式示意图

4. 传输介质

目前，在分散控制系统中普遍使用的传输介质有：同轴电缆、双绞线和光缆。其具体性能比较见表 6-1。

表 6-1　传输介质性能比较

性　能	传　输　介　质		
	同轴电缆	双绞线	光缆
传输速率	1～450Mbit/s	9.6kbit/s～2Mbit/s	10～500Mbit/s
连接方法	点对点 多点 10km 不用中继器（宽带） 1～3km 不用中继器（基带）	点对点 多点 1～5km 不用中继器	点对点 50km 不用中继器
传输信号	调制信号，数字（基带），数字、声音、图像（宽带）	数字调制信号、纯模拟信号（基带）	调制信号，数字（基带），数字、声音、图像（宽带）
支持网络	总线型、环形	星形、环形、小型交换机	总线型、环形
抗干扰	很好	好（需外屏蔽）	极好
抗恶劣环境	好，但必须与腐蚀物隔开	好（需外屏蔽）	极好，耐高温和其他恶劣环境

6.2.2　网络协议和体系结构

1. 通信协议

PLC 网络是由各种数字设备和终端设备等通过通信线路连接起来而构成的复合系统。由于接到网络上的设备可能出自不同的制造商，采用的通信线路类型和连接方式等都可能不同，给网络各节点之间的通信带来很大的不便。为了确保数据通信双方能正确地进行通信，一个网络必须有一套全网"成员"共同遵守的约定，以便实现彼此通信和资源共享，通常把这种约定称为网络系统的通信协议。通信协议是一套语义和语法规则，用来规定有关功能部件在通信中的操作。

2. 体系结构

网络的体系结构，通常是以高度结构化的方式来设计的。通常，将一个 PLC 控制系统的控制问题分解成相对独立但又有一定联系的层面，各层执行各自承担的任务，层间设有接口。层次设计结构的好处在于：有利于实现 PLC 控制系统的智能化和网络化；适应性强，易于维护；易于与其他网络互连。

3. 开放系统的互连模型

1979年，国际标准化组织（ISO）提出了开放系统互连参考模型（OSI/RM，Open System Interconnection/Reference Model），作为通信网络国际标准化的参考模型。该模型规定了七个功能层，每层都使用自己的协议，如图6-11所示。凡遵守该标准的系统，相互间可以互相连接使用，不用对相应的信息交换和通信进行任何控制。

1）物理层的作用是在信道上传输未经处理的信息，该层协议涉及通信双方的机械、电气和连接规程，如接插件型号、最大数据传输率说明、表示信号状态的电压和电流识别、如何建立初始连接和断开连接等。RS-232C、RS-422/RS-485等就是物理层标准的例子。

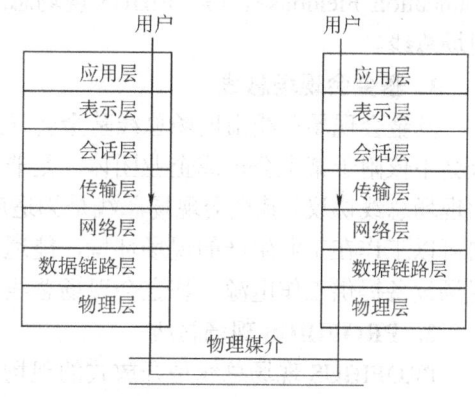

图6-11 OSI参考模型

2）数据链路层包括介质访问控制子层和逻辑链路控制子层。它把输入的数据组成数据帧，以帧为单位进行传输，每一帧包含一定数量的数据和必要的控制信息，如同步信息、地址信息、差错控制和流量控制信息等。数据链路层的任务是在两个相邻节点间的链路上，实现差错控制、数据成帧和同步控制等。

3）网络层也称为分组层，其任务是进行报文包的分段、报文包阻塞处理和通信子网路径的选择，为数据从源点到终点建立物理和逻辑的连接。

4）传输层的基本功能是流量控制、差错控制和连接支持，向上一层提供一个可靠的端到端的数据传输服务。

5）会话层为用户进程建立连接并对连接上的传输过程进行管理，即负责建立、管理与终止进程之间的会话。会话层还利用在数据中插入检验点来实现数据的同步。

6）表示层实现不同信息格式和编码之间的转换，包括数据的加密、压缩、格式转换等，保证一个主机应用层信息可以被另一个主机的应用程序理解。

7）应用层为用户的应用服务提供信息交换，为应用接口提供操作标准。

上三层总称为应用层，用来控制软件方面；下四层总称为数据流层，用来管理硬件。数据发送时，从第七层传到第一层，接收时则相反。OSI参考模型仅为各通信协议提供了一种主体结构，以供选择，并非所有的通信协议都必需全部是七层，如有的现场总线（Fieldbus）就只采用了第一、二和七层。

6.2.3 现场总线概述

现场总线是当前工业自动化研究的热点之一，是近年来迅速发展的工业数据总线。国际电工委员会IEC61158给出的定义为"现场总线是安装在制造和过程区域的现场装置与控制室内的自动控制装置之间的数字式、串行、多点通信的数据总线"。现场总线使用简单、可靠、经济实用，受到各自动化制造商和用户的关注。PLC生产厂商将现场总线技术应用于产品之中并构成工业局域网的最底层，给传统的工业控制带来革命性的突破。

现场总线以开放的、独立的、全数字化的双向多变量通信代替 4~20mA 现场仪表信号。现场总线的 I/O 集检测、数据处理、通信为一体，能够代替变送器、调节器等，成本大大降低，能够与 PLC 组成廉价的 DCS。目前，比较著名的现场总线包括基金会现场总线（FF，Foundation Fieldbus）、PROFIBUS 现场总线（Process Fieldbus）、LonWorks 现场总线和 CAN 现场总线。

1. 基金会现场总线

基金会现场总线由现场总线基金会开发，1996 年颁布了低速总线标准 H1。现场总线基金会不依附于某个公司或企业团体，是非商业化的国际标准化组织，致力于建立国际上统一的现场总线协议。基金会现场总线是为适应自动化系统，特别是过程自动化系统专门设计的，它可以工作在工业生产的现场环境，能适应本质安全防爆的要求，可通过传输数据的总线为现场设备提供工作电源。基金会现场总线标准无专利许可要求，任何生产厂家都可使用。

2. PROFIBUS 现场总线

PROFIBUS 现场总线是开放式的现场总线，已被纳入现场总线国际标准 IEC 61158 和 EN 50170，是一种国际化、不依赖于设备生产厂商的现场总线标准，广泛应用于制造业自动化、楼宇、交通、电力等自动化领域。PROFIBUS 现场总线是用于工厂自动化车间级监控、现场设备层数据通信与控制的现场总线技术，能够实现现场设备层到车间级监控的分散式数字控制和现场通信网络，从而为实现工厂综合自动化、现场设备智能化提供可行性方案。

PROFIBUS 现场总线的传输速率最大为 12Mbit/s，响应时间典型值为 1ms，网络中最多可以串接 10 个中继器来延长通信距离，使用屏蔽双绞线电缆（最长 9.6km）或光缆（最长 90km）。

PROFIBUS 由三个兼容部分组成，分别为 PROFIBUS-DP（Decentralized Periphery，分布式外部设备）、PROFIBUS-PA（Process Automation，过程自动化）和 PROFIBUS-FMS（Fieldbus Message Specification，现场总线报文规范）。

PROFIBUS-DP 是一种高速低成本通信方式，用于现场层的高速数据传输，特别适合于 PLC 与现场级分布式 I/O 设备（如西门子的 ET 200）之间的通信。各主站间为令牌传递，主站与从站间为主从传送，支持单主站或多主站系统，最多可以接 127 个从站。

PROFIBUS-PA 是 PROFIBUS 用于解决过程自动化的一种方案的总称，用于过程自动化的现场传感器和执行器的低速数据传输。PROFIBUS-PA 适应所有的过程自动化领域，对防爆区域的传感器、执行器与中央控制系统的通信，PROFIBUS-PA 是优选的；另外，PROFIBUS-PA 完全满足化学工业用户组织对数字现场总线的要求。

PROFIBUS-FMS 主要用于系统级和车间级的不同供应商的自动化系统间的传输数据。FMS 提供了众多功能来保证它的普遍应用，不同的应用领域，其具体需要的功能范围必须与具体应用要求相适应。设备的功能必须结合应用来定义，称为行规。行规提供了设备的可互换性，保证了不同厂商生产的设备具有相同的通信功能。

3. LonWorks 现场总线

LonWorks 现场总线是美国 Echelon 公司 1992 年推出的局部操作网络，最初主要用于楼宇自动化，但很快发展到工业现场网络。LonWorks 技术为设计和实现可互操作的控制网络提供了一套完整、开放、成品化的解决途径。

LonWorks 技术的核心是神经元芯片（Neuron Chip），该芯片内部装有三个微处理器：MAC

处理器，完成介质访问控制；网络处理器，完成 OSI 的三至六层网络协议；应用处理器，完成用户现场控制应用。它们之间通过公用存储器传递数据。

神经元芯片设有 11 个 I/O 口，可根据需求的不同来灵活配置与外部设备的接口，如 RS-232、并口、定时/计数等，还有一个时间计数器，能完成 Watchdog、多任务调度和定时功能。LonWorks 技术能够提供完整的建网工具 LonBuild，集开发环境和编译于一体，具备 C 语言调试器，可在多个仿真器上调试应用程序，并具备网络协议分析和通信分析的功能。LonWorks 现场总线的通信协议为 LonTalk，固化在神经元芯片内，是直接面向对象的网络协议。由于硬件芯片的支持，使它实现了实时性和接口的直观、简洁等现场总线的应用要求。

4. CAN 总线

CAN 总线由德国 BOSCH 公司开发，被 ISO 制定为国际标准 ISO 11898 和 ISO 11519。由于其具有的高可靠性和良好的错误检测能力而受到重视，被广泛应用于汽车计算机控制系统和环境温度恶劣、电磁辐射强、振动大的工业环境。

另外，CAN 总线同时是 IEC 62026-3 设备网络和 IEC 62026-5 灵巧配电系统的物理层，是 IEC 62026 最主要的技术基础。

由于历史的原因，现在多种现场总线并存，IEC 的现场总线标准 IEC 61158 是迄今为止制定时间最长、意见分歧最大的标准之一。制定时间长达 12 年，经过 9 次投票在 1999 年底获得通过，包括下面 8 种现场总线类型：

1）原 IEC 61158 技术报告，即现场总线基金会的 H1。
2）Control Net（美国 Rockwell 公司支持）。
3）PROFIBUS（德国西门子公司支持）。
4）P-NET（丹麦 Process Data 公司支持）。
5）FF 的 HSE（原 FF 的 H2，高速以太网，美国 Fisher Rosemount 公司支持）。
6）Swift Net（美国波音公司支持）。
7）WorldFIP（法国 Alstom 公司支持）。
8）Inerbus（德国 Phoenix Contact 公司支持）。

各类型将自己的行规纳入 IEC 61158，且遵循以下两个原则：

1）不改变 IEC 61158 技术报告的内容。
2）不改变各行规的技术内容，各组织按 IEC 技术报告（类型 1）的框架组织各自的行规，并提供对类型 1 的网关或连接器。用户在使用各种类型时仍需要使用各自的行规。因此，IEC 61158 标准不能完全代替各行规，除非出现完整的现场总线标准。

IEC 标准的 8 种类型是平等的，类型 2~8 对类型 1 提供接口，标准并不要求类型 2~8 之间提供接口。

6.3 西门子 SIMATIC NET

现代企业一般采用多级网络的形式，西门子公司提供的典型工厂自动化系统网络结构如图 6-12 所示，主要包括现场设备层、车间监控层和工厂管理层等。

现场设备层的主要功能是连接现场设备，如分布式 I/O、传感器、驱动器和执行机构等，主要完成现场设备控制及设备间的联锁控制。西门子 SIMATIC NET 网络系统将执行器和传感器独立为一层，使用 AS-i 网络。车间监控层也称为单元层，用来完成车间生产设备间的连接，实现车间级设备的监控，可采用 PROFIBUS 现场总线或工业以太网。车间操作员工作站通过集线器与车间办公管理网连接，再通过交换机、路由器等连接到厂区骨干网，将车间数据集成到工厂管理层。

图 6-12 西门子公司提供的网络结构示意图

PLC 通信包括 PLC 与上位计算机之间、PLC 之间以及 PLC 和其他智能设备之间的通信。SIMATIC NET 是西门子公司的工业通信网络解决方案的统称，它主要包括三个层次：最上层的工业以太网、PROFIBUS 现场总线和 AS-i 网络。

6.3.1 西门子工业以太网

SIMATIC NET 的顶层为工业以太网（Industrial Ethernet），是基于 IEEE 802.3 的开放式区域和单元网络，广泛应用于控制网络的最高层，在工厂自动化系统网络中属于管理级和单元级。在技术上，工业以太网是一种基于屏蔽同轴电缆、双绞线电缆而建立的电气网络，或基于光纤电缆的网络，主要用于对时间要求不太严格，且需要大量数据传输的场合，通过网关连接远程网络。西门子的工业以太网传输速率为 10Mbit/s 或 100Mbit/s，最多 1024 个网络节点，距离可达 1.5km（电气网络）或 200km（光纤网络）。

工业以太网的应用非常普遍，涵盖各种不同的工业应用。不管是需要多高质量或完成多复杂的工业过程，工业以太网都能够提供强有力的单元层网络。

1. 以太网模块 CP243-1

CP243-1 用于将 S7-200 系统连接到工业以太网，可使用 STEP 7-Micro/WIN 对 S7-200 PLC 进行远程组态、编程和诊断，并可与 OPC 服务器进行通信。

一台 S7-200 PLC 通过工业以太网实现与其他 S7-200、S7-300 或 S7-400 PLC 的数据交换，最多可建立 8 个连接。CP243-1 可以与 CPU222、CPU224 或 CPU226 等相连接，每个 S7-200 CPU 只能连接一个 CP243-1，如果连接有多个 CP243-1，将不能保证 S7-200 系统的正常运行。

CP243-1 采用半双工或全双工通信，使用 RJ45 接口和 TCP/IP 协议，数据传输速率为 10Mbit/s 或 100Mbit/s。利用 S7-OPC 接口，通过工业以太网，PC 机的应用程序能够存取 S7-200 PLC 的数据，实现数据的可视化，还可作进一步的处理。CP243-1 使用固定的 MAC 地址，该地址不能被改变，且是全球范围惟一的。在用户程序中进行通信编程时，应使用 STEP 7-Micro/WIN 32 中的"Ethernet Wizard"。

2. 因特网模块 CP243-1 IT

CP243-1 IT 通信处理器用于将 S7-200 PCL 系统连接到工业以太网，并通过以太网进行通信，使用 STEP 7-Micro/WIN 4.0 可以通过工业以太网对 S7-200 PLC 进行组态、编程和诊断。通过 CP243-1 IT，一台 S7-200 PLC 可以通过以太网与其他 S7-200、S7-300 或 S7-400 PLC 控制器通信，也可与 OPC 服务器 PC 进行通信。

基于 CP243-1 IT 的 IT 功能，可以实现监控，可通过 Web 浏览器从连网的工控机中控制自动化系统，其诊断报文可通过 E-mail 在系统中发送，非常容易地实现与其他计算机或控制器交换全部文件。

CP243-1 IT 与 CP243-1 完全兼容,可以与各种不同类型的 S7-200 CPU 相连接,如 CPU222、CPU224 或 CPU226 等。每个 S7-200 CPU 只能连接一个 CP243-1 IT,如果还连接有其他 CP243-1 或 CP243-1 IT,S7-200 PLC 系统将不能正常运行。

CP243-1 IT 基于标准 TCP/IP 进行通信,通过 RJ45 进行以太网访问,最多可同时与 8 个 S7 控制器通信,可提供与 S7-OPC 的连接,且既可作为客户机也可用作服务器。CP243-1 IT 具有的 IT 功能主要有:可以作为 SMTP 客户机发送 E-mail,除了纯粹的文本信息外,还可传送嵌入的变量;作为 HTTP 服务器,可同时通过最多 4 个 Web 浏览器读和写 S7-200 PLC 的过程数据和状态数据;可用于 S7-200 PLC 系统诊断和过程变量访问的 HTML 页面;可用于访问 CP243-1 IT 文件系统的 FTP 服务器,也可用于与 FTP 服务器进行数据交换的 FTP 客户机。

6.3.2　PROFIBUS 现场总线

PROFIBUS 现场总线的基本介绍见 6.2.3 节。

PROFIBUS 现场总线提供令牌传递方式和主从方式两种基本的介质存取控制。前者可以保证每个主站在事先规定的时间间隔内都能获得总线控制权;后者允许主站在获得总线控制权时,能够与从站通信,可以向从站发送或获取信息。PROFIBUS 可以实现三种系统配置:单主站、多主站和多主站-多从站。

S7-200 CPU 通过 PROFIBUS-DP 扩展从站模块 EM 277 连接到 PROFIBUS 网络,波特率为 9.6kbit/s～12Mbit/s。作为 DP 从站,EM 277 模块接受从主站来的多种不同的 I/O 配置,向主站发送和接收不同数量的数据,该特性使用户能修改所传输的数据量,以满足实际应用的需要。EM 277 模块不仅能传输 I/O 数据,还能读写 S7-200 CPU 中定义的变量数据块,使用户能与主站交换任何类型的数据。首先,将数据移到 S7-200 CPU 的变量存储器,就可将输入值、计数值等传送至主站;从主站来的数据存储在 S7-200 CPU 的变量存储器内,并可移到其他数据区。

EM 277 模块的 DP 端口可连接到网络的一个 DP 主站,但仍能作为一个 MPI 从站与同一网络上的 S7-300/400 CPU 等其他主站进行通信。

6.3.3　AS-i 现场总线

AS-i 是执行器-传感器接口(Actuator Sensor Interface)的简称,属于西门子通信网络的底层网络。AS-i 接口是开放的国际基本标准 EN50295、IEC62026-2,世界上居领导地位的著名执行器和传感器制造商都支持 AS-i 接口。通过中继器最长通信距离可达 300m,最多 62 个从站,响应时间小于 5ms(31 个从站时)或 10ms(62 个从站时)。

工业自动化离不开传感器和执行器,很多部件为现场级运行,均需要连接到自动化系统。AS-i 总线使靠近现场的简单模块,如传感器、执行器、操作员终端等,能够连接成最底层控制系统。AS-i 接口使用未屏蔽的 2 芯线连接现场二值的执行器和传感器等 I/O 设备,代替复杂而又价格昂贵的成束电缆。

AS-i 为主从式网络,每个网段只能有一个主站,属单主站系统。主站是网络通信的中心,负责网络的初始化、设置从站地址和参数等。AS-i 从站是 AS-i 系统的输入和输出通道,仅在被主站访问时才被激活,从站触发动作或将现场信息传送给主站。若主站检测到传输错误或从站故障,则发送报文至 PLC,提醒用户进行处理。另外,在正常运行时增减从站,不会影响其他从站的通信。

CP243-2 是 SIMATIC S7-200 的 AS-i 主站通信处理器，最多可以连接 31 个 AS-i 从站。S7-200 可以连接两个 CP243-2，每个 CP243-2 的 AS-i 网络最多有 124 点数字量输入（DI）和 124 点数字量输出（DO），通过 AS-i 网络可增加 PLC 的数字量输入和输出的点数。

西门子公司的 LOGO!微型处理器可以接入 AS-i 网络。西门子公司还提供电动机起动器、带 AS-i 接口的接近开关等各种各样的 AS-i 产品。利用这些产品，许多工厂由原先的人工现场管理逐步转向网络远程监控自动管理，使生产自动化水平、工作效率等得到明显提高，实现了设备运行的无人值守，对恶劣环境下运行的仪器设备更为重要。

6.4 S7-200 PLC 的网络通信

6.4.1 S7-200 PLC 的通信协议

S7-200 PLC 安装有串行通信接口，其中 CPU221、CPU222 和 CPU224 为一个 RS-485 接口，定义为 PORT0；CPU224XP 和 CPU226 为两个 RS-485 接口，定义为 PORT0 和 PORT1。S7-200 PLC 支持多种通信协议，如 PPI（Point-to-Point Interface，点对点接口）通信协议、MPI（Multipoint Interface，多点接口）通信协议和 PROFIBUS 通信协议。

这些都是异步、基于字符的协议，带有起始位、8 位数据、偶校验和 1 个停止位。通信帧由特殊的起始和结束字符、源地址、目的站地址、帧长度及数据完整性检查组成。只要使用相同的波特率，三个协议可以在一个网络中同时运行而不互相影响。

协议支持一个网络上的 127 个地址（0~126），网络上最多有 32 个主站。为了通信，网络上所有的设备必须具有不同的地址。运行 STEP 7-Micro/WIN 4.0 的 SIMATIC 编程器或计算机的默认地址为 0，操作面板（如 TD200、OP3 和 OP7）默认为 1，PLC 默认为 2。

1. PPI 通信协议

PPI 通信协议是西门子公司专门为 S7-200 PLC 开发的通信协议，内置于 S7-200 CPU 中。PPI 物理上基于 RS-485 接口，通过屏蔽双绞线实现通信，是一个主-从通信协议。在这个协议中，网络上所有的 S7-200 CPU 都作为从站，主站为其他 CPU、SIMATIC 编程器或文本显示器 TD200，当主站发出申请或查询时，从站才进行响应。从站不初始化信息，且不能主动发出信息。

PPI 最基本的作用在于为安装 STEP 7-Micro/WIN 4.0 软件的 PC 编程时上传/下载应用程序。PPI 不限制与任意从站通信的主站数目，但一个网络中不能安装超过 32 个主站。

如果在用户程序中使用了 PPI 主站模式，S7-200 CPU 在 RUN 模式下可以作主站，使用网络读（NETR）和网络写（NETW）指令来读写另外一个 S7-200 CPU 中的数据。当 S7-200 作 PPI 主站时，它仍然可以作为从站响应其他主站的请求。

PPI 高级协议建立设备之间的逻辑连接，但设备的连接个数是有限制的：S7-200 CPU 支持 PPI 和 PPI 高级协议，允许 4 个连接；而 EM 277 仅支持 PPI 高级协议，允许 6 个连接。

2. MPI 协议

MPI 通信协议是集成在西门子公司的 PLC、操作员界面上的通信接口所使用的通信协议，用于建立小型通信网络。MPI 网络最多可接 32 个站点，一个网段最长距离为 50m，可通过

RS-485 中继器扩展通信距离。

MPI 可以是主-主协议和主-从协议。协议操作和设备类型有关：若为 S7-200 PLC，则建立主-从连接，因为 S7-200 CPU 是从站；若为 S7-300 PLC，则建立主-主连接，因为 S7-300 CPU 都是主站。

MPI 总是在两个相互通信的设备间建立连接。一个连接可能为两设备间的非公用连接，则其他主站不能干涉其已经建立的连接。S7-200 CPU 和 EM 277 模块须保留两个连接：一个给计算机或 SIMATIC 编程器，另一个给操作面板。保留的连接不能被其他类型（如 CPU）的主站使用。

MPI 的通信速率为 19.2kbit/s～12Mbit/s。连接 S7-200 CPU 通信口时，最高速率为 187.5kbit/s，如果要求高于 187.5kbit/s ，则必须使用 EM 277 模块连接网络。PC 运行 STEP 7-Micro/WIN 4.0 与 S7-200 CPU 通信必须通过通信处理器卡（CP）。

通过 S7-200 CPU 建立一个非保留的连接，S7-300 CPU 和 S7-400 CPU 可以与 S7-200 CPU 或 EM 277 模块进行通信。利用 XGET 和 XPUT 指令，S7-300 CPU 和 S7-400 CPU 可以读写 S7-200 CPU 的 V 存储区，通信数据包最大为 64B。S7-200 无需编写通信程序，可通过指定的 V 存储区与 S7-300/400 交换数据。

3. PROFIBUS 通信协议

PROFIBUS 通信协议通常用于实现与分布式 I/O（远程 I/O）的高速通信。许多厂家都生产 PROFIBUS 设备，包括简单的输入或输出模块、电动机控制器和 PLC。

S7-200 CPU 通过 PROFIBUS-DP 扩展从站模块 EM 277 连接到 PROFIBUS 网络，PROFIBUS 网络通常有一个主站和若干个 I/O 从站。主站设备通过组态可以知道 I/O 从站的类型和站号。主站初始化网络，并核对网络中从站设备和组态是否相匹配。主站不断地将输出数据写到从站，并读取从站数据。

当一个 DP 主站成功地组态了一个 DP 从站时，它就拥有了该从站设备。如果在网络上有第二个主站设备，那么它对第一个主站的从站访问将会受到限制。

4. TCP/IP

通过以太网扩展模块 CP243-1 或互联网扩展模块 CP243-1 IT，S7-200 将能支持 TCP/IP 以太网通信，计算机则应安装以太网网卡。CP243-1 和 CP243-1 IT 的波特率为 10～100Mbit/s。

5. 自由端口模式

自由端口模式允许应用程序控制 S7-200 的 CPU 通信端口。S7-200 PLC 在此模式下能够与任何已知协议的智能设备通信，如 Modbus RTU 通信、与西门子变频器的 USS 通信等都是建立在自由端口模式基础上的通信协议。

自由端口模式通过接收中断、发送中断、发送指令（XMT）和接收指令（RCV），使用户程序能控制通信口的操作，且通信协议完全由用户程序控制。通过 SM30 允许自由端口模式，但只有在 RUN 模式下才能允许，在 STOP 模式下自由端口模式停止，转换成 PPI 协议操作。

6.4.2 S7-200 PLC 的通信网络配置

1. 多主站 PPI 电缆

多主站 PPI 电缆用于计算机与 S7-200 PLC 之间的通信。S7-200 PLC 的通信接口为

RS-485，而计算机可以使用 RS-232C 或 USB 通信接口，因此有 RS-232C/PPI 和 USB/PPI 两种电缆。多主站电缆除完成信号转换外，还提供接口间的供电隔离功能。

RS-232C/PPI 电缆代替以前的 PC/PPI 电缆，价格便宜、使用方便，不足之处在于通信速率较低。图 6-13 和图 6-14 为 RS-232C/PPI 和 USB/PPI 多主站电缆的外观，护套上有 8 个 DIP 开关，通信波特率由 DIP 开关 1~3 位来设置，具体见表 6-2。DIP 开关第 4 和 8 位备用；第 5 位的 1 和 0 分别选择 PPI 和 PPI/自由端口模式；第 6 位的 1 和 0 分别选择远程模式和本地模式；第 7 位的 1 和 0 分别选择调制解调器的 10 位模式和 11 位模式。

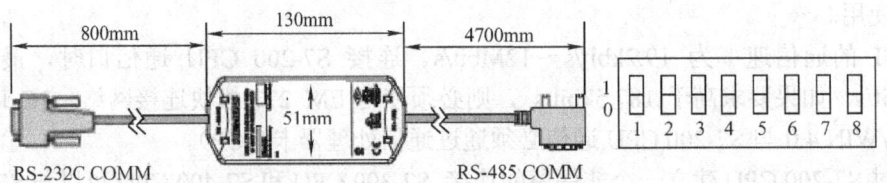

图 6-13 RS-232C/PPI 多主站电缆的外观

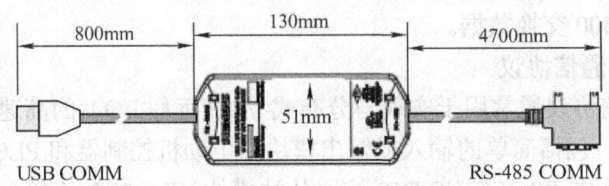

图 6-14 USB/PPI 多主站电缆的外观

使用 RS-232C/PPI 多主站电缆和自由端口模式，S7-200 CPU 能够与其他兼容 RS-232C 接口的设备通信，但需将 DIP 开关第 5 位设置为 0。当数据由 RS-232C 接口传输到 RS-485 接口时，电缆处于发送模式；当数据从 RS-485 接口传输到 RS-232C 接口时或空闲时，电缆处于接收模式。当电缆检测到 RS-232C 传输线上的字符时，会马上由接收模式转入发送模式；若 RS-232C 处于闲置时间超过切换时间，则电缆将切换至接收模式。RS-232C 传输线从空闲状态切换至接收模式的时间称为电缆的转换时间，取决于所选择的波特率。

表 6-2 多主站电缆波特率设置

波特率/（bit/s）	转换时间/ms	DIP 开关设置
115200	0.15	110
57600	0.3	111
38400	0.5	000
19200	1.0	001
9600	2.0	010
4800	4.0	011
2400	7.0	100
1200	14.0	101

如果在应用自由端口通信的系统中使用 RS-232C/PPI 多主站电缆，那么在下面两种情况时必须考虑转换时间：

（1）S7-200 CPU 响应 RS-232C 设备发送的报文。

在 S7-200 CPU 接收到 RS-232C 设备发送的请求报文后，必须经过一段时间的延时才能发送数据，该延时时间应大于或等于电缆的转换时间。

（2）RS-232C 设备响应 S7-200 CPU 发送的报文。

在 S7-200 CPU 接收到 RS-232C 设备的应答报文后，发送下一条报文的延时时间应大于或等于电缆的转换时间。

这两种情况中，延时使 RS-232C/PPI 多主站电缆有足够的时间从发送模式切换到接收模式，从而使数据从 RS-485 接口传送至 RS-232C 接口。

USB/PPI 多主站电缆不支持自由端口通信，必须安装 STEP 7-Micro/WIN V3.2 SP4 以上的版本，才能使用 USB/PPI 多主站电缆。

RS-232C/PPI 和 USB/PPI 多主站电缆都带有 LED，用来指示 PC 或网络是否正在进行通信。"Tx" LED 用来指示电缆是否在将信息传送给 PC；"Rx" LED 用来指示电缆是否在接收 PC 传来的信息；"PPI" LED 用来指示电缆是否在网络上传输信息，由于多主站电缆是令牌持有方，当 STEP 7-Micro/WIN 发起通信时，"PPI" LED 会保持点亮，当与 STEP 7-Micro/WIN 的连接断开时，"PPI" LED 关闭。在等待加入网络时，"PPI" LED 也会闪烁，闪烁频率为 1Hz。

2. CP 通信卡

在运行 Windows 操作系统的 PC 上安装 STEP 7-Micro/WIN 编程软件后，可作为网络中的主站。CP 通信卡为管理多主站网络提供硬件基础，支持多种波特率下的不同协议。表 6-3 给出了 STEP 7-Micro/WIN 支持的 CP 通信卡和波特率等信息。

表 6-3 STEP 7-Micro/WIN 支持的 CP 通信卡和协议

组 态	波特率/（bit/s）	协 议
RS-232C/PPI 和 USB/PPI 多主站电缆	9.6k～187.5k	PPI
CP5511 类型 II，CP5512 类型 II PCMCIA 卡，适用于笔记本电脑	9.6k～12M	PPI、MPI 和 PROFIBUS
CP5611（版本 3 以上）PCI 卡	9.6k～12M	PPI、MPI 和 PROFIBUS
CP1613、CP1612、SoftNet7 PCI 卡	10M 或 100M	TCP/IP
CP1512、SoftNet7 PCMCIA 卡，适用于笔记本电脑	10M 或 100M	TCP/IP

CP 通信卡价格较高，但通信速率相当高。各 CP 通信卡为网络连接提供了一个单独的 RS-485 接口，可以与 PROFIBUS 网络相连。需要注意的是，台式计算机和笔记本电脑使用不同的通信卡。

6.4.3 PPI 网络的组成形式

PPI 网络包括单主站 PPI 网络、多主站 PPI 网络和复杂 PPI 网络。

单主站 PPI 网络，编程站（主站）可以通过 PPI 多主站电缆或编程站上的通信处理器 CP 卡与 S7-200 CPU 进行通信。主站可以是安装 STEP 7-Micro/WIN 的 PC，也可以是人机界面 HMI，如 TD200 和触摸屏等。图 6-15 为单主站 PPI 网络示意图，两个网络中 S7-200 CPU 都是从站，响应来自主站的要求。对于单主站 PPI 网络，主站与一个

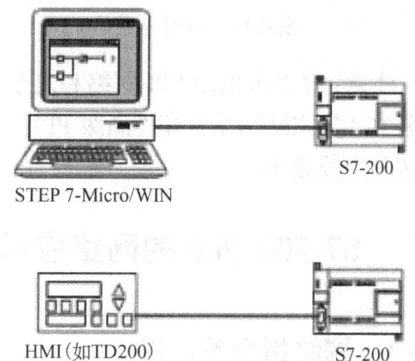

图 6-15 单主站 PPI 网络示意图

或多个从站相连,STEP 7-Micro/WIN 每次和一个 S7-200 CPU 通信,可分时访问网络中所有的 CPU。

图 6-16 为一个从站多个主站的网络示意图,编程站和 HMI 为通信网络的主站,它们的网络地址必须不同。图 6-17 为多个从站多个主站网络示意图,STEP 7-Micro/WIN 和 HMI 作为主站,可对任意 S7-200 CPU 读写数据,主站和从站设置不同的网络地址。在多主站 PPI 网络中,如果使用 PPI 多主站电缆,则该电缆作为主站,使用 STEP 7-Micro/WIN 提供的网络地址,S7-200 CPU 作为从站。

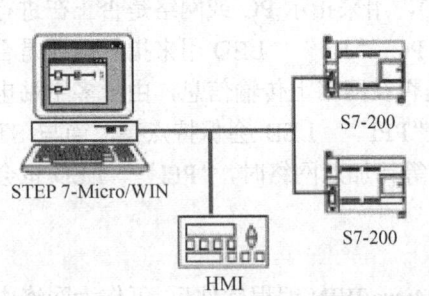 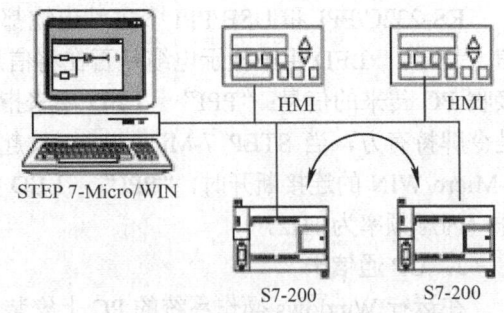

图 6-16　一个从站多个主站网络示意图　　　　图 6-17　多个从站多个主站网络示意图

图 6-18 和图 6-19 为带点到点通信的多主站复杂 PPI 网络。图 6-18 中,STEP 7-Micro/WIN 和 HMI 通过网络读写 S7-200 CPU,而 S7-200 CPU 之间则使用 NETR 和 NETW 指令相互读写数据,实现点对点通信。图 6-19 中,每个 HMI 监控一个 S7-200 CPU,而 S7-200 CPU 之间同样使用 NETR 和 NETW 指令相互读写数据,实现点对点通信。

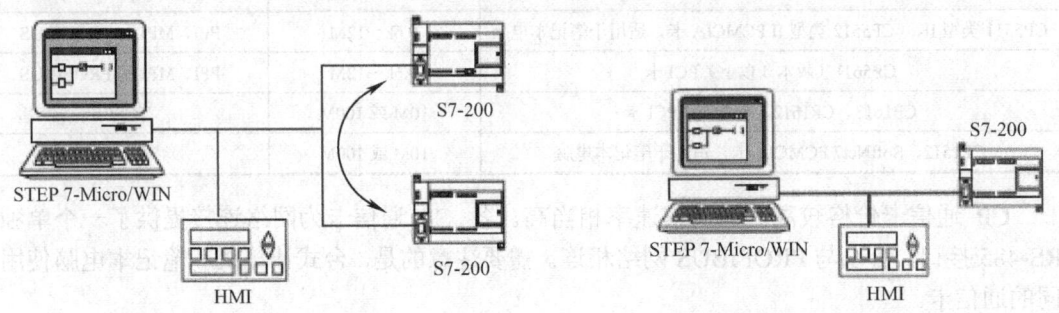

图 6-18　点对点通信　　　　　　　　图 6-19　HMI 设备及点对点通信

注意:对于多主站 PPI 网络和复杂 PPI 网络,需组态 STEP 7-Micro/WIN 以使用 PPI 协议,应选中"多主站网络"和"高级 PPI"复选框。当然,如果使用的是 PPI 多主站电缆,则可忽略这两个复选框。

6.5　S7-200 PLC 的网络应用

6.5.1　网络指令及应用

S7-200 PLC 最基本的通信方式为 PPI 方式,PPI 已内置于 CPU 中,为默认配置方式。为了进行 PPI 通信，S7-200 PLC 配备有网络读指令 NETR（Network Read）和网络写指令 NETW（Network Write）。

NETR 指令初始化通信操作，通过通信端口（PORT）从远程设备上接收数据并形成表（TBL）；NETW 指令初始化通信操作，通过指定的通信端口（PORT）向远程设备写入表（TBL）中的数据。网络读写指令如图 6-20 所示，TBL 和 PORT 均为 BYTE 型。图 6-21 给出了网络读写指令所涉及的 TBL 参数参照表。

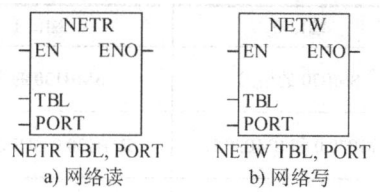

图 6-20　网络读写指令

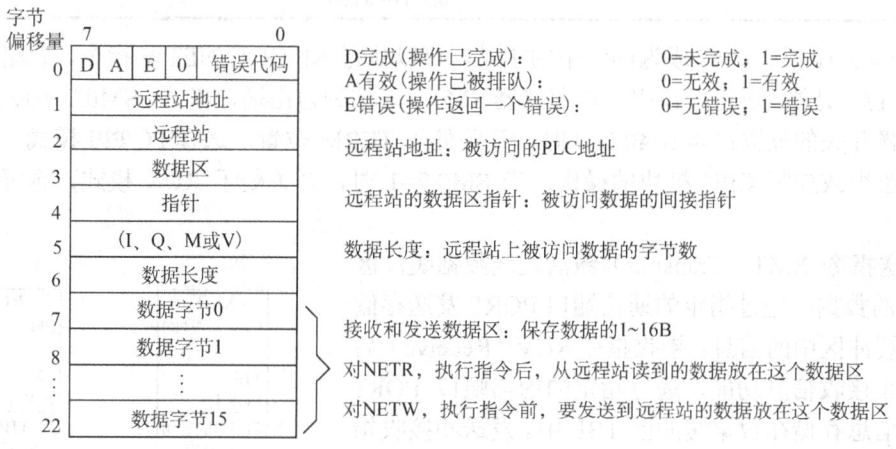

图 6-21　TBL 参数参照表及含义

NETR 指令可以从远程站点最多读取 16B 的信息，NETW 指令则可以向远程站点写最多 16B 的信息。程序中可以使用任意条数的网络读写指令，但任何时刻最多只能有 8 条指令被激活，如 4 条 NETR 指令和 4 条 NETW 指令在同一时间有效。用编程软件中的网络读写向导生成网络读写程序，该向导允许用户最多配置 24 个网络操作。

6.5.2　自由口指令及应用

PLC 的串行通信接口由用户程序来控制的操作模式称为自由端口模式，可通过发送指令、接收指令、发送中断和接收中断来控制通信口的操作。用户可以在自由端口模式下使用自己定义的通信协议来实现与智能设备的通信，支持 ASCII 和二进制协议。可以用 PC/PPI 电缆对自由端口进行通信程序调试，USB/PPI 电缆和 CP 通信卡不支持自由端口调试。

当处于自由端口模式时，通信协议完全由梯形图程序控制。要使能自由端口模式，需使用特殊存储器字节 SMB30 和 SMB130。SMB30 用于设置端口 0 的通信波特率和奇偶校验等参数；如果 CPU 模块有两个端口，则 SMB130 用于对端口 1 进行设置。用户可以对 SMB30 和 SMB130 进行读和写。见表 6-4，这些字节设置自由端口通信的操作模式，并提供自由端口和系统所支持的协议之间的选择。

只有当 CPU 处于 RUN 模式时，才能使用自由端口模式；当 CPU 处于 STOP 模式时，自由端口被禁止，CPU 进入 PPI 模式，可与编程设备通信。

表 6-4 特殊存储器字节 SMB30 和 SMB130

端口 0	端口 1	描述
SMB30 的格式	SMB130 的格式	MSB　　　　　　LSB　自由端口模式 p p d b b b m m　　的控制字节
SMB30.0 和 SMB30.1	SMB130.0 和 SMB130.1	mm，协议选择：00=PPI/从站模式（缺省设置）；01=自由端口模式；10= PPI/主站模式；11=保留
SMB30.2～SMB30.4	SMB130.2～SMB130.4	bbb，自由端口波特率：000=38400；001=19200；010=9600；011=4800；100=2400；101=1200；110=115.2k；111=57.6k
SMB30.5	SMB130.5	d，每个字符的数据位：0=8 位/字符；1=7 位/字符
SMB30.6 和 SMB30.7	SMB130.6 和 SMB130.7	pp，奇偶校验选择：00=无奇偶校验；01=偶校验；10=无奇偶校验；11=奇校验

当 mm=10 时，CPU 成为网络中的主站，可以执行 NETR 和 NETW 指令，忽略控制字节的 2～7 位。另外，还可以使用特殊存储器 SM0.7 来控制自由端口模式，SM0.7 反映的是 CPU 模式选择开关的位置：当 SM0.7=0 时，开关处于 TERM 位置，选择 PC/PPI 模式，便于用网络设备监视或控制 CPU 模块的操作；当 SM0.7=1 时，开关处于 RUN 模式，选择自由端口模式。

发送指令 XMT（Transmit）激活发送数据缓冲区 TBL 中的数据，通过指定的通信端口 PORT 发送存储在数据缓冲区中的信息；接收指令 RCV（Receive）启动或终止接收信息功能，通过指定的通信端口 PORT 接收的信息存储在数据缓冲区 TBL 中。发送和接收指令如图 6-22 所示。

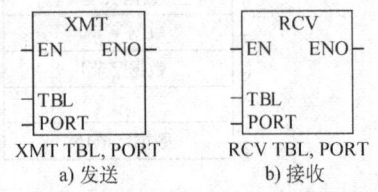

图 6-22 发送指令和接收指令形式

XMT 指令能够发送一个或多个字节的缓冲区，最多为 255 个。TBL 指定的发送缓冲区数据格式如图 6-23 所示。如果有中断程序连接到发送结束事件上，则在发送完缓冲区中的最后一个字符时，产生一个中断（对端口 0 为中断事件 9，对端口 1 为中断事件 26）。可以通过监视 SM4.5 或者 SM4.6 的变化来判断发送是否完成，不使用中断来执行发送指令，如向打印机发送信息。当端口 0 或端口 1 发送空闲时，SM4.5 或 SM4.6 置 1。

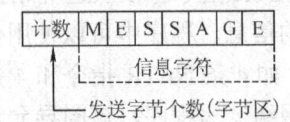

图 6-23 发送缓冲区数据格式

如果把字符数设为 0 并执行 XMT 指令，可以产生一个 BREAK 条件。以当前波特率在线上产生一个 16bit 的 BREAK 条件。发送 BREAK 和发送其他任何消息是一样的，当 BREAK 完成时，产生一个 XMT 中断，SM4.5 或 SM4.6 反映 XMT 的当前状态。

RCV 指令可方便地接收一个或多个字符，最多可以接收 255 个字符，接收缓冲区的数据格式如图 6-24 所示。缓冲区中第一个字节用来累计接收到的字节数，该字节不是接收到的。起始字符和结束字符是可选项。如果有中断程序连接到接收信息完成事件上，则在接收完缓冲区中的最后一个字符时，S7-200 产生一个中断：对端口 0 为中断事件 23，对端口 1 为中断事件 24。

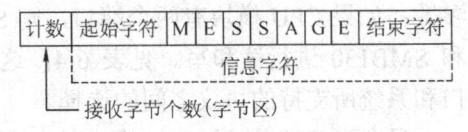

图 6-24 接收缓冲区数据格式

也可以用字符中断来控制接收数据,每接收一个字符产生一个中断。当接收一个字符时,端口 0 和端口 1 分别产生中断事件 0 和中断事件 25。

若不使用中断进行报文接收,可监视 SMB86(端口 0)或 SMB186(端口 1)的变化。当 SMB86 或 SMB186 为非 0 时,RCV 指令未被激活或接收已经结束;当 SMB86 或 SMB186 为 0 时,正在接收报文。

当超时或有校验错误时,接收报文功能会自动终止,必须为接收报文功能定义一个起始条件和一个结束条件(最大字符数)。特殊标志位 SMB86~SMB94、SMB186~SMB194 分别为端口 0 和端口 1 的接收状态字节及控制字节,见表 6-5。

表 6-5 SMB86~SMB94 和 SMB186~SMB194

端口 0	端口 1	描 述
SMB86	SMB186	MSB　　　　　　　　LSB | n | r | e | 0 | 0 | t | c | p |　报文接收的状态字节 n=1:通过用户的禁止命令终止报文接收 r=1:接收报文功能终止:输入参数错误、无起始或结束条件 e=1:接收到结束字符 t=1:接收报文终止,超时 c=1:接收报文终止,超出最大字符数 p=1:接收报文终止,奇偶校验错误
SMB87	SMB187	MSB　　　　　　　　LSB | en | sc | ec | il | c/m | tmr | bk | 0 |　报文接收的控制字节 en: 0=禁止接收报文;1=允许接收报文。每次执行 RCV 指令时检查允许/禁止接收报文位 sc: 0=忽略 SMB88 或 SMB188;1=使用 SMB88 或 SMB188 的值检测报文的开始 ec: 0=忽略 SMB89 或 SMB189;1=使用 SMB89 或 SMB189 的值检测报文的结束 il: 0=忽略 SMW90 或 SMW190;1=使用 SMW90 或 SMW190 的值检测空闲状态 c/m: 0=定时器为字符间定时器;1=定时器为报文定时器 tmr: 0=忽略 SMW92 或 SMW192;1=超过 SMW92 或 SMW192 中设置时间时终止接收 bk: 0=忽略 BREAK(间断)条件;1=用 BREAK 条件检测报文的开始
SMB88	SMB188	报文字符的开始
SMB89	SMB189	报文字符的结束
SMW90	SMW190	空闲线时间间隔(单位为 ms)。空闲线时间结束后接收的第一个字符为新报文起始字符。SMB90(或 SMB190)为高字节;SMB91(或 SMB191)为低字节
SMW92	SMW192	中间字符/报文定时器溢出值(用 ms 表示),如果超时停止接收报文。SMB92(或 SMB192)为高字节;SMB93(或 SMB193)为低字节
SMB94	SMB194	要接收到最大字符数(1~255B)。该值必须设置为期望的最大缓冲区大小,即使不使用字符计数来终止报文

RCV 指令使用 SMB87 或 SMB187 来定义报文的起始和结束条件。RCV 指令支持以下几种报文起始条件:

1)空闲线检测:空闲线条件定义为传输线路上的安静或空闲时间。空闲线时间应该大于在指定波特率下传输一个字符的时间,典型值为在制定波特率下传输 3 个字符的时间。设置:il=1,sc=0,bk=0,SMW90/SMW190=空闲线时间间隔。对于二进制协议,没有特定起始字符的协议或者指定了报文之间最小时间间隔的协议,可以使用空闲线检测作为起始条件。

2)起始字符检测:起始字符是用作报文第一个字符的任意字符。当接收到 SMB88 或

SMB188 中指定的起始字符后，报文开始。接收报文功能将起始字符作为报文的第一个字符存入接收缓冲区，忽略所有在起始字符之前接收到的字符。设置：il=0，sc=1，bk=0，忽略 SMW90/SMW190。对于所有报文都是用同一字符作为起始点的 ASCII 码协议，可以使用起始字符检测。

3）空闲线和起始字符：当 RCV 指令执行时，接收报文功能检测空闲线条件，满足后搜寻指定的起始字符。如果所接收到的字符不是起始字符，则重新检测空闲线条件。在空闲线条件满足和接收到起始字符之前接收到的字符都被忽略，将起始字符和字符串一起存入报文缓冲区。设置：il=1，sc=1，bk=0，SMW90/SMW190>0，SMB88/SMB188=起始字符。对于指定报文之间最小时间间隔并且报文首字符是特定设备站号或其他报文的协议，可以使用空闲线和起始字符为起始条件，尤其适用于通信连接上有多个设备的情况。

4）BREAK 检测：BREAK 是指在大于完整的字符传输时间内接收数据保持为 0。如果接收指令被配置为用接收一个 BREAK 作为报文的起始，则在 BREAK 之后接收到的任何字符均存入报文缓冲区。设置：il=0，sc=0，bk=0，忽略 SMW90/SMW190。只有在通信协议需要时，才使用 BREAK 检测作为起始条件。

5）BREAK 和起始字符：在 BREAK 条件满足后，接收报文功能寻找特定的起始字符。如果收到了起始字符以外的其他字符，则重新启动寻找新的 BREAK。设置：il=0，sc=1，bk=1，忽略 SMW90/SMW190，SMB88/SMB188=起始字符。

6）任意字符：RCV 指令一经执行，则立即开始接收字符，是空闲线检测的一种特殊情况。设置：il=1，sc=0，bk=0，SMW90/SMW190=0（设置的空闲线时间为 0），忽略 SMB88/SMB188。

用任意字符开始一条报文，允许使用报文超时定时器（c/m=1），从执行 RCV 指令后开始定时，时间到时强制性终止接收。这对自由端口协议的主站非常有用，且当在指定时间内没有来自从站点任何响应情况时，也需要采取超时处理。设置：il=1，sc=0，bk=0，SMW90/SMW190=0，忽略 SMB88/SMB188，c/m=1，tmr=1，SMW92=报文超时时间（ms）。

RCV 指令支持几种结束报文的方式，可以是以下一种或几种的组合：

1）结束字符检测：结束字符用于指定报文结束的任意字符。在找到起始条件之后，接收指令检查每一个接收到的字符，并判断其是否与结束字符匹配。若接收到结束字符，则将其存入报文缓冲区，接收结束。设置：ec=1，SMB89/SMB189=结束字符。对于所有报文都使用同一字符作为结束的 ASCII 码协议，可以使用结束字符检测。

2）字符间隔时间定时器：字符间隔时间是从一个字符的结束到下一个字符的结束的时间。若两个字符间的时间间隔超过 SMW92 或 SMW192 中指定的毫秒数，接收报文功能结束。每个字符接收后，字符间隔时间定时器重新启动。设置：c/m=0，tmr=1，SMW92/SMW192=超时（ms）。当协议没有特定的报文结束字符时，可以使用字符间隔时间定时器来结束报文。

3）报文定时器：报文定时器在启动报文后指定的时间终止报文。接收报文功能启动条件满足时启动报文定时器，当超出 SMW92 或 SMW192 中指定的毫秒数时，报文定时器时间到。设置：c/m=1，tmr=1，SMW92/SMW192=超时（ms）。当通信设备不能保障字符中间没有时间间隔或者使用调制解调器通信时，可使用报文定时器。

4）最大字符计数：当达到或超出 SMB94 或 SMB194 中接收到的最大字符数时，接收报文功能结束。接收指令必须知道接收报文的最大长度，以保证报文缓冲区之后的用户数据不被覆盖。对于报文长度已知并且恒定的协议，可以使用最大字符计数来结束报文。

5）奇偶校验错误：当硬件发出信号指示在接收到的字符上有奇偶校验错误时，接收指令会自动结束。只有在 SMB30 或 SMB130 中使能了校验位，才有可能出现校验错误，没有办法禁止此功能。

6）用户终止：用户程序通过执行另一个 SMB87 或 SMB187 中断使能位 EN 设置为 0 的接收指令来终止接收报文功能，可以立即终止接收报文功能。

6.6 USS 协议控制电动机驱动器

西门子公司的变频器都有串行通信接口，采用 RS-485 半双工通信方式，以 USS 协议作为现场监控和调试协议。USS 协议（通用串行接口协议）是西门子公司所有传动产品的通用通信协议，它是一种基于串行总线进行数据通信的协议，可以支持变频器同 PC 或 PLC 之间建立通信连接，适用于规模较小的自动化系统。

USS 协议是 STEP 7-Micro/WIN 32 软件工具包的一个组成部分，为主—从结构，总线上可以连接 1 个主站和最多 31 个从站（电动机驱动器，如 MM420/440 通用变频器等），各站点由惟一的标识码识别，标识码在从站参数中设置，主站根据站地址来识别从站；每个从站也只对主站发来的报文做出响应并回送报文，从站之间不能直接进行数据通信。除此之外，还有一种广播通信方式：主站同时给所有从站发送报文，从站接收报文并做出相应的响应，可以不回送报文。

6.6.1 使用 USS 协议的优点

使用 USS 协议具有以下优点：
1）对硬件设备要求低，减少了设备之间的布线。
2）无需重新连线就可以改变控制功能。
3）可通过串行接口设置或改变传动装置的参数。
4）可实时的监控传动系统。

6.6.2 USS 通信硬件连接

在条件允许的情况下，USS 主站尽量选用针对 S7-200 系列的直流型 CPU。一般情况下，USS 通信电缆采用 RS-485 屏蔽双绞线，最长可达 1000m。采用屏蔽双绞线作为通信电缆，把具有不同电位参考点的设备互连，将在互连电缆中产生不应有的电流，进而使通信口遭到损坏。要确保通信电缆所连接设备相互隔离，或使用公共电路参考点，防止不应有的电流产生。另外，屏蔽线应连接至机箱接地点或 9 针连接器的插针 1，建议将传动装置上的 0V 端子连接到机箱接地点。尽量采用较高的波特率，因为通信速率与通信距离有关，与干扰没有直接关系。终端电阻用来防止信号反射，没有抗干扰能力，因此在通信距离较近、波特率较低或点对点通信的情况下，可不用终端电阻。多点通信的情况下，只在 USS 主站上加终端电阻即可获得较好的通信效果。当使用交流型的 CPU22x 和单相变频器进行 USS 通信时，CPU22x 和变频器的电源必须同相位连接，建议使用 CPU226 或 CPU224 挂接 EM277 模块来调试 USS 通信程序。

注意：不要带电插拔 USS 通信电缆，特别是通信过程中，避免损坏传动装置和 PLC 的通信端口。倘若使用大功率传动装置，即使传动装置掉电也不要着急插拔通信电缆，要等电容放电完成后再进行。

6.6.3 USS 协议的通信报文结构

USS 协议中报文以字符 STX 开始，接着为长度说明（LGE）和地址字节（ADR），然后为数据信息，最后以数据块的检验符（BCC）结束，如图 6-25 所示。通信字符格式为 1 位起始位、1 位停止位、1 位偶校验位和 8 位数据位，USS 协议的波特率最高可达 187.5kbit/s。

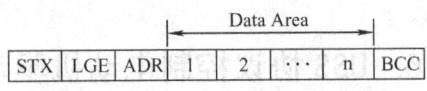

图 6-25 USS 协议通信报文格式

具体说明如下：

STX：1 个字节的 ASCII 字符，固定为 02Hex，表示报文的开始。

LGE：报文长度标识，指明报文中其后跟的字节数目，占用 1B。USS 协议中报文长度可以变化，但必须在第 2B（即 LGE）中加以说明。总线上各从站节点可采用不同长度的报文，最大长度为 256B。LGE 根据地址字节 ADR、数据字符数 n 和数据块校验字符 BCC 确定，要比实际报文总长度少 2B。由于数据信息常用固定长度为 8B 的 PKW 区和 4B 的 PZD 区，共 12 个数据字符，因此 LGE 为 14。

ADR：1 个字节，为从站（变频器）地址，其位结构如图 6-26 所示。其中，位 0～位 4 表示从站地址，从 0～31；位 5 为广播位，若将其设置为 1，则其他位应设置为 0，表示该报文为广播报文，节点号不用判定，对串行链路上所有节点都有效；位 6 表示镜像报文，需要进行节点号判定，被寻址的从站将未加更改的报文返回至主站；位 7 为不用的位，设置为 0。

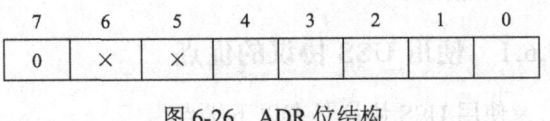

图 6-26 ADR 位结构

Data Area：数据信息，分为 PKW 区和 PZD 区，见表 6-6。

PKW 为参数数据区，定义通信双方参数传送的机制，一般为 8B，由 PKE、IND 和 PWE 三部分构成。PKE 为参数标志符，1 个字长。位 0～位 10 表示参数号；位 11 为参数改变标志，由从站设置；位 12～位 15 为报文类型，主站—从站和从站—主站各有 16 种不同的报文类型。IND 为参数标号，1 个字长。PKE 和 IND 的信息是关于主站请求的任务（任务识别标记 ID）或从站应答的报文（应答识别标记 ID）的类型。PWE 为参数的值，一般为 2 个字长，其中，PWE1 为参数值 1，PWE2 为参数值 2……。PWE 规定报文中要访问的变频器的参数号所对应的参数值。

表 6-6 数据信息

PKW			PZD
PKE	IND	PWE1…PWEn	PZD1…PZDn

PZD 为过程数据区，用来控制和监测变频器。不管在主站还是在从站，收到 PZD 总是以最高优先级加以处理，且总是传送接口最新的有效数据。一般，PZD 区为 2 个字，其数据根据报文的传送方向不同而不一样。若报文由主站发送至从站，PZD 区第 1、2 个字分别为变频

器控制字 STW 和主设置值 HSW；若报文由从站发送至主站，则 PZD 区第 1、2 个字分别为变频器的状态字 ZSW 和主要的运行参数实际值 HIW，通常将后者定义为变频器的实际输出频率值。

BCC：字节异或校验标志，为报文中位于 BCC 之前的所有字节"异或"运算的结果，用于检查报文是否有效，1B，BCC 初始值为 0。如果根据校验和的运算结果表明变频器接收到的报文无效，则丢弃该报文，且不向主站发送应答信号。

注意：若采用 USS 广播方式通信，所有的从站都通过一个简单的报文进行寻址，可以实现若干组的多台变频器同时启动和停车。其报文结构如下：

PKW 区必须为 4 个字长，且至少应使第 1 个字的位 15、位 2 和位 1 设置为 1，第 2 个字的位 15 和位 0 设置为 1，字 3 和字 4 任意，如 8006800100000000H。广播方式下，PKW 不能用于读写参数数值。

PZD 区为 2 个字长，链路上所有的变频器同时对命令和设置值作出反应，但不产生应答报文。

6.6.4 利用基本指令实现 USS 通信的编程

USS 协议是以字符信息为基本单元的协议，而 CPU22x 的自由口通信功能以 ASCII 码的形式来发送、接收信息。利用 PLC 的 RS-485 串行接口的通信功能，由用户程序完成 USS 协议功能，可实现与西门子传动装置的通信连接。

1. USS 点对点通信的编程要点

1）主站 PLC 与 USS 从站传动装置之间的通信为异步方式，负责与传动装置通信的工作程序应采用后台工作方式，如何接收、发送数据应与控制逻辑无关。用户程序通过改变 USS 报文中的 STW 及 HSW 的值，来控制变频器的启停和改变设置频率值。

2）利用发送指令将 USS 报文发送至传动装置，利用接收指令接收由变频器返回的 USS 报文。注意：同一时刻，只能有一个发送指令或接收指令被激活。

3）USS 通信程序包括通信端口初始化子程序、BCC 校验码计算子程序、数据发送子程序、数据接收子程序、通信超时响应子程序、通信流程控制子程序等，可采用中断响应的方式或查询相应标志位的方式来实现。

4）设立发送、接收数据缓冲区与映像区，用户通过改变映像区的 USS 发送报文值来控制传动装置，通过读取映像区 USS 接收报文中的状态值来判断传动装置的当前状态，防止由于干扰而接收到的错误数据导致 PLC 做出错误的判断和控制。

2. USS 多点通信的编程要点

1）控制通信的基本流程同点对点通信方式。

2）对各从站的控制应采取轮询方式，轮询程序采用后台工作方式。

3）根据各传动装置控制任务的轻重在 PLC 数据区建立从站地址表，按地址表轮询各传动装置。采用间接寻址的编程方式，可大大节省 CPU 的程序空间。

4）USS 协议的实际物理地址只有 30 个，但轮询地址表的大小无限制，其有效站地址可以在表中根据实际应用需要反复出现。实际轮询站点数越多，其轮询的间隔时间越长，而表中站地址重复次数越多，其轮询的间隔时间越短，因此必须为每个传动装置设置适当的通信超时时间以适应这种轮询间隔。

5）不同的 USS 从站可以有不同的 USS 报文结构，如 3 PKW+2 PZD、4 PKW+4 PZD、0 PKW+6 PZD 等组合，但若整个系统要支持广播方式，则 USS 网络中的所有从站都必须有相同的 PKW 区。

6）传动装置对以广播方式发送的指令做出响应后，不回送报文，因此 PLC 可以不再进入数据接收状态。

6.7 使用 USS 协议库控制 MicroMaster 变频器

变频器具有调节范围宽、精度高、可靠性好、效率高、操作方便、便于与其他设备连接和通信等优点。随着产品性能的不断提高和价格的下降，变频器在工业控制中的应用越来越广泛。利用 PLC 通信来监控变频器，接线少、传送信息量大，可以连续地对多台变频器进行监控。利用 USS 协议，通过子程序调用的方式，用户程序可以实现 S7-200 PLC 与西门子 MicroMaster 变频器之间的通信。

在使用 USS 协议前，需先安装西门子的指令库：安装 STEP 7-Micro/WIN 后，继续安装"Toolbox_V32-STEP 7-Micro/WIN 32 Instruction Library"。这样，USS 协议指令就在指令树的"\指令\库"中出现文件夹"USS Protocol"，有用于通信协议的子程序和中断程序。

USS 指令库可以对西门子公司生产的 MicroMaster 系列（MM420、MM430、MM440、MM3 等）、MasterDrive（6SE70 交流变频和 6RA70 直流驱动装置）以及 SINAMICS 系列变频器进行串行通信控制。

6.7.1 使用 USS 协议专用指令的要求

STEP 7-Micro/WIN 指令库提供 14 个子程序、3 个中断程序和 8 条指令来支持 USS 协议。调用一条 USS 指令，将自动增加一个或多个相关子程序。USS 协议指令使用 S7-200 CPU 中的资源如下：

1）初始化 USS 协议使 S7-200 的一个端口专用于 USS 通信。使用 USS_INIT 指令为 Port0 选择 USS 或 PPI；使用 USS_INIT_P1 将 Port1 分配给 USS 通信。当一个端口选择 USS 协议与驱动器通信时，不能再将其用于其他用途，包括与 STEP 7-Micro/WIN 通信。只有通过执行另外一条 USS_INIT 指令、USS_INIT_P1 指令重新设置 Port0/1，或将 CPU 模式开关置于 STOP 位置，才能重新使端口用于与 STEP 7-Micro/WIN 的通信。当然，设置为 PPI 后，停止了与驱动的通信，也就停止了驱动。

建议：用户在使用 USS 协议开发应用程序时，应选择 CPU224XP、CPU 226 或通过 EM 277 PROFIBUS-DP 模块连接至计算机的 PROFIBUS CP 通信卡，这样可以在 USS 协议运行时用第二个通信端口去监控应用程序。

2）USS 指令影响与所分配端口 Port0/1 上自由端口通信相关的所有 SM 区。

3）USS 指令使用 14 个子程序、3 个中断程序和累加器 AC0～AC3。

4）USS 指令使用户程序对存储空间的需求最多可增加 3050B。根据所使用的特定的 USS 指令，这些指令所支持的路径使控制程序对存储空间的分摊增加 2150～3500B。

5）USS 指令的变量需要 400B 的 V 存储区，存储区的起始地址由用户指定并保留给 USS 变量。

6）某些 USS 指令需要一个 16B 的通信缓冲区，该缓冲区的起始地址由用户指定。建议为每一条 USS 指令指定一个单独的缓冲区。

7）USS 指令不能用在中断程序中。

USS 协议为中断驱动的应用程序。最糟糕的情况下，接收报文中断程序执行需要 2.5ms。这样，在执行接收报文中断程序的时间里，所有其他中断事件需排队等待。如果应用程序不能接受最糟糕情况的出现，则需要考虑采用其他解决方案去控制驱动器。

6.7.2 与变频器通信的时间要求

S7-200 的循环扫描和变频器的通信是异步的，完成一次变频器的通信通常要完成若干个循环扫描。通信时间与变频器的数目、波特率和扫描时间有关。

使用 USS_INIT 指令或 USS_INIT_P1 指令将 Port0 或 Port1 端口指定为 USS 协议后，S7-200 CPU 轮询所有被激活的变频器，轮询一遍所需的时间等于一台变频器所需的时间乘以被激活的变频器台数，见表 6-7。

表 6-7 通信时间表

波特率 /（bit/s）	对激活的变频器进行轮询的时间间隔 （无参数访问指令激活）/ms
1200	240ms（最大）×变频器数量
2400	130ms（最大）×变频器数量
4800	75ms（最大）×变频器数量
9600	50ms（最大）×变频器数量
19200	35ms（最大）×变频器数量
38400	30ms（最大）×变频器数量
57600	25ms（最大）×变频器数量
115200	25ms（最大）×变频器数量

6.7.3 使用 USS 协议指令的步骤

在 S7-200 程序中使用 USS 协议指令时应遵循下列步骤：

1）在用户程序中插入 USS_INIT 指令，该指令用于初始化或改变 USS 的通信参数，在一个循环周期内只执行一次。插入 USS_INIT 指令时会自动地加入若干个隐藏的子程序和中断服务程序。

2）在用户程序中，每个被激活的变频器只使用一条变频器控制指令 USS_CTRL。可按需求任意使用读变频器参数指令 USS_RPM_x 和写变频器参数指令 USS_WPM_x，但同一时刻只能激活其中的一条。

3）在指令树中用右键单击程序块（Program Block）图标，在弹出的菜单中执行"库存储区"命令，为 USS 指令库使用的 397B 的 V 存储区指定起始地址。

4）用变频器的操作面板设置变频器的通信参数，使之与程序中所用的波特率和从站地址相匹配。

5）连接 S7-200 和驱动之间的通信电缆。

6.7.4 USS 协议指令

1. 初始化指令 USS_INIT

初始化指令 USS_INIT 用于使能、初始化或禁止与 MicroMaster 变频器通信，其格式如图 6-27 所示。在执行其他 USS 协议指令前必须成功地执行 USS_INIT 指令，初始化指令完成后其完成位 Done 置位，才能继续执行下一条指令。

当使能端 EN 输入有效时，每次扫描都会执行 USS_INIT 指令。该指令在通信状态改变时执行一次即可，为防止多次执行该指令，可使用边缘检测指令为 EN 提供一个扫描周期的脉冲。如果 USS 协议已经初始化，欲改动初始化参数，则必须执行一条新 USS_INIT 指令。

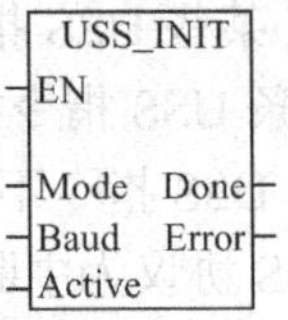

字节 Mode 用于选择通信协议。当输入值为 1 时，将 Port0 分配给 USS 协议，且允许使用该协议；当输入值为 0 时，则指定 Port0 为 PPI，并禁用 USS 协议。

双字 Baud 用于设置波特率，可设为 1200bit/s、2400bit/s、4800bit/s、9600bit/s、19200bit/s、38400bit/s、57600bit/s 或 115200bit/s。

双字 Active 用于指示哪台变频器被激活，共 32 位，每位对应一台变频器。如第 0 位为 1，表示激活 0 号变频器；若为 0 则不被激活。所有被激活的变频器都会被自动地轮询，以控制其运行和采集其状态。

当 USS_INIT 指令完成时，Done 位输出接通为"1"，输出字节"Error"包含指令执行的结果。

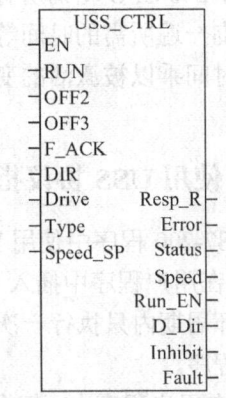

CALL USS_INIT, Mode, Baud, Active, Done, Error

图 6-27　USS 初始化指令

2. 变频器控制指令 USS_CTRL

USS_CTRL 指令用于控制激活的 MicroMaster 变频器，每台变频器只能使用一条这样的指令，其指令格式如图 6-28 所示。USS_CTRL 指令将用户命令放在一个通信缓冲区中，然后发送至所寻址的变频器中（Drive 参数），该变频器应在 USS_INIT 指令中由 Active 参数选中。每个变频器只能使用一条 USS_CTRL 指令。

EN 使能 USS_CTRL 指令，一般情况下，该指令应当始终启用。

RUN 用来指示变频器是处于接通（ON）还是断开（OFF）状态。当 RUN 为 1 时，MicroMaster 变频器接收命令，以指定的速度和方向运行；当 RUN 为 0 时，向 MicroMaster 变频器发送停止命令，斜坡减速直至电动机停止。

CALL USS_CTRL, RUN, OFF2, OFF3, F_ACK, DIR, Drive, Type, Speed_SP, Resp_R, Error, Status, Speed, Run_EN, D_Dir, Inhibit, Fault

图 6-28　变频器控制指令 USS_CTRL

为使变频器能够运行，必须满足以下条件：1）该变频器必须在 USS_INIT 中被激活；2）OFF2 和 OFF3 必须设置为 0；3）Fault 和 Inhibit 位必须为 0。

输入位 OFF2 用于允许 MicroMaster 变频器斜坡减速直至停止，而 OFF3 位则用于命令 MicroMaster 变频器快速停止。

故障确认输入位 F_ACK 用于确认变频器发生的故障。当其由 0 变 1 时，变频器将清除故障。

方向输入位 DIR 用于指示变频器向哪个方向运动。0 表示逆时针方向，1 表示顺时针方向。

Drive 是 USS_CTRL 指令发送给 MicroMaster 变频器的地址，有效地址为 0～31。

Type 用来选择变频器的类型。如果为 MicroMaster 3 或更早系列的变频器，应将 Type 设置为 0；对于 MicroMaster 4 变频器，应将 Type 设置为 1。

Speed_SP 为速度设置值,是满速的百分比,范围为-200.0%~+200.0%。其中,负值表示变频器反向旋转。

Resp_R 位应答来自变频器的响应。所有处于激活状态的变频器被轮询,获得最新的变频器状态信息。S7-200 每当接收到来自变频器的响应,Resp_R 位便接通一个扫描周期,并刷新以下各值:1)Error 为错误字节,包含对变频器最新通信请求的结果。2)Status 是由变频器返回的状态字的原始值,见表 6-8。

表 6-8 变频器标准状态字的状态位(4 系列)

位 0	变频器准备起动	0 否	1 是
位 1	变频器准备操作	0 否	1 是
位 2	变频器正在运行	0 否	1 是
位 3	变频器出现故障	0 否	1 是
位 4	OFF2 命令激活	0 是	1 否
位 5	OFF3 命令激活	0 是	1 否
位 6	接通禁止位	0 否	1 是
位 7	出现变频器报警	0 否	1 是
位 8	未使用	总为 1	
位 9	串行操作允许	0 否	1 是
位 10	已达到最大频率	0 否	1 是
位 11	电动机电流限制警告	0 是	1 否
位 12	电动机制动闸激活	0 是	1 否
位 13	电动机超载	0 是	1 否
位 14	电动机运行方向正确	0 否	1 是
位 15	变频器过载	0 是	1 否

实数 Speed 是变频器速度,用满速的百分比表示,范围为-200.0%~+200.0%。

输出位 Run_EN 用于指示变频器的状态。1 表示变频器为运行状态,0 表示已停止运行。

输出位 D_Dir 表示变频器的旋转方向。0 和 1 分别表示逆时针和顺时针旋转。

输出位 Inhibit 用于表示变频器禁止位的状态。0 为不禁止,1 为被禁止。如果要清除禁止位,则 Fault 必须为 0,RUN、OFF2 和 OFF3 输入也必须为 0。

输出位 Fault 表示故障位状态。0 表示无故障,1 表示有故障。同时,变频器上显示故障代码,要清除故障位,必须排除故障,并接通 F_ACK 位。

3. 读变频器参数指令 USS_RPM_x

用于 USS 协议的读指令有三条:USS_RPM_W、USS_RPM_D 和 USS_RPM_R,分别用于读取变频器的一个无符号字、一个无符号双字和一个实数类型的参数,指令格式如图 6-29 所示。同一时刻,只能有一条读指令处于激活状态。

当 MicroMaster 变频器确认接收到命令或返回错

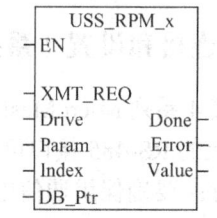

CALL USS_RPM_x, XMT_REQ, Drive, Param, Index, DB_Ptr, Done, Error, Value

图 6-29 读取变频器参数的 USS_RPM_x 指令格式

误信息时,则 USS_RPM_x 指令处理结束。在进行这一处理并等待响应期间,逻辑扫描继续执行。

EN 位必须为 1,才能启用请求报文的发送,并应保持 1 状态,直至 Done 位被置 1,表示进程结束。

当发送请求 XMT_REQ 输入有效时,USS_RPM_x 请求被传送至 MicroMaster 变频器,因此 EN 和 XMT_REQ 输入端应接同一个触点,但 XMT_REQ 输入端还应当使用脉冲边沿检测触点,每当 EN 输入端有正跳变时仅发送一个请求。

Drive 用于输入要与之通信的变频器地址,有效地址为 0~31。

Param 和 Index 分别为要读取的变频器参数编号和参数的索引值。用户必须向 DB_Ptr 输入提供一 16B 的缓冲区地址,该缓冲区用于存储向 MicroMaster 变频器发送到命令的执行结果。

Value 是返回的参数值。

当 USS_RPM_x 指令结束时,Done 输出接通,输出 Error 和 Value 中包含指令的执行结果。注意:只有 Done 位输出接通时,Error 和 Value 输出才有效。

4. 写变频器参数指令 USS_WPM_x

用于 USS 协议的写指令有三条:USS_WPM_W、USS_WPM_D 和 USS_WPM_R,分别用于向变频器写入一个无符号字、一个无符号双字和一个实数类型的参数,如图 6-30 所示。与 USS_RPM_x 指令一样,在同一时刻只能有一条写指令处于激活状态。

当 MicroMaster 变频器确认接收到命令或返回错误信息时,则 USS_WPM_x 指令处理结束。在进行这一处理并等待响应期间,逻辑扫描继续执行。

输入 EN 和 XMT_REQ 位控制电路的设计方法与 USS_RPM_x 指令相同。参数 Drive、Param、Index、DB_Ptr、Done 和 Error 的意义与 USS_RPM_x 指令也相同。

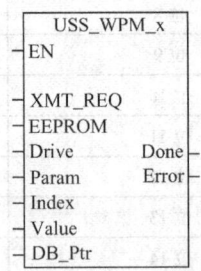

CALL USS_WPM_x, XMT_REQ, EEPROM, Drive, Param, Index, Value, DB_Ptr, Done, Error

图 6-30　改写变频器参数的 USS_WPM_x 指令格式

在 USS_WPM_x 指令中,Value 是要写到变频器 RAM 中的参数值,也可以写入变频器的 EEPROM。当输入 EEPROM 为 1 时,指令同时将参数写入变频器的 RAM 和 EEPROM;而当输入 EEPROM 为 0 时,只写入变频器的 RAM。

6.7.5　连接和设置 4 系列 MicroMaster 变频器

连接 4 系列 MicroMaster 变频器,将 RS-485 电缆的一端的两根接线与变频器的终端相连,S7-200 上的 RS-485 接口可使用标准的 PROFIBUS 连接器。

注意:要确保用通信电缆连接的所有设备具有公共电路参考点,或对其进行绝缘,以防止不应有的电流产生,损坏设备。建议将屏蔽线连接至机箱接地点或 9 针连接器的插针 1,将 MicroMaster 变频器的接线端子 2(0V)连接到外壳地上。

如图 6-31 所示,变频器接线终端的连接以数字标识,将 PROFIBUS 连接器的 A(N-)端连接至变频器 MM420 的接线端 15 或 MM440 的接线端 30,将 B(P+)端连接至变频器

MM420 的接线端 14 或 MM440 的接线端 29。

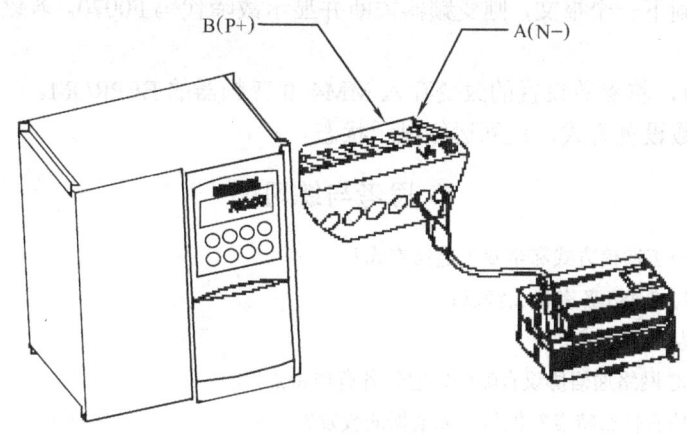

图 6-31 MM420 变频器的接线终端连接

在将变频器连接至 S7-200 并使用 USS 协议之前，必须设置变频器的系统参数。使用变频器基本操作面板按键设置，步骤如下：

1）将变频器恢复到出厂设置：P0010=30（出厂设置值）、P0970=1（参数复位）。

2）启用所有参数的读/写访问：P0003=3，用户访问级为专家级。

3）检查变频器的电动机设置：P0304=电动机额定电压（V）、P0305=电动机额定电流（A）、P0307=电动机额定功率（W）、P0310=电动机额定频率（Hz）、P0311=电动机额定转速（r/min）。

注意：要设置参数 P0304、P0305、P0307、P0310 和 P0311，必须先将 P0010 设置为 1，成为快速调试模式；当参数设置完成时，再将参数 P0010 设置为 0。只有在快速调试模式中才能更改 P0304、P0305 等参数。

4）设置 P0700=5，选择命令信号源为远程控制模式，通过 COM 链路进行通信的 USS 设置，即通过 USS 对变频器进行控制。

5）设置 P1000[0]=5，设置值信号源来自 RS-485 的 USS 通信。

6）斜坡上升时间设置，P1120=0～650.00，以秒为单位，在这个时间内，电动机加速至最高频率。

7）斜坡下降时间设置，P1121=0～650.00，以秒为单位，在这个时间内，电动机减速至完全停止。

8）设置串行链路参考频率，P2000=1～650Hz。

9）设置 USS 规格化。P2009 为 0 时，频率设置值为百分比，为 1 时为绝对频率值。

10）设置 RS-485 串行接口波特率。P2010 取不同值代表不同的波特率，取 4～9、12 分别为 2400bit/s、4800bit/s、9600bit/s、19200bit/s、38400bit/s、57600bit/s 和 115200bit/s，且应与主站点波特率相一致。

11）输入从站地址，P2011[0]=0～31。

12）设置 P2012[0]=2，即 USS PZD 区长度为 2 个字长；设置 P2013[0]=127，即 USS PKW 区长度可变。

13）设置串行链路超时，P2014=0～65535ms，这是两个输入数据报文之间的最大允许时间间隔，可用来在通信失败时关断变频器。当收到一个有效的数据报文后，开始计时，若在指定时间内未收到下一个报文，则变频器关断并显示故障代码 F0070。若该值设置为 0，则关断该控制。

14）P0971=1，将参数设置的改变存入 MM440 变频器的 EEPROM。

15）退出参数设置方式，返回运行显示状态。

思考与练习

6-1 什么是全双工通信方式和半双工通信方式？

6-2 RS-232 和 RS-485 各有什么特点？

6-3 什么是主从通信方式？

6-4 S7-200 PLC 网络通信协议有哪些？它们各有何特点？

6-5 自由口通信有什么特点？如何完成数据的收发？

6-6 S7-200 PLC 网络通信形式有哪几种？各有何特点？

6-7 MPI 通信有几种通信方式？

第 7 章 STEP 7-Micro/WIN 编程软件

STEP 7-Micro/WIN 是西门子公司专为 SIMATIC S7-200 PLC 研制开发的编程软件，它是基于 Windows 的应用软件，功能强大、简单易学，既可用于开发用户程序，又可实时监控用户程序的执行状态。本章讲述的内容是建立在 STEP 7-Micro/WIN V4.0 SP6 版本编程软件的基础上的。

7.1 编程软件概述

7.1.1 编程软件的安装与项目的组成

1. 编程软件的安装

（1）系统要求

STEP 7-Micro/WIN 软件工具包是基于 Windows 的应用软件，4.0 版本的软件安装与运行需要 Windows 2000/SP3 或 Windows XP(Home 或 Professional)操作系统，并且至少需要 100MB 的硬盘空间。为了实现 PLC 与计算机的通信，必须具备下列设备中的一种：

1) 一条 PC/PPI 电缆或 PPI 多主站电缆，它们的价格便宜，使用较多。
2) 一块插在个人计算机中的通信处理器（CP）卡和 MPI（多点接口）电缆。

（2）软件安装

STEP 7-Micro/WIN 编程软件可以从西门子公司的网站上下载，也可以用光盘安装，安装步骤如下：

1) 双击 STEP 7-Micro/WIN 的安装程序 setup.exe，则系统自动进入安装向导。
2) 在安装向导的帮助下完成软件的安装。
3) 在安装过程中，如果出现"Set PC/PG Interface（设置计算机/编程器接口）"对话框，可设置通信参数，也可以单击"取消"进入下一步，安装后再设置。
4) 软件安装结束后，出现"InstallShield Wizart"对话框，显示安装成功的信息。单击"Finish"按钮退出安装程序。
5) 如果需要安装编程软件的升级包，要通过计算机的控制面板的"添加或删除程序"命令先删除安装的编程软件，然后再安装新的升级包，最新的升级包可以从西门子公司网站下载。
6) 安装成功后，打开编程软件，选择菜单 Tools→Options→General→Chinese，再退出，重新打开编程软件，界面和帮助文件就变成中文了。

2. 项目组成

启动 STEP 7-Micro/WIN 编程软件，其主界面外观如图 7-1 所示。主界面一般可以分为以下几个部分：主菜单、工具栏、操作栏、指令树、用户窗口、输出窗口和状态栏。除菜单栏外，用户可以根据需要通过视图菜单和窗口菜单决定其他窗口的取舍和样式的设置。

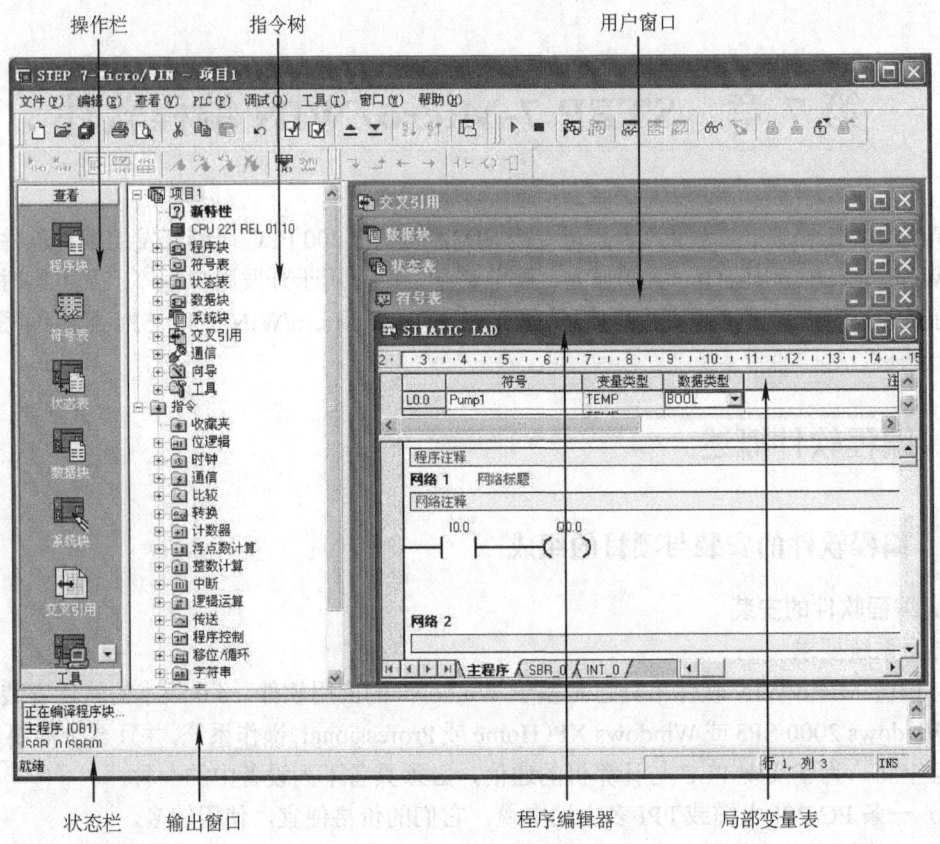

图 7-1 STEP 7-Micro/WIN 的界面

(1) 主菜单

主菜单包括文件、编辑、查看、PLC、调试、工具、窗口、帮助 8 个主菜单项。

1) 文件 (File)：文件下拉菜单包括新建、打开、关闭、保存、另存、导出、导入、上载、下载、打印预览、页面设置等操作。

2) 编辑 (Edit)：编辑下拉菜单包括撤销、剪切、复制、粘贴、全选、插入、删除、查找、替换等功能操作，与 Word 软件相类似，主要用于程序编辑工具。

3) 查看 (View)：查看菜单用于设置软件的开发环境，功能包括选择不同的程序编辑器 LAD、STL、FBD；可以进行数据块、符号表、状态表、系统块、交叉引用、通信参数的设置；可以选择程序注释、网络注释的显示与否；可以选择浏览栏、指令树及输出窗口的显示与否；可以对程序块的属性进行设置。

4) PLC：PLC 菜单主要用于与 PLC 联机时的操作，包括 PLC 类型的选择、PLC 的工作方式、进行在线编译、清除 PLC 程序、显示 PLC 信息等功能。

5) 调试 (Debug)：调试菜单用于联机时的动态调试，具有单次扫描、多次扫描、程序状态等功能。

6) 工具 (Tools)：工具菜单提供复杂指令向导 (PID、NETR/NETW、HSC 指令)，TD200 设置向导，它可以设置程序编辑器的风格，在工具菜单中添加常用工具等功能。

7) 窗口 (Windows)：窗口菜单的功能是打开一个或多个窗口，并提供窗口之间的不同排放形式，如水平、层叠、垂直。

8) 帮助（Help）：帮助菜单可以提供 S7-200 的指令系统及编程软件的所有信息，并提供在线帮助、网上查询、访问等功能，可按<F1>键。

(2) 工具栏

STEP 7-Micro/WIN 提供了两行快捷按钮工具栏，共有 4 种，可以通过"查看"→"工具栏"重设。

1) 标准工具栏，如图 7-2 所示，从左至右包括新建、打开、保存、打印、预览、剪切、复制、粘贴、撤销、编译、全部编译、上载、下载等按钮。

图 7-2 标准工具栏

2) 调试工具栏，如图 7-3 所示，从左至右包括 PLC 运行模式、PLC 停止模式、程序状态打开/暂停状态、图状态打开/暂停状态、状态表单次读取、状态表全部写入等按钮。

图 7-3 调试工具栏

3) 公用工具栏，如图 7-4 所示，从左至右依次为插入网络、删除网络、切换 POU 注释、切换网络注释、切换符号信息表、切换书签、下一个书签、上一个书签、清除全部书签、应用项目中的符号、建立未定义符号表。

4) LAD 指令工具栏，如图 7-5 所示，从左至右依次为插入向下直线、插入向上直线、插入左行、插入右行、插入触点、插入线圈、插入方框指令。

 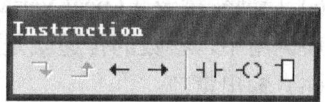

图 7-4 公用工具栏　　　　　图 7-5 LAD 指令工具栏

(3) 操作栏

显示编程特性的按钮控制群组，包括以下两个类别：

1) "视图"：选择该类别，可以使用程序块（Program Block）、符号表（Symbol Table）、状态表（Status Chart）、数据块（Data Block）、系统块（System Block）、交叉引用（Cross Reference）、通信（Communication）功能以及设置 PG/PC 接口的按钮控制。

2) "工具"：选择该类别，显示指令向导、文本显示向导、位置控制向导、EM 253 控制面板和调制解调器扩展向导等的按钮控制。

(4) 指令树

指令树提供所有项目对象和为当前程序编辑器（LAD、FBD 或 STL）提供的所有指令的树形视图。可以执行的操作如下：

1）用鼠标右键单击树中"项目"部分的文件夹,插入附加程序组织单元(POU)。

2）可以用鼠标右键单击单个 POU,打开、删除、编辑其属性表,用密码保护或重命名子程序及中断例行程序。

3）可以用鼠标右键单击树中"指令"部分的一个文件夹或单个指令,以便隐藏整个树。一旦打开指令文件夹,就可以拖放单个指令或双击,按照需要自动将所选指令插入程序编辑器窗口中的光标位置。还可以将指令拖放在自己喜爱的文件夹中,排列经常使用的指令。

(5) 用户窗口

可同时或分别打开 6 个用户窗口,分别为交叉引用、数据块、状态表、符号表、程序编辑器、局部变量表。

1）交叉引用(Cross Reference):编译程序后,要想了解程序中是否已经使用和在何处使用某一符号名或存储区赋值时,可使用"交叉引用"表。"交叉引用"表识别在程序中使用的全部操作数,并指出 POU、网络或行位置以及每次使用的操作数指令上下文。

2）数据块(Data Block):可以对变量存储器 V 进行初始数据的赋值或修改,并可附加必要的注释。

3）状态表(Status Chart):用于联机调试时监视各变量的状态和当前值。只需要在地址栏中写入变量地址,在数据格式栏中标明变量的类型,就可以在运行时监视这些变量的状态和当前值。

4）符号表(Symbol Table):用来建立自定义符号与直接地址间的对应关系,并可附加注释,使得用户可以使用具有实际意义的符号作为编程元件,增加程序的可读性。例如,系统的停止按钮的输入地址为 I0.0,则可以在符号表中将 I0.0 的地址定义为"stop",这样梯形图所有地址为 I0.0 的编程元件都由"stop"代替。

当编译后,将程序下载到 PLC 中时,所有的符号地址都将被转换成绝对地址。

5）程序编辑器(Program Editor):可以用梯形图、语句表或功能块图程序编辑器编写和修改用户程序。

6）局部变量表(Local Variable Table):每个程序块都对应一个局部变量表,在带参数的子程序调用中,参数的传递就是通过局部变量表进行的。

(6) 输出窗口

用来显示 STEP 7-Micro/WIN 程序编译的结果,当输出窗口列出程序错误时,双击错误信息,会在程序编辑器窗口中显示出错的网络。

(7) 状态栏

状态栏也称为任务栏,用来显示软件执行情况,编辑程序时显示光标所在的网络号、行号和列号,运行程序时显示运行的状态、通信波特率、远程地址等信息。

7.1.2 通信参数的设置与在线连接的建立

1. PC/PPI 电缆的安装与设置

将 PPI 电缆 RS-232 端(标识为"PC")连接到计算机的 RS-232 通信接口,连接 RS-485 端(标识为"PPI")到 S7-200 通信接口,并拧紧两边接口的螺钉。然后进行下列设置:

1）双击指令树"通信"文件夹中的"设置 PG/PC 接口"图标,在打开的对话框中设置编程计算机的通信参数。

2）双击指令树"系统块"中的"通信端口"图标，设置 PLC 通信接口的参数，如图 7-6 所示，默认的站地址为 2，波特率为 9600bit/s。设置完成后需要把系统块下载到 PLC 后才会起作用。不能确定 PLC 通信接口的波特率时，可以选中"通信"对话框中的"搜索所有波特率"多选框。

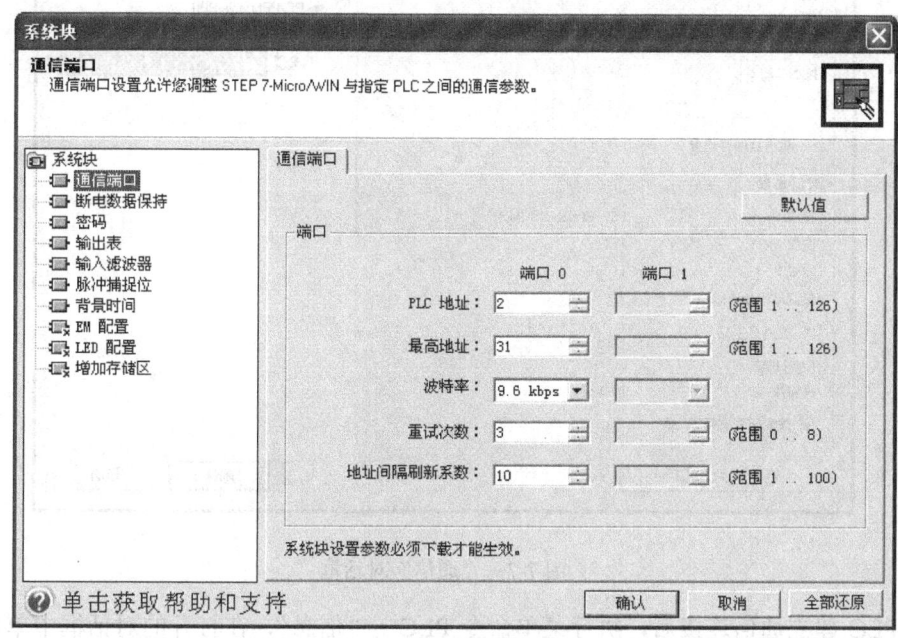

图 7-6　通信端口设置窗口

3）通过 PPI 电缆上的 DIP 开关设置 PPI 电缆的参数。DIP 开关选择的波特率应与编程软件中设置的波特率和用系统块设置的 PLC 的波特率一致。波特率为 9600bit/s，PPI 本地模式时多主站电缆的 DIP 开关应设成 01001000。

2. 计算机与 PLC 在线连接的建立

在 STEP 7-Micro/WIN 中单击查看栏中"通信"图标，或双击指令树中的"通信"图标，或执行菜单命令"查看"→"组件"→"通信"，将出现"通信"对话框，如图 7-7 所示。在将新的设置下载到 S7-200 之前，应设置远程站的地址，使它与本地 S7-200 PLC 的地址相同。

双击图 7-7 中"双击刷新"旁边的蓝色箭头组成的图标，编程软件将自动搜索连接在网络上的 S7-200，并用图标显示搜索到的所有 S7-200 CPU。双击要进行通信的站，在通信建立对话框中，可以显示所选的通信参数，也可以重新设置。

3. PLC 中信息的读取

执行菜单命令 PLC→"信息"，将显示出当前 PLC 的 RUN/STOP 状态、以 ms 为单位的扫描周期、CPU 的版本号、错误信息、I/O 模块的配置和状态。"刷新扫描周期"按钮用来读取扫描周期的最新数据。

如果 CPU 配有智能模块，要查看智能模块信息时，选中要查看的模块，单击"EM 信息"按钮，将出现一个对话框，显示模块类型、模块版本号、模块错误信息和其他有关的信息。

4. CPU 事件的历史记录

S7-200 保留一份带时间标记的 CPU 主要事件的历史记录，包括什么时候上电、什么时候进入 RUN 模式、什么时候出现了致命错误等。在使用该历史记录前，应先设置实时时钟，这样才能得到事件记录中正确的时间标记。

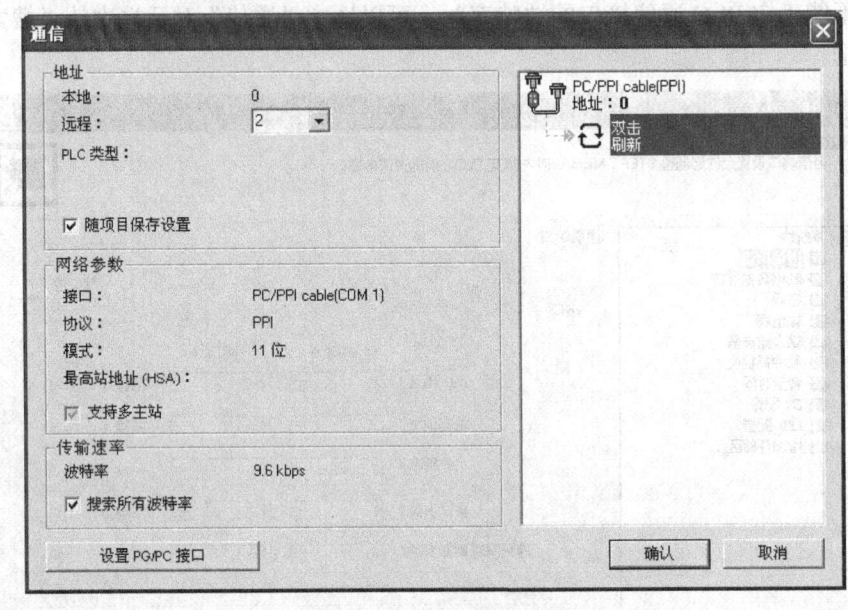

图 7-7 "通信"对话框

与 PLC 建立通信连接后，执行菜单命令 PLC→"信息"，在打开的对话框中单击"历史事件"按钮，即可以查看 CPU 事件的历史记录。

7.1.3 帮助功能的使用与 S7-200 的出错处理

STEP 7-Micro/WIN 软件具有强大的帮助功能，无论是初学者还是熟练的编程人员，都要学会使用并善于利用软件的帮助功能。

1. 使用帮助菜单

可以用下述的各种方法从菜单获得帮助：

1）用菜单命令"帮助"→"目录与索引"打开帮助窗口，在"目录"选项卡中，列出了帮助文档目录；"索引"选项卡中提供了查询功能，输入相应关键字，即可得到相关的帮助内容。

2）执行菜单命令"帮助"→"这是什么"后，出现带问号的光标，用它单击画面上的用户接口（如工具栏中的按钮、程序编辑器或指令树上的对象等），将会进入相应的帮助窗口。

3）执行菜单命令"帮助"→"网上 S7-200"，可以访问为 S7-200 提供技术支持和产品信息的西门子网站。

2. 使用在线帮助

在学习、使用编程软件过程中，如果对某个指令或功能的使用不够清楚，可以使用在线帮助功能。方法一，对有疑问的指令或功能，用鼠标右键单击，出现快捷菜单，单击快捷菜单中的"帮助"命令；方法二，用鼠标左键选中有疑问的指令或功能，按<F1>键就可以得到相关的在线帮助。

3. S7-200 的出错处理

使用 PLC 菜单中的"信息（Information）"命令，可以查看程序的错误信息。S7-200 的出错主要有以下三种：

（1）致命错误

致命错误会导致 CPU 无法执行某个功能或所有功能，停止执行用户程序。当出现致命错误时，PLC 自动进入 STOP 模式，点亮"系统错误（SF）"和"STOP"指示灯，关闭输出。消除致命错误后，必须重新启动 CPU。

有些错误使 PLC 无法进行通信，此时在计算机上看不到 CPU 的错误代码。这表示硬件出错或 CPU 模块需要修理，修改程序或清除 PLC 的存储器不能消除这种错误。

在 CPU 上可以读到的致命错误代码及描述见表 7-1。

表 7-1　致命错误代码及描述

代码	错误描述	代码	错误描述
0000	无致命错误	000B	存储器卡上用户程序检查错误
0001	用户程序编译错误	000C	存储器卡配置参数检查错误
0002	编译后的梯形图检查错误	000D	存储器卡强制数据检查错误
0003	扫描看门狗超时错误	000E	存储器卡默认输出表值检查错误
0004	内部 EEPROM 错误	000F	存储器卡用户数据、DB1 检查错误
0005	内部 EEPROM 用户程序检查错误	0010	内部软件错误
0006	内部 EEPROM 配置参数检查错误	0011	比较触点间接寻址错误
0007	内部 EEPROM 强制数据检查错误	0012	比较触点非法值错误
0008	内部 EEPROM 默认输出表值检查错误	0013	存储器卡空或 COU 不识别该卡
0009	内部 EEPROM 用户数据、DB1 检查错误	0014	比较接口范围错误
000A	存储器卡失灵		

（2）程序运行错误

在程序正常运行中，可能会产生非致命错误（如寻址错误），此时 CPU 产生的非致命错误代码及描述见表 7-2。

表 7-2　程序运行错误代码及描述

错误代码	错误描述
0000	无错误
0001	执行 HDEF 前，HSC 禁止
0002	输入中断分配冲突并分配给 HSC
0003	到 HSC 的输入分配冲突，已分配给输入中断
0004	在中断程序中企图执行 ENI、DISI 或 HDEF 指令
0005	第一个 HSC/PLS 未执行完前，又企图执行同编号的第二个 HSC/PLS（中断程序中的 HSC 同主程序中的 HSC/PLS 冲突）
0006	间接寻址错误
0007	TODW（写实时时钟）或 TODR（读实时时钟）数据错误
0008	用户子程序嵌套层数超过规定

错误代码	错误描述
0009	在程序执行 XMT 或 RCV 时,通信口 0 又执行另一条 SMT/RCV 指令
000A	HSC 执行时,又企图用 HDEF 指令再定义该 HSC
000B	在通信口 1 上同时执行 XMT/RCV 指令
000C	时钟存储卡不存在
000D	重新定义已经使用的脉冲输出
000E	PTO 个数为 0
0091	范围错误(带地址信息):检查操作数范围
0092	某条指令的计数域错误(带计数信息):检查最大计数范围
0094	范围错误(带地址信息):写无效存储器
009A	用户中断程序试图转换成自由口模式
009B	非法指令(字符串操作中起始位置指定为 0)

(3)编译规则错误

当下载一个程序时,CPU 在对程序的编译过程中如果发现有违反编译规则,则 CPU 会停止下载程序,并生成一个非致命编译规则错误代码。非致命编译规则错误代码及描述见表 7-3。

表 7-3 编译规则错误代码及描述

错误代码	错误描述
0080	程序太大无法编译,须缩短程序
0081	堆栈溢出:必须把一个网络分成多个网络
0082	非法指令:检查指令助记符
0083	无 MEND 或主程序中有不允许的指令:加条 MEND 或删除不正确的指令
0084	保留
0085	无 FOR 指令:加上 FOR 指令或删除 NEXT 指令
0086	无 NEXT 指令:加上 NEXT 指令或删除 FOR 指令
0087	无标号(LBL、INT、SBR):加上合适标号
0088	无 RET 或子程序中有不允许的指令:加条 RET 或删除不正确的指令
0089	无 RETI 或中断程序中有不允许的指令:加条 RETI 或删除不正确的指令
008A	保留
008B	从/向一个 SCR 段的非法跳转
008C	标号重复(LBL、INT、SBR):重新命名标号
008D	非法标号(LBL、INT、SBR):确保标号数在允许范围内
0090	非法参数:确认指令所允许的参数
0091	范围错误(带地址信息):检查操作数范围
0092	指令计数域错误(带计数信息):确认最大计数范围
0093	FOR/NEXT 嵌套层数超出范围
0095	无 LSCR 指令(装载 SCR)
0096	无 SCRE 指令(SCR 结束)或 SCRE 前面有不允许的指令

(续)

错误代码	错 误 描 述
0097	用户程序包含非数字编码和数字编码的 EV/ED 指令
0098	在运行模式进行非法编辑（试图编辑非数字编码的 EV/ED 指令）
0099	隐含网络段太多（HIDE 指令）
009B	非法指针（字符串操作中起始位置定义为 0）
009C	超出指令最大长度

7.2 程序的编写与传送

7.2.1 编程的准备工作

1. 创建新项目或打开已有的项目文件

创建新项目的方法：①可用菜单命令"文件"→"新建"按钮；②可用工具栏中的"新建"按钮来完成。

新项目文件名系统默认项目 1，可以通过工具栏中的"保存"保存并重新命名。每一个项目文件包括的基本组件有程序块、数据块、系统块、符号表、状态表、交叉引用及通信，其中程序块中包括 1 个主程序、1 个子程序（SBR_0）和 1 个中断程序（INT_0）。

打开已有的项目文件的方法：①可用菜单命令"文件"→"打开"按钮；②可用工具栏中的"打开"按钮来完成。项目存放在扩展名为 mwp 的文件中。

2. 确定 PLC 类型

在 PLC 编程之前，应正确地设置其型号，以防止创建程序时发生编程错误。执行菜单命令"PLC"→"类型"，调出"PLC 类型"对话框，可以选择PLC 的型号。如果已经成功地建立了通信连接，单击"读取 PLC"按钮，由 STEP 7-Micro/WIN 自动读取正确的数值。单击"确认"按钮，确认 PLC 类型，对话框如图 7-8 所示。

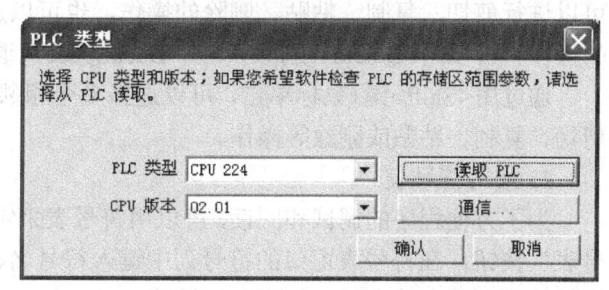

图 7-8 设置 PLC 的型号

如果指定了 PLC 型号，指令树用红色"×"表示对当前选择的 PLC 无效的指令。如果设置的 PLC 型号与 PLC 实际的型号不一致，不能下载系统块。

3. 选择编程语言与指令助记符集

执行菜单命令"工具"→"选项"命令，弹出"选项"对话框，选中左边窗口的"常规"图标，在"常规"选项卡中选择语言、默认的程序编辑器的类型，还可以选择使用 SIMATIC 编程模式或 IEC 61131-3 编程模式，一般默认选择 SIMATIC 编程模式。还可以选择使用"国际"助记符集或 SIMATIC 助记符集，它们分别使用英语和德语的指令助记符。

4. 确定程序结构

较简单的数字量控制程序一般只有主程序（OB1），系统较大、功能复杂的程序除了主程序外，可能还有子程序、中断程序和数据块。

7.2.2 编写与传送用户程序

1. 编写用户程序

编程元件包括线圈、触点、方框指令和导线等，梯形图每一个网络必须从触点开始，以线圈或没有 ENO 输出的方框指令结束。编程元件可以通过指令树、工具按钮、快捷键等方法输入。

1）将光标放在需要的位置上，单击工具栏中元件（触点、线圈或方框指令）的按钮，从下拉菜单所列出的元件中，选择要输入的元件单击即可。

2）将光标放在需要的位置上，在指令树窗口所列的一系列元件中，双击要输入的元件即可。

3）将光标放在需要的位置上，在指令树窗口所列的一系列元件中，拖动要输入的元件放到目的地即可。

4）使用快捷键：F4=触点，F6=线圈，F9=方框指令，从下拉菜单所列出的元件中，选择要输入的元件单击即可。

当编程元件图形出现在指定位置后，再单击编程元件符号的"???"，输入操作数，按回车键确定。红色字样显示语法出错，当把不合法的地址或符号改变为合法值时，红色消失。若数值下面出现红色的波浪线，表示输入的操作数超出范围或与指令的类型不匹配。

如果想编辑复杂的梯形图，单击工具栏中"上行线（Line Up）"、"下行线（Line Down）"按钮即可。

如果需要对程序进行编辑，用光标选中需要进行编辑的单元，单击右键，弹出快捷菜单，可以进行剪切、复制、粘贴、删除的操作，也可以进行插入或删除行、列、垂直线或水平线的操作。可以用<Delete（删除）>或<BackSpace（退格）>键删除个别单元格。

通过用<Shift>键+鼠标单击，可以选择多个相邻的网络。单击右键，弹出快捷菜单，进行剪切、复制、粘贴或删除等操作。

2. 编写符号表

为了方便程序的调试和阅读，可以用符号表来定义变量的符号地址。单击查看栏中的"符号表"按钮，在符号表窗口的符号列中键入符号名、在地址列中键入地址、在注释列中键入注释，即可建立符号表，如图 7-9 所示。

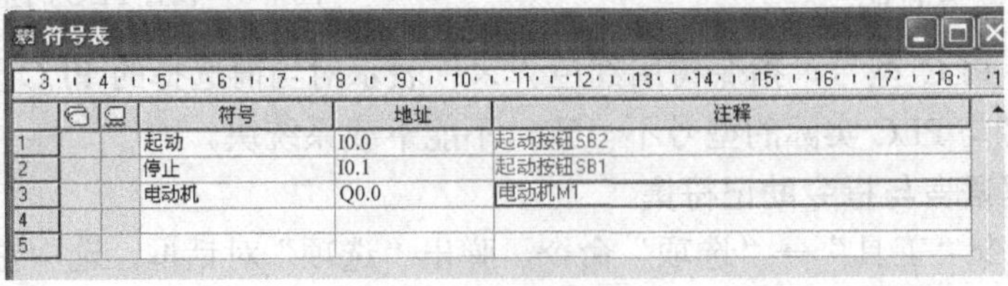

	符号	地址	注释
1	起动	I0.0	起动按钮SB2
2	停止	I0.1	起动按钮SB1
3	电动机	Q0.0	电动机M1
4			
5			

图 7-9 符号表

符号表建立后，使用菜单命令"查看"→"符号寻址"，直接地址将转换成符号表中对应的符号名；也可通过菜单命令"工具"→"选项"→"程序编辑器"标签→"符号寻址"选项，来选择操作数显示的形式："显示符号和地址"或"只显示符号"，如选择"显示符号和地址",则对应的梯形图如图 7-10 所示。

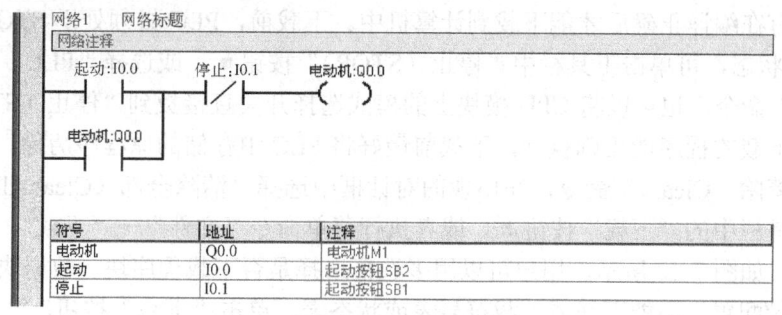

图 7-10 带符号表的梯形图

3. 局部变量表

可以拖动分割条,展开局部变量表并覆盖程序视图,此时可设置局部变量表,如图 7-11 所示。在符号列中写入局部变量名称,在数据类型列中选择变量类型后,系统自动分配局部变量的存储位置。局部变量有四种定义类型：IN(输入)、OUT(输出)、IN_OUT(输入输出)、TEMP(临时)。

IN、OUT 类型的局部变量,由调用 POU(三种程序)提供输入参数或调用 POU 返回的输出参数。

IN_OUT 类型,由调用 POU 提供参数,经子程序修改,然后返回 POU。

TEMP 类型,临时保存在局部数据堆栈区内的变量,一旦 POU 执行完成,临时变量的数据将不再有效。

	符号	变量类型	数据类型	注解
L0.0	IN1	TEMP	BOOL	
LB1	IN2	TEMP	BYTE	
L2.0	IN3	TEMP	BOOL	
LD3	IN4	TEMP	DWORD	

图 7-11 局部变量表

4. 程序注释

LAD 编辑器中提供了程序注释(POU)、网络标题、网络注释三种功能的解释,方便用户更好地读取程序,方法是单击绿色注释行输入文字即可,其中程序注释和网络注释可以通过 Common 工具栏按钮 或"查看"菜单进行隐藏或显示。

5. 编译程序

程序文件编辑完成后,可用"PLC"菜单中的"编译(Compile)"命令,或工具栏中的"编译(Compile)"按钮 、"全部编译"按钮 分别编译当前打开的程序或所有的程序。编译结束后,将在屏幕下方的输出窗口中显示编译结果、语法错误的个数、各条错误的原因和错误在程序中的位置。双击某一条错误,在程序编辑器中,光标将会自动定位到该错误所在的网络。必须改正程序中所有的错误,编译成功后,才能下载程序。对于一些逻辑错误,编译程序是不能够找到的,如果运行结果不正确,读者需要人工判断逻辑错误。

如果没有编译程序,在程序下载之前,编译软件将会自动地对程序进行编译,并在输出窗口显示编译的结果。

6. 下载程序

程序只有在编译正确后才能下载到计算机中。下载前，PLC 必须处于 STOP 状态。如果不在 STOP 状态，可单击工具栏中"停止（STOP）"按钮■，或选择"PLC"菜单中的"停止（STOP）"命令，也可以将 CPU 模块上的模式选择开关直接扳到"停止（STOP）"位置。

为了使下载的程序能正确执行，下载前最好将 PLC 中存储的原程序清除。单击"PLC"菜单中的"清除（Clear）"命令，在出现的对话框中选择"清除全部（Clear All）"即可。

单击工具栏中的"下载"按钮，或者执行菜单命令"文件"→"下载"，将会出现"下载"对话框，如图 7-12 所示。用户可以用多选框选择是否下载程序块、数据块、系统块、配方和数据记录配置，不能下载或上载符号表或状态表。单击"下载"按钮，开始下载数据。

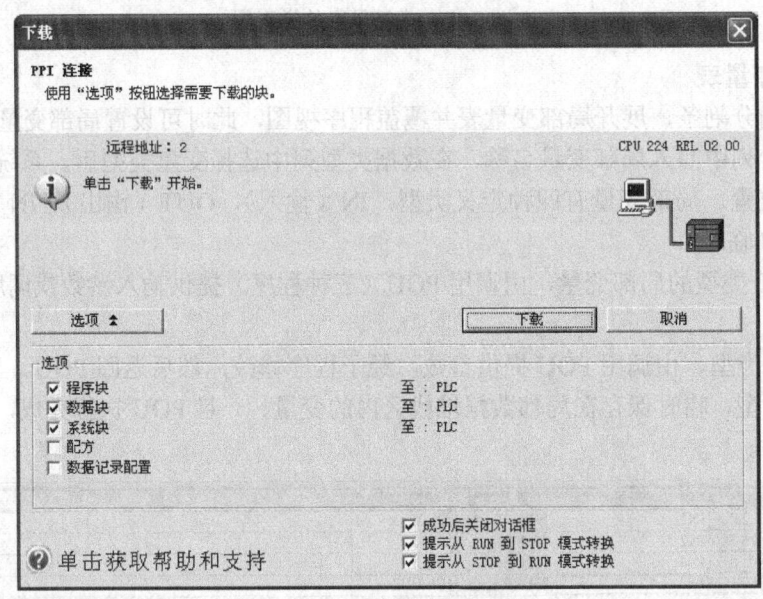

图 7-12 "下载"对话框

7. 上载程序

上载前应建立起计算机与 PLC 之间的通信连接，在 STEP 7-Micro/WIN 中新建一个空项目来保存上载的块，项目中原有的内容将被上载的内容覆盖。

单击工具栏中的"上载"按钮，或者执行菜单命令"文件"→"上载"，将会出现"上载"对话框，它与"下载"对话框的结构基本相同，只是在右下部分有"成功后关闭对话框"选项。用户可以用多选框选择是否上载程序块、数据块、系统块、配方和数据记录配置。单击"上载"按钮，开始上载数据。

7.2.3 数据块的使用

1. 在数据块中对地址和数据赋值

数据块用来对 V 存储器（变量存储器）赋初值，数字量控制程序一般不需要数据块。可用字节、字或双字赋值。下载时数据块中的数据被写入 EEPROM，因此需要断电保持的数据可以放在数据块中。

双击指令树的"数据块"文件夹中的"用户定义 1"图标，打开数据块。

数据块中的典型行包括起始地址以及一个或多个数据值，双前斜线("//")之后的注释为可选项。数据块的第一行必须包含明确的地址，以后的行可不包含明确的地址。在单地址值后面键入多个数据或键入只包含数据的行时，由编辑器进行地址赋值。编辑器根据前面的地址和数据的长度（字节、字或双字）进行赋值。数据块编辑器接受大小写字母，并允许用英语的逗号、制表符或空格作地址和数据的分隔符号。下面是数据块的例子：

VB0	255	//字节值从 VB0 开始
VW2	256	//字值从 VW2 开始
VD4	123.9	//双字真值从 VD4 开始
VW20	2, 4, 8	//从 VW20 开始的 3 个字数值
	16, 32	//该行没有明确的地址，数据值的地址为 VW26 和 VW28

2. 使用 ASCII 常量的限制

WORD（字）寻址时，常量中 ASCII 码的个数必须是 2 的整倍数。DWORD（双字）寻址时，常量中 ASCII 码的个数必须是 4 的整倍数。BYTE（字节）寻址与未定义的寻址时，对常量中 ASCII 码的个数无限制。加上可选的地址说明，数据块中的一行最多能包含 250 个字符。

3. 输入错误的显示与处理

如果数据块位于激活窗口中，可以用菜单命令"PLC"→"编译"进行编译；如果数据块不在激活窗口中，可利用菜单命令"PLC"→"全部编译"进行编译。

编译数据块时，如果编译器发现错误，将在输出窗口显示错误。双击错误信息，将在数据块窗口显示有错误的行。

在包含错误的输入行尾键入回车键，在数据块左边的区域将用叉号显示输入错误。在重新编译之前，应改正全部输入错误。

7.3 用编程软件监控与调试程序

所谓"状态监控"是指显示程序在 PLC 中执行时的有关 PLC 数据的当前值和能流状态的信息。可以使用状态表监控窗口和程序状态监控窗口读取、写入和强制 PLC 数据值。在控制程序的执行过程中，PLC 数据的动态改变可用三种不同方式查看：程序状态监控、状态表监控、趋势图显示。

7.3.1 基于程序编辑器的程序状态监控

在运行 STEP 7-Micro/WIN 的计算机和 PLC 之间建立通信，并将程序成功地向 PLC 下载，要查看监控状态的连续更新，PLC 必须位于 RUN（运行）模式。否则，只能看到 I/O 的变化（如果有）。由于 PLC 程序不再执行，I/O 状态的改变不会对程序逻辑在"状态监控"中的显示产生预期的影响。

执行菜单命令"调试"→"开始程序状态监控"，或单击工具栏中的"程序状态监控"按钮，可以用程序状态监控功能监控程序运行的情况。

1. 梯形图程序的程序状态监控

（1）运行状态的程序状态监控

必须在梯形图程序状态操作开始之前选择程序状态监控的数据采集模式,执行菜单命令"调试"→"使用执行状态"后,进入执行状态,该命令行的前面出现一个"√"号。这种状态模式,只是在 PLC 处于 RUN 模式时才刷新程序段中的状态值。

在 RUN 模式启动程序状态监控功能后,将用颜色显示出梯形图中各元件的状态(见图 7-13),左边垂直的"电源线"和与它相连的水平"导线"变为蓝色。如果位操作数为 1(ON),其常开触点和线圈变为蓝色,它们中间出现蓝色方块,有"能流"流过的"导线"也变为蓝色。如果能流流入方框指令的 EN(使能)输入端,且该指令被成功执行时,方框指令的方框变为蓝色。定时器和计数器的方框为绿色时表示它们包含有效数据。红色方框表示执行命令时出现了错误。灰色表示无能流、指令被跳过、未调用或 PLC 处于 STOP 模式。

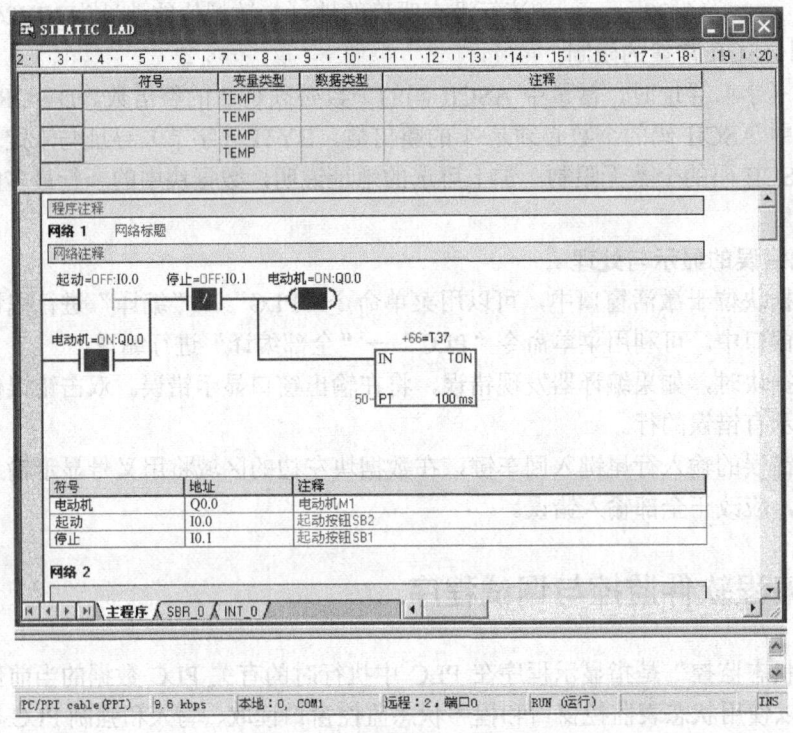

图 7-13 梯形图程序的程序状态监控

可以用菜单命令"工具"→"选项"打开选项窗口,选择"程序编辑器"选项卡,设置梯形图编辑器中栅格(即矩形光标)的宽度、字符的大小、只显示符号或同时显示符号和地址等。

只有在 PLC 处于 RUN 模式时才会显示强制状态,此时用鼠标右键单击某一元件,在弹出的菜单中可以对该元件执行写入、强制或取消强制的操作。强制和取消强制功能不能用于 V、M、AI 和 AQ 的位操作。

(2)扫描结束状态的程序状态监控

在上述的执行状态时执行菜单命令"调试"→"使用执行状态",菜单中该命令行前面的"√"号消失,进入扫描结束状态。

"扫描结束"状态显示在程序扫描结束时读取的状态结果中。这些结果可能不会反映 PLC

数据地址的所有数值变化,因为随后的程序指令在程序扫描结束之前可能会写入和重新写入数值。由于快速的 PLC 扫描周期和相对慢速的 PLC 状态数据通信之间存在的速度差别,"扫描结束"状态显示的是几个扫描周期结束时采集的数据值。

因为程序可以在采集最终"扫描结束"数值之前为相同的存储单元赋很多数值,因此,L 存储器或累加器中间的临时数值不会被显示。

2. 语句表程序的程序状态监控

启动语句表和梯形图的程序状态监控功能的方法完全相同。当打开 STL 中的程序状态监控时,程序编辑器窗口被分为一个代码区(左侧)和一个状态区(右侧),如图 7-14 所示。可以根据希望监控的数值类型定制状态区。

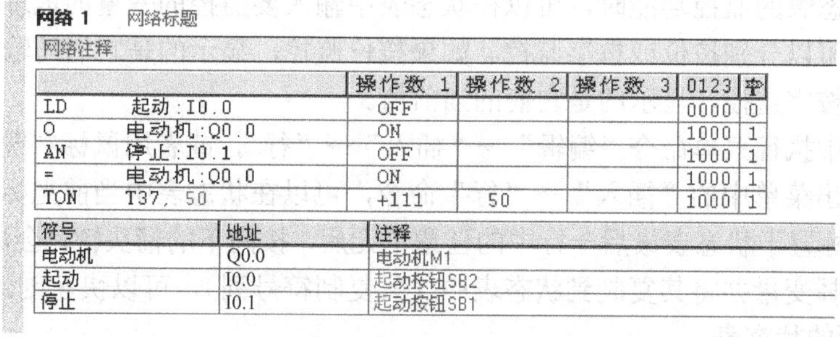

图 7-14 语句表程序的程序状态监控

在菜单命令"工具"→"选项"打开的窗口中,选择"程序编辑器"中的"STL 状态监控"选项卡(见图 7-15),可以选择语句表程序状态监控的内容,每条指令最多可以监控 17 个操作数、逻辑堆栈中 4 个当前值和 11 个指令状态位。

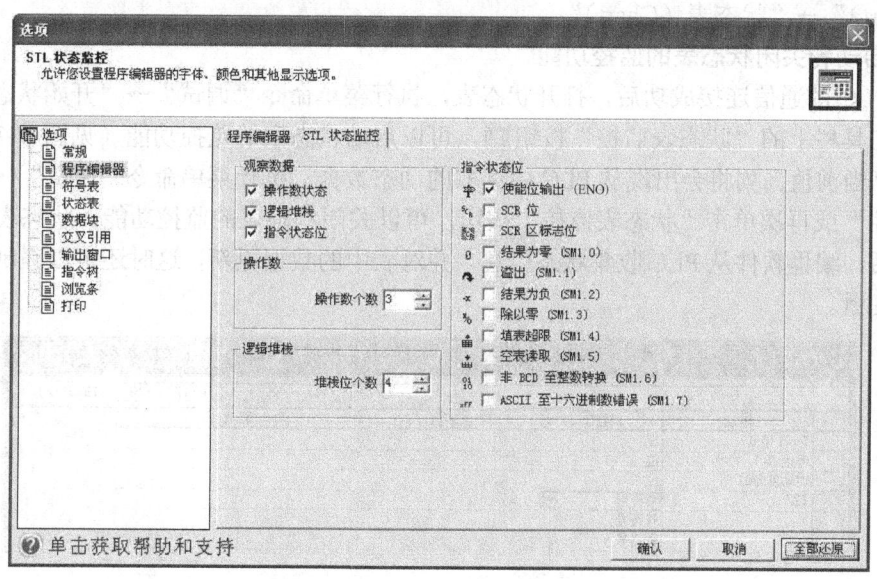

图 7-15 语句表程序状态监控的设置

状态信息从位于编辑窗口顶端的第一条 STL 语句开始显示,当向下滚动编辑窗口时,将从 CPU 获取新的信息。如果需要暂停刷新,可以单击"暂停程序状态"按钮,当前的数据保留在屏幕上，直到再次单击该按钮。

7.3.2 用状态表监控与调试程序

如果需要同时监控的变量不能在程序编辑器中同时显示，可以使用状态表监控功能。

1. 打开和编辑状态表

在程序运行时，可以用状态表来读、写、强制和监控 PLC 的内部变量。单击查看栏"状态表"图标，或双击指令树的"状态表"文件夹中的"用户定义 1"图标，或者执行菜单命令"查看"→"组件"→"状态表"，均可以打开状态表，并对它进行编辑。如果项目中有多个状态表，可以用状态表编辑器底部的标签切换它们。

未启动状态表的监控功能时，可以在状态表中输入要监控的变量的地址和数据类型，定时器和计数器可以分别按位或按字监控。如果按位监控，显示的是它们的输出位的 ON/OFF 状态；如果是按字监控，显示的是它们的当前值。

在状态表中执行菜单命令"编辑"→"插入"→"行"，或者用鼠标右键单击状态表中的单元，执行弹出菜单中的"插入"→"行"命令，可以在状态表中当前光标位置的上部插入新的行。将光标置于状态表最后一行中的任意单元后，按向下的箭头键，会添加一个新的行。在符号表中选择变量并将其复制到状态表中（只复制符号列），可以快速创建状态表。

2. 创建新的状态表

要建立一个新状态表，请确认"状态表监控"已经关闭，然后如下操作：

1）从指令树中，用鼠标右键单击"状态表"文件夹，并选择弹出菜单命令"插入（Insert）"→"状态表（Chart）"。

2）打开状态表窗口，并使用"编辑"菜单或用鼠标右键单击，调出弹出菜单，选择"插入（Insert）"→"状态表（Chart）"。

3. 启动和关闭状态表的监控功能

与 PLC 的通信连接成功后，打开状态表，执行菜单命令"调试"→"开始状态表监控"或单击工具栏上的"状态表监控"按钮 ，可以启动状态表的监控功能（见图 7-16），在状态表的"当前值"列将会出现从 PLC 中读取的动态数据。执行菜单命令"调试"→"停止状态表监控"或再次单击"状态表监控"按钮，可以关闭状态表的监控功能。状态表的监控功能启动后，编程软件从 PLC 收集状态信息，并对表中的数据更新，这时还可以强制修改状态表中的变量。

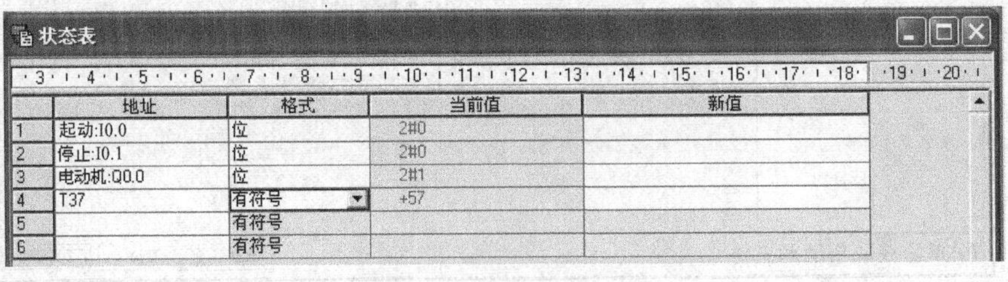

	地址	格式	当前值	新值
1	起动:I0.0	位	2#0	
2	停止:I0.1	位	2#0	
3	电动机:Q0.0	位	2#1	
4	T37	有符号	+57	
5		有符号		
6		有符号		

图 7-16 状态表监控

4. 单次读取状态信息

使用菜单命令"调试"→"单次读取"或使用"单次读取"工具栏按钮 ，可以从 PLC

收集当前的数据,并在状态表中的"当前值"列显示出来,执行用户程序时并不对它进行更新。但是如果您已经启动状态表监控,"单次读取"功能则被禁止。

要连续采集状态表信息,需要启动状态表监控,使用菜单命令"调试"→"状态表监控"或使用工具栏按钮 。

5. 趋势图

可以使用下列方法在状态表的表格视图和趋势视图之间切换:

1)使用菜单命令"查看"→"查看趋势图"。
2)用鼠标右键单击状态表,在弹出菜单中选择"查看趋势图"命令。
3)单击调试工具栏的"趋势图"按钮 。

趋势图(见图 7-17)用随时间而变的 PLC 数据绘制图形以跟踪状态数据,可以把现有的状态表在表格视图和趋势视图之间切换。新的趋势数据亦可在趋势视图中直接定义查看。趋势图显示的行号与状态表的行号对应。

图 7-17 为产生周期为 2s 的脉冲的趋势图,对应的程序如下:

```
LD      I0.0
AN      T38
TON     T37, +20
LD      T37
TON     T38, +20
=       Q0.0
```

用鼠标右键单击趋势图,执行弹出菜单中的命令,可以在趋势图运行时删除被单击的变量、插入新的行和修改趋势图的时间基准(即时间轴的刻度)。可以用秒或分为单位设置趋势图的时间基准,其默认值为 0.25s。配置的时间基准会在趋势图上用 s(秒)或 m(分)显示,其显示位置为此图顶部附近的趋势窗口时间刻度内。如果更改趋势图的时间基准,整个图的数据都会被清除并用新的时间基准重新显示。执行弹出菜单中的"属性"命令,在弹出的对话框(见图 7-18)中,可以修改被单击的行变量的地址和显示格式,以及显示时的上限和下限。

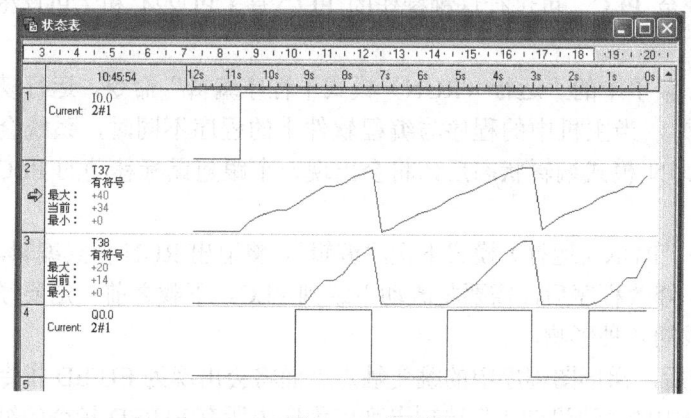
图 7-17 趋势图

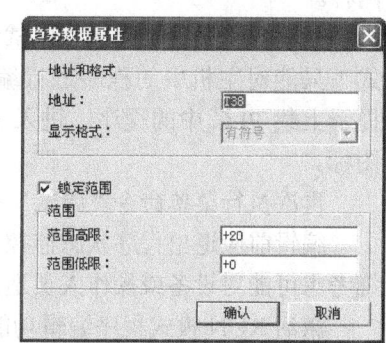
图 7-18 趋势图的属性设置

单击工具栏中的"暂停趋势图"按钮,或执行菜单命令"调试"→"暂停趋势图",可以

"冻结"趋势图。实时趋势功能不支持历史趋势，即不会保留超出一个趋势窗口的时间跨度的趋势数据。

将光标放在分隔趋势行的横线上直至出现双箭头光标，按住鼠标左键，向上拖动以减少或向下拖动以增加高度行的高度。

7.3.3 用状态表强制改变数值

1. 强制的概念

在 RUN 模式且对控制过程影响较小的情况下，可以对程序中的某些变量强制性地赋值。S7-200 允许对所有的 I/O 位以及模拟量 I/O（AI/AQ）强制赋值，还可强制改变最多 16 个 V 或 M 的数据，其变量类型可以是字节、字或双字。强制的数据永久性地存储在 CPU 的 EEPROM 中。

在读取输入阶段，强制值被当做输入读入；在程序执行阶段，强制数据用于立即读和立即写指令的 I/O 点；在通信处理阶段，强制值用于通信的读/写请求；在修改输出阶段，强制数据被当做输出写到输出电路。进入 STOP 状态时，输出将变为强制值，而不是系统块中设置的值。

2. 强制的操作方法

启动状态表的监控功能后，可以用"调试"菜单中的命令或工具栏中与调试相关的按钮执行下列操作：强制、取消强制、取消全部强制、读取全部强制、单次读取和全部写入。用鼠标右键单击状态表中的某个操作数，从弹出菜单中可以选择对该操作数强制或取消强制。

3. 在 STOP 模式下写入和强制输出

必须执行菜单命令"调试"→"STOP（停止）模式下写入—强制输出"，才能在 STOP 模式中启用该功能。打开 STEP 7-Micro/WIN 时，默认是不选中该菜单选项的，以防止在 PLC 处于 STOP 模式时写入或强制输出。

7.3.4 在 RUN 模式下编辑用户程序

在 RUN（运行）模式下执行程序编辑功能允许不必转换至 STOP（停止）模式即可对程序作出较小的改动，并将改动下载至 PLC，可进行这种操作的 PLC 有 CPU224 和 CPU226 两种。

在运行模式下，选择"调试"菜单中的"运行（RUN）模式下程序编辑"命令。运行模式下只能对主机中的程序进行编辑，当主机中的程序与编程软件中的程序不同时，系统会提示上载 PLC 中的程序。进入 RUN 模式编辑状态后，将会出现一个跟随鼠标移动的 PLC 图标。

再次执行菜单命令"调试"→"RUN（运行）模式下程序编辑"，将退出 RUN 模式编辑。

编辑前应退出程序状态监控，修改程序后，需要将改动下载到 PLC。下载之前一定要仔细考虑可能对设备或操作人员造成的各种影响。

激活 RUN 模式程序编辑功能后，梯形图程序中的跳变触点上面将会出现为 EU/ED 指令临时分配的编号，同时交叉引用表中的"边沿使用"选项卡列出程序中所有 EU/ED 指令的编号和性质表。P 或 N 分别表示 EU 或 ED，修改程序时可以参考该性质表，注意不要使用重复的 EU/ED 指令。

7.3.5 调试用户程序的其他方法

1. 使用书签

公用工具栏中的 4 个旗帜形状的按钮与书签有关，可以用它们来生成和清除书签，跳转到上一个或下一个书签所在的位置。

2. 单次扫描

从 STOP 模式进入 RUN 模式，首次扫描位（SM0.1）在第一次扫描时为 1 状态。由于执行速度太快，在程序运行状态很难观察到首次扫描刚结束时 PLC 的状态。

在 STOP 模式执行菜单命令"调试"→"首次扫描"，PLC 进入 RUN 模式，执行一次扫描后，自动回到 STOP 模式，可以观察到首次扫描后的状态。

3. 多次扫描

PLC 处于 STOP 模式时，执行菜单命令"调试"→"多次扫描"，在出现的对话框中指定执行程序扫描的次数（1～9999 次）。单击"确认"按钮，执行完指定的扫描次数后，自动回到 STOP 模式。

7.4 使用系统块设置 PLC 的参数

系统块配置又称为 CPU 组态，进行 STEP 7-Micro/WIN 编程软件系统块配置有以下三种方法：

1）在"查看"菜单中，选择"组件"→"系统块"项。
2）在查看栏上单击"系统块"按钮。
3）双击指令树内的"系统块"图标。

系统块配置的内容包括通信端口、断电数据保持、密码、输出表、输入滤波器、脉冲捕捉位、背景时间等。可以在系统块配置对话框中选择不同的选项卡实现上述配置。

7.4.1 断电数据保持的设置

1. S7-200 保存数据的方法

S7-200 CPU 中的数据存储区分为易失性的 RAM 存储区和不需要供电就可以永久保存数据的 EEPROM 存储区。前者的电源消失后，存储的数据将会丢失；后者的电源消失后，存储的数据不会丢失。CPU 在工作时，V、M、T、C、Q 等存储区的数据都保存在 RAM 中。

S7-200 用内置的 EEPROM 永久保存程序块、数据块、系统块、强制值、组态为断电保持的 V 存储器。用户也可以用编程软件来设置需要保持数据的存储器，以防止出现电源掉电时，可能丢失一些重要参数。

2. 设置 PLC 断电后的数据保存方式

单击指令树的"系统块"文件夹的"断电数据保存"图标，选择从通电到断电时希望保存的内存区域。

当电源掉电时，在存储器 V、M、C 和 T 中，最多可定义 6 个保持的存储区。对于定时器，只能保持记忆接通延时定时器（TONR），而且只有定时器和计数器的当前值可定义为保持，定时器位和计数器位是不能保持的，每次上电时定时器位和计数器位均被清除。对于 M，存储区的前 14B（MB0~MB13）的默认设置是非保持，如果被设置为保持，在 CPU 模块失去电源时将被永久地保存在 EEPROM 中。

断电数据保持设置对话框如图 7-19 所示。

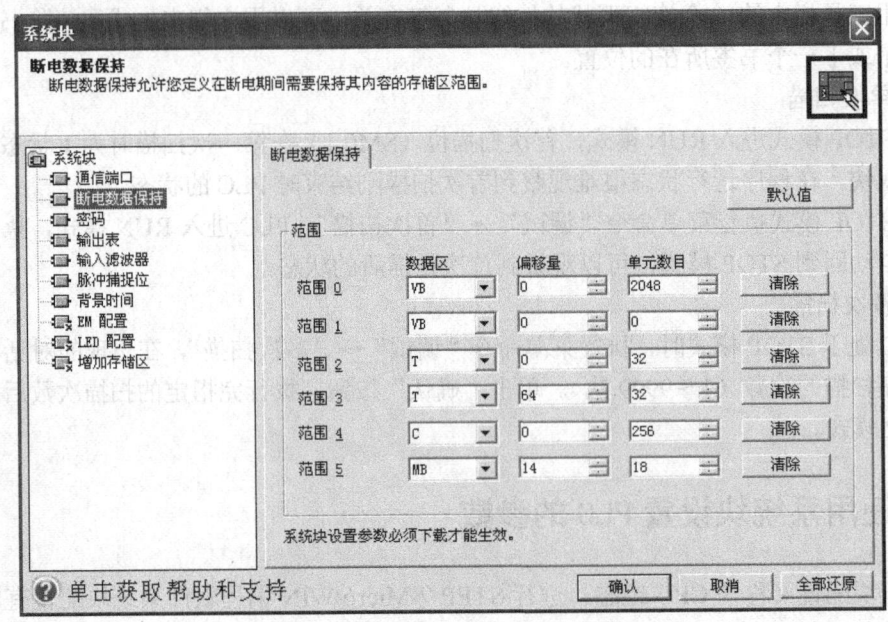

图 7-19　断电数据保持设置对话框

3. 开机后数据的恢复

上电后，CPU 自动检查 RAM 存储区，检查超级电容或电池是否已成功地保持存储在 RAM 中的数据。如果 RAM 数据被成功保持，RAM 存储区的保持区保持不变。永久 V 存储区（在 EEPROM 中）的相应区域被复制至 CPU RAM 中的非保持区。用户程序和 CPU 配置也从 EEPROM 恢复。CPU RAM 的所有其他非保持区均被设为 0。

上电后，如果未保存住 RAM 的内容（如长时间断电后），CPU 会清除 RAM（包括保持和非保持范围），并为上电后的首次扫描设置保持数据丢失存储区位（SM 0.2）为 1，然后用户程序和 CPU 配置从 EEPROM（E^2）复制到 CPU RAM。此外，EEPROM 中的 V 存储区永久区域和 M 存储区永久区域（如果被定义为保持）从 EEPROM 复制至 CPU RAM。CPU RAM 的所有其他区域均被设为 0。

7.4.2　创建 CPU 密码

1. 密码的级别

CPU 的密码保护的作用是授权访问功能和存储区。如果没有设置密码，S7-200 PLC 提供不受限制的访问。受密码保护时，S7-200 PLC 根据授权级别来提供操作功能限制。

所有 21x 和 22x CPU 均支持密码级别 1、2、3，只有硬件版本 2.0.1 以后的 22xCPU 能支持密码级别 4。S7-200 PLC 的默认密码级别是级别 1（不受限制的访问）。表 7-4 列出了不同授权级别允许的不同访问功能。

在网络中输入密码并不影响 S7-200 PLC 的密码保护。授权一位用户访问受限制的功能并不意味着授权其他用户访问这些功能。在某一时刻，S7-200 PLC 只允许一位用户执行无限制访问。

表 7-4 S7-200 PLC 的存取限制

操作说明	级别 1	级别 2	级别 3	级别 4
读取和写入控制器数据	允许	允许	允许	允许
开始、停止和启动控制器执行的复原	允许	允许	允许	允许
读取和写入实时时钟	允许	允许	允许	允许
上载程序块、数据块或系统块	允许	允许	有限制	不允许
下载程序块、数据块或系统块	允许	有限制	有限制	有限制（不能下载系统块）
运行时间编辑	允许	有限制	有限制	不允许
删除程序块、数据块或系统块	允许	有限制	有限制	有限制（可以删除所有块，但不能只删除系统块）
复制程序块、数据块或系统块到存储卡	允许	有限制	有限制	有限制
状态表内数据的强制	允许	有限制	有限制	有限制
单次或多次扫描功能	允许	有限制	有限制	有限制
在 STOP（停止）模式写入输出	允许	有限制	有限制	有限制
扫描速率复原	允许	有限制	有限制	有限制
执行状态监控	允许	有限制	有限制	不允许
项目比较	允许	有限制	有限制	不允许

2. 密码的设置

选择授权级别，输入密码后，将所做的修改下载到 CPU，就完成了密码的设置。密码不区分大小写字母，如图 7-20 所示。

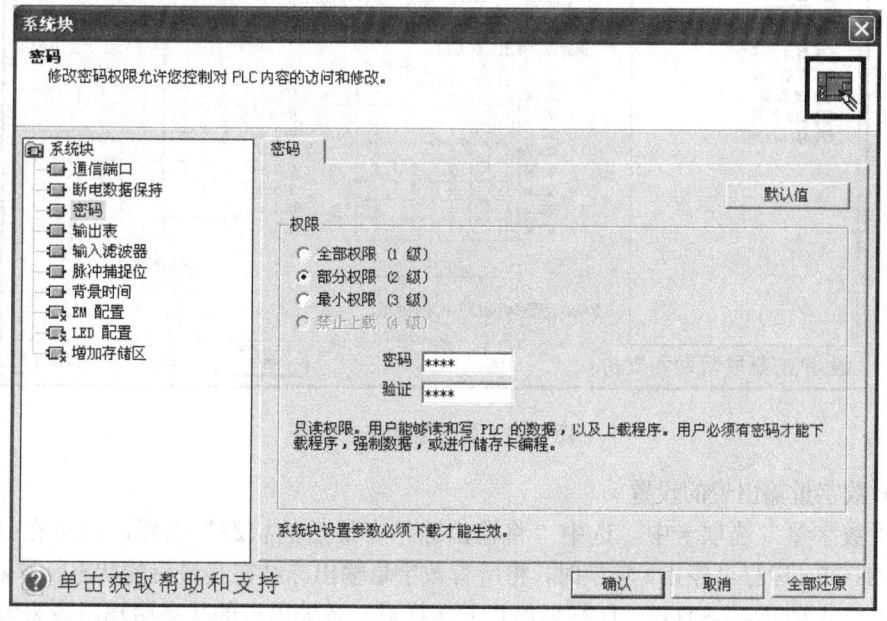

图 7-20 密码设置

3. 忘记密码的处理

如果忘记 PLC 密码，就必须清除 PLC 存储区，重新载入程序。清除 PLC 存储区使 PLC 进入 STOP（停止）模式，并将 PLC 复原为工厂设置的默认值，但 PLC 地址、波特率和实时时钟除外。

清除 PLC 中的程序可按下列步骤进行：

1) 选择 PLC→"清除"菜单命令，显示"清除"对话框。

2) 选择所有的复选框，并单击"确认"按钮核实采取的措施。

3) 如果密码已被设置，STEP 7-Micro/WIN 会显示一个密码验证对话框。欲清除密码，在密码验证对话框中输入"CLEARPLC"，继续执行"全部清除"操作（CLEARPLC 密码不区分大小写字母）。

"全部清除"操作不会从存储卡中拆卸程序。存储卡存储了密码和程序，只有重新对存储卡进行编程后，才能拆卸丢失的密码。

7.4.3 输出表与输入滤波器的设置

1. 输出表的设置

在系统块窗口中选择"输出表"，可以设置从 RUN 模式变为 STOP 模式后各输出点的状态。数字量输出表设置如图 7-21 所示。

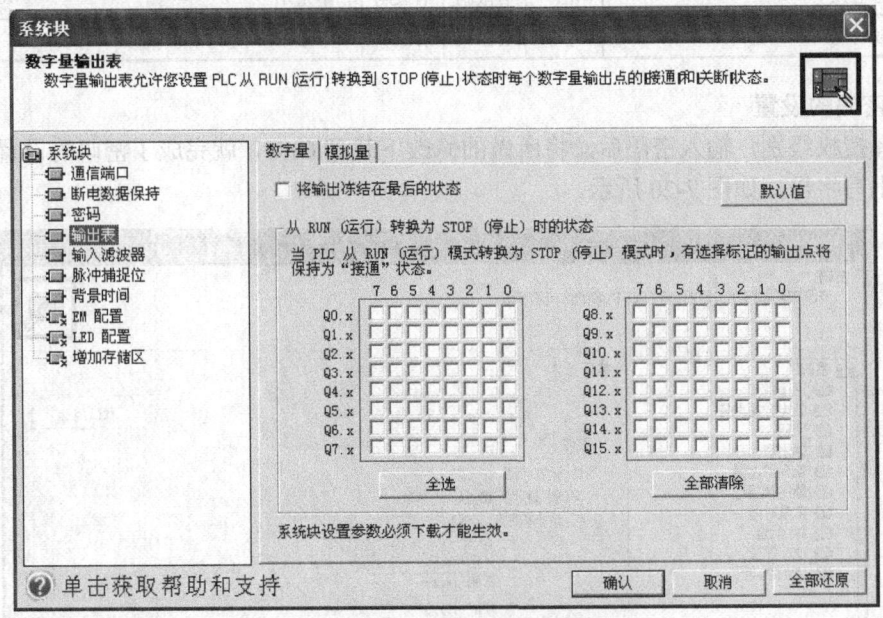

图 7-21 数字量输出表设置

（1）数字量输出表的设置

在"数字量"选项卡中，选中"将输出冻结在最后的状态"选项，就可在 PLC 进行 RUN-to-STOP（运行至停止）转换时，将所有数字量输出冻结在其最后的状态。若未选中"冻结"模式，从 RUN-to-STOP（运行至停止）转换后，各输出点的状态用输出表来设置。希望进入 STOP 模式之后某一输出位为 1（ON），则单击该位，使之显示"√"，输出表的默认值是未选"冻结"模式,且从 RUN 模式变为 STOP 模式时,所有输出点的状态被置为 0(OFF)。

(2) 模拟量输出表的设置

"模拟量"选项卡中的"将输出冻结在最后的状态"选项的意义与数字量输出的相同。如未选中"冻结"模式,允许在 RUN-to-STOP(运行至停止)转换时将模拟量输出设置为某已知数值(-32768～32767)。

2. 输入滤波器的设置

输入滤波器用来滤除输入线上的干扰噪声,如触点闭合或断开时产生的抖动,以及模拟量输入信号中的脉冲干扰信号。在系统块窗口中单击"输入滤波器"图标,可以设置输入滤波器的参数。

(1) 数字量输入滤波器的设置

S7-200 允许为某些或全部局部数字量输入点选择一个定义时延(如 CPU22x 型可为 0.2～12.8ms)的输入滤波器。从列表框中所需的输入旁选择时延(每个选项为四个输入设置时延)。输入状态改变时,输入必须在时延期限内保持在新状态,才能被认为有效,该延迟帮助过滤输入线上可能对输入状态造成不良改动的噪声。默认滤波器时间为 6.4ms。

(2) 模拟量输入滤波器的设置(适用机型:CPU222、CPU224、CPU226)

如果输入的模拟量信号是缓慢变化的信号,可以对不同的模拟量输入采用软件滤波器,进行模拟量的数字滤波设置。过滤后的值是预选采样次数的各次模拟量输入的平均值。滤波器的设置值(采样次数与死区)对所有被选择为有滤波功能的模拟量输入均是一样的。

其中三个参数需要设置:选择需要进行数字滤波的模拟量输入地址、设置采样次数和设置死区值。系统默认参数为:选择全部模拟量输入(AIW0～AIW62 共 32 点)、采样次数为 64、死区值为 320。取消"√"可以关闭某些模拟输入量的滤波功能。对于没有选择输入滤波的通道,当程序访问模拟量输入时,直接从扩展模块读取模拟量值。

不应对通过模拟量字传递数字量信息或报警指示的模块使用模拟量过滤。AS-i 主站模块、热电偶模块和 RTD 模块要求禁止 CPU 模拟量输入滤波功能。模拟量输入滤波的默认系统块设置为"打开"(选择)。必须禁止所有相关模拟量输入过滤(取消选择),并下载修改的系统块,才能操作这些 I/O 模块。

7.4.4 脉冲捕捉功能与后台通信时间的设置

1. 脉冲捕捉功能的设置

因为在每一个扫描周期开始时读取数字量输入,CPU 可能发现不了脉冲宽度小于扫描周期的脉冲,如图 7-22 所示,脉冲捕捉(Pulse Catch)功能用来捕捉持续时间很短的高电平脉冲或低电平脉冲。S7-200 的 CPU 模块内置的每个数字量输入点均可以设置为有脉冲捕捉功能。

可以设置各数字量输入点是否有脉冲捕捉功能,默认的设置为禁止所有的输入点捕捉脉冲。某一输入点启动了脉冲捕捉功能后,实际输入状态的变化被锁存并保存到下一次输入刷新(见图 7-22)。脉冲捕捉功能在输入滤波器之后(见图 7-23),使用脉冲捕捉功能时,必须同时调节输入滤波时间,使窄脉冲不会被输入滤波器过滤掉。

一个扫描周期内如果有多个输入脉冲,只能检测出第一个脉冲。如果希望在一个扫描周期内检测出多个脉冲,应使用上升沿/下降沿中断事件。

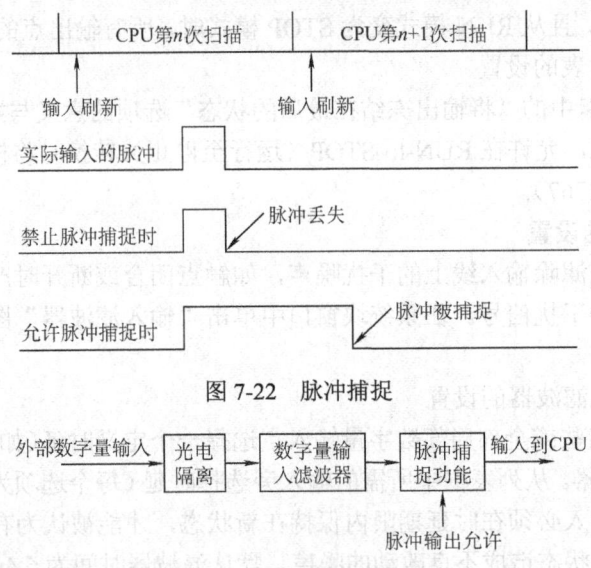

图 7-22 脉冲捕捉

图 7-23 数字量输入电路

2. 后台通信时间的设置

在系统块中单击"背景时间"选项卡，可以设置在 RUN 模式下与编辑或执行状态有关的通信请求的时间与扫描周期的百分比，默认为 10%，最大值为 50%。增大该百分比将增大扫描周期，使控制过程变慢。

7.5 S7-200 PLC 仿真软件的使用

在学习了 STEP 7-Micro/WIN 之后，最重要的是能够对自己所编写的程序进行硬件联机调试，但许多读者缺乏实验条件，无法检验所编写的程序是否正确、是否满足控制要求。PLC 仿真软件是解决这一问题的理想工具。S7-300/400 PLC 有官方提供的仿真软件 PLCSIM，并没有提供 S7-200 系列的仿真软件。但是，网上流行一种 S7-200 Sim 的免费绿色仿真软件，并且部分功能已经汉化，本节介绍其使用方法。

1. 打开 STEP 7-Micro/WIN

新建一个项目，按需要选择 CPU 型号，删除默认的 SBR_0（子程序）和 INT_0（中断服务程序），因为该版本还不支持子程序和中断程序，如果保留它们，也不影响仿真，只是载入仿真器后会多出许多注释。

2. 输入程序，正确编译

输入或导入一个编译正确的程序。

3. 导出程序块 OB1

在 STEP 7-Micro/WIN 中，将当前窗口设置在程序编辑窗口，执行菜单命令"文件"→"导出"，在弹出的窗口中输入一个文件名并选择保存的位置，将程序导出为 .awl 文件。

4. 导出程序块 DB1

在 STEP 7-Micro/WIN 中，将当前窗口设置为数据块窗口，执行菜单命令"文件"→"导出"，在弹出的窗口中输入一个文件名并选择保存的位置，将数据导出为 .txt 文本文件。

5. 运行仿真器

运行仿真软件，在启动界面上单击鼠标左键后，出现密码框，按提示输入 6596。仿真软件运行画面如图 7-24 所示。

6. 选择 CPU

在仿真窗口中的 CPU 图标上双击或执行菜单命令"配置"→"CPU 型号"，选择 CPU 型号，单击"Accept"按钮确定。

7. 配置扩展模块

根据需要对扩展模块进行配置，双击 CPU 右边空白框，在弹出的窗口中选择所需要的 I/O 扩展模块，单击"确定"按钮。如果想卸载扩展模块，则只能先卸载后面的扩展模块。

8. 载入程序和数据块

单击工具栏第二个图标或执行菜单命令"程序"→"装载程序"，打开"载入"对话框，一般选择下载全部块，单击"确定"按钮，在出现的"打开"对话框中选择要下载的.awl 文件，单击"打开"命令开始下载。下载成功后，CPU 模块中会出现下载程序的名称和程序代码文本框，关闭该文本框不影响仿真。

9. 开始仿真

单击工具栏上的绿三角按钮或执行菜单命令"PLC"→"运行"，将 PLC 切换到运行状态。用鼠标单击 CPU 模块下面的开关板上的小开关，可以使小开关手柄向上闭合，对应的输入点 LED 变绿，如果想断开开关，再次单击小开关即可。这与用实验箱做实验相同，通过观察输出点的变化，可以了解程序执行的结果，如图 7-24 所示。

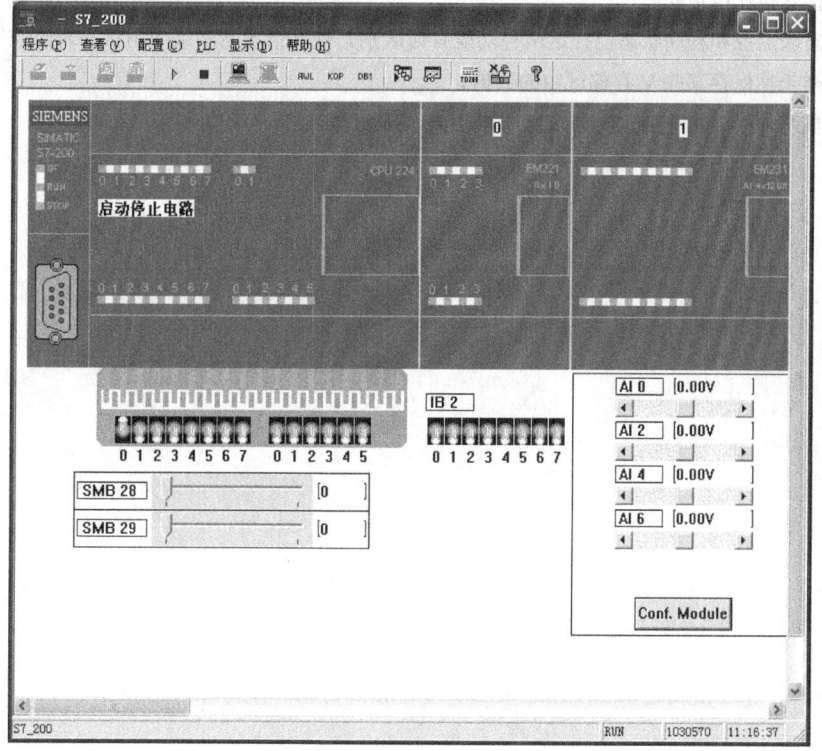

图 7-24 仿真软件运行画面

执行菜单命令"查看"→"内存监视",打开内存表,输入要监视的内存地址、格式,单击"开始"按钮即可监控 V、M、T、C 等内部变量的值,如图 7-25 所示。需要注意的是,数据格式一定要选择正确,否则得不到正确的显示。

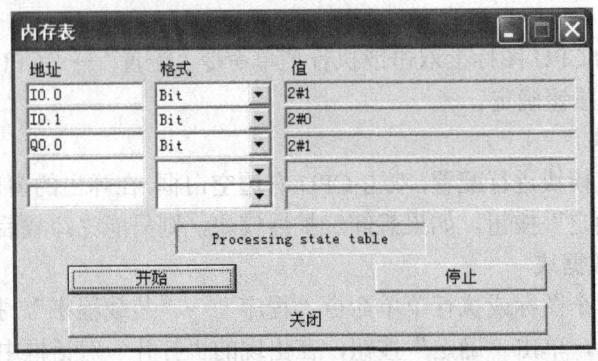

图 7-25 变量监控对话框

仿真软件还具有读取 CPU 和扩展模块的信息、设置 PLC 的实时时钟、控制循环扫描次数和对 TD200 文本显示器仿真等功能。

思考与练习

7-1 如何建立项目?

7-2 怎样获得在线帮助?

7-3 状态表监控和程序状态监控这两种功能有何区别?什么情况下必须使用状态表监控?

7-4 怎样长期保存某些 V 存储区中的数据?

7-5 上机练习用 PLC 控制电动机起动、停止的整个过程。

第 8 章 S7-200 PLC 控制系统的设计与应用

8.1 PLC 控制系统设计简介

设计一个 S7-200 PLC 控制系统，要考虑多种因素，应最大限度地满足生产机械或生产流程对电气控制的要求，在满足控制要求的前提下，力求控制系统简单、经济、安全、可靠、操作和维修方便。通常可按图 8-1 所示的设计步骤进行系统设计。

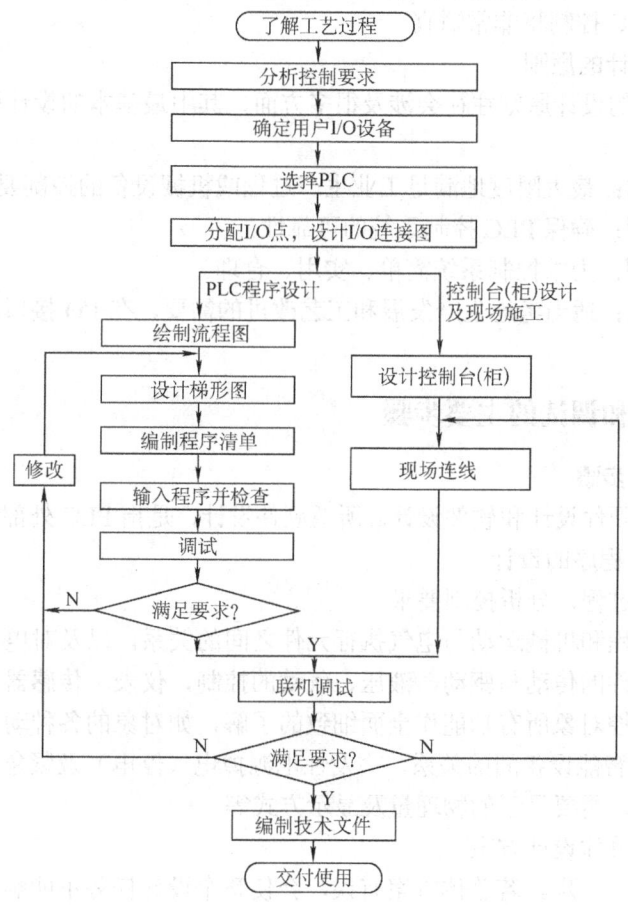

图 8-1 PLC 控制系统的设计步骤

8.1.1 系统设计的原则

1. 评估控制任务

随着 S7-200 PLC 功能的不断完善，其应用领域越来越广，但是设计系统时是选择单台 PLC 还是多台 PLC 的分散控制或分级控制，还应根据控制任务，对被控对象的生产工艺及特点进行详细分析，特别要从以下几方面加以考虑。

（1）控制规模

一个控制系统的控制规模可用该系统的 I/O 设备总数来衡量。当控制规模较大时，特别是开关量控制的 I/O 设备较多且联锁控制较多时，最适合采用 PLC 控制。

（2）可靠性要求

虽然有些系统不太复杂，但对可靠性、抗干扰能力要求较高时，也需采用 PLC 控制。一般认为 I/O 总点数在 40 点左右就可以采用 PLC 控制，目前，由于 PLC 性能价格比的进一步提高，当 I/O 总点数在 20 点甚至更少时，就趋向于选择 PLC 控制了。

（3）数据处理速度

当数据的统计、计算及规模较大，需很大的存储器容量，且要求很高的运算速度时，可考虑用带有上位计算机的 PLC 进行分级控制；如果数据处理程度较低，而主要以工业过程控制为主时，采用 PLC 控制将非常适宜。

2. 控制系统设计的原则

PLC 控制系统的设计原则往往会涉及很多方面，其中最基本的设计原则可以归纳为以下四点：

1）完整性原则：最大限度地满足工业生产过程或机械设备的控制要求。

2）可靠性原则：确保 PLC 控制系统的可靠性。

3）经济性原则：力求控制系统简单、实用、合理。

4）发展性原则：适当考虑生产发展和工艺改进的需要，在 I/O 接口、通信能力等方面要留有余地。

8.1.2 系统设计和调试的主要步骤

1. 系统设计的步骤

系统设计包括硬件设计和软件设计。所谓硬件设计，是指 PLC 外部设备的设计，而软件设计是指 PLC 应用程序的设计。

（1）了解工艺过程，分析控制要求

要了解工艺过程和机械运动与电气执行元件之间的关系，以及对电气控制系统的要求。例如，机械运动部件的传动与驱动，液压、气动的控制，仪表、传感器等的连接与驱动等。这一阶段必须对被控对象所有功能作全面细致的了解，如对象的各种动作及动作时序、动作条件，PLC 与其他智能设备间的关系，突发性电源掉电（停电）及紧急事故处理，系统的工作方式及人机界面，需要显示的物理量及显示方式等。

（2）确定系统总体设计方案

这是最为重要的一步。若总体方案有误，会使整个设计任务不能顺利完成。在这一过程中，要根据生产工艺和机械运动的控制要求，确定系统的工作方式，如全自动、半自动、手动、单机运行、多机连线运行等。还要确定应有的其他功能，如必要的保护与联锁、故障诊断与显示报警、连网通信功能等。通过研究被控对象对 PLC 控制系统的功能要求，确定系统所需的输入、输出设备，确定各种控制信号和检测反馈信号，及各设备间相互的转换和联系信号。

在这一阶段应明确哪些信号需送给 PLC，PLC 的输出需要驱动的负载性质（模拟量或数字量，交流或直流，电压、电流等级等）。

（3）系统 I/O 设备以及 S7-200 PLC 的选择和设计

根据被控对象对 PLC 控制系统技术指标的要求，确定 I/O 信号的点数及类型，据此确定 PLC 的类型和配置。输入设备的选择包括控制按钮、转换开关、位置开关及计量保护的开关输入信号等；输出设备的选择包括继电器、接触器、电磁阀、信号灯等。

设计 PLC 的交流系统接线图时，可用一个单刀开关将电源同 CPU、输入电路和输出（负载）电路隔离开。用一台过电流保护设备以保护 CPU 的电源、输出点以及输入点。根据情况也可以为每个输出点加上熔丝进行范围更广的保护。主机单元的直流传感器电源可用来为主机单元的输入供电。PLC 的交流系统接线图如图 8-2 所示。

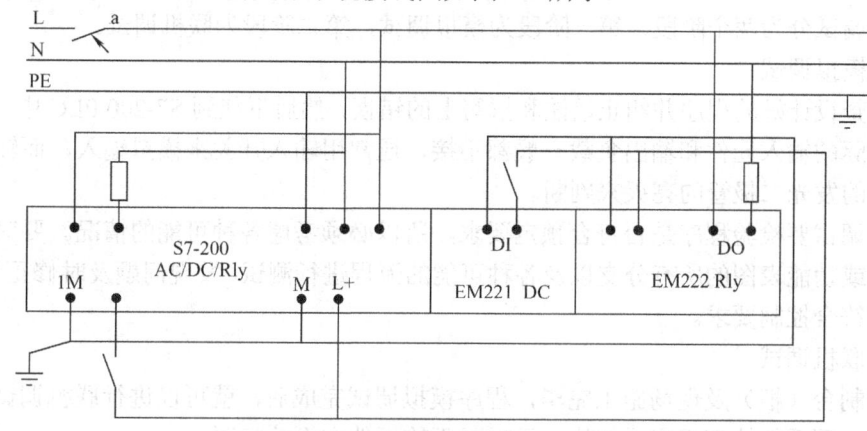

图 8-2　S7-200 PLC 的交流系统接线图

设计 PLC 的直流系统接线图时，可用一个单刀开关将电源同 CPU、输入电路和输出（负载）电路隔离开。用过电流保护设备保护 CPU 的电源、输出点以及输入点，也可以在每个输出点加上熔丝进行过电流防护。PLC 的直流系统接线图如图 8-3 所示。

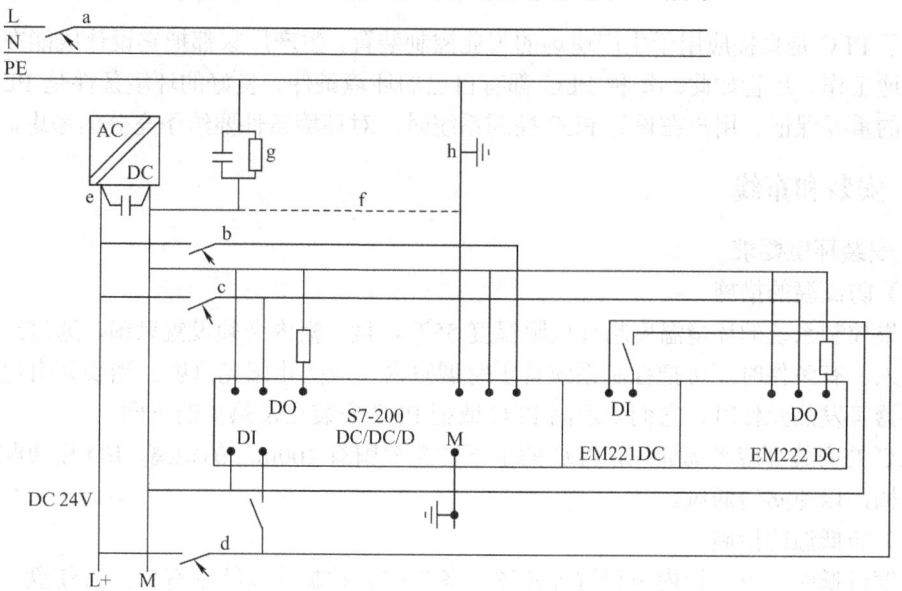

图 8-3　S7-200 PLC 的直流系统接线图

(4) 编写应用程序

对于简单的控制系统，特别是简单的开关量控制系统，可采用经验设计法绘制梯形图。对于较复杂的控制系统，需要根据总体要求和系统的具体情况确定应用程序的基本结构，绘制系统的控制流程图或功能表图，用于清楚表明动作的顺序和条件，然后设计出相应的梯形图。系统控制流程图或功能表图要尽可能详细、准确，以方便编程。

(5) 编写技术文件

当通过联机调试，并经过一段试运行确认可正常工作后，就可根据整个设计过程整理出完整的技术资料提供给用户，以利于系统的维护和改进。

2. 系统调试的步骤

系统调试分为两个阶段，第一阶段为模拟调试，第二阶段为联机调试。

(1) 模拟调试

先检查设计好的程序并纠正语法和拼写上的错误，然后下载到 S7-200 PLC 中。在模拟调试时，实际的输入元件和输出负载一般都不接，通常用输入开关来模拟输入，而输出可以通过输出端的发光二极管的亮灭来判断。

模拟调试要检验程序是否符合预定要求，所以必须考虑各种可能的情况。要对控制系统的流程图或功能表图的所有分支以及各种可能的流程进行测试，发现问题及时修正控制程序，直至完全符合控制要求。

(2) 联机调试

当控制台（柜）及现场施工完毕，程序模拟调试完成后，就可以进行联机调试了。如不满足要求，须重新检查程序或接线，及时更正软硬件方面的问题。

系统调试完成以后，为防止程序遭到破坏和丢失，要注意程序的保存和固化。

8.2 PLC 应用系统的可靠性措施

由于 PLC 是直接应用于生产现场的工业控制装置，生产厂家都把它设计成能在恶劣条件下可靠地工作。尽管如此，每种 PLC 都有自己的环境条件。良好的环境条件是 PLC 系统正常运行的重要保证。用户在设计 PLC 控制系统时，对环境条件要给予充分的考虑。

8.2.1 安装和布线

1. 安装环境要求

(1) 防高温的措施

如果控制系统的环境温度超过极限温度 55℃，盘、柜内必须设置风扇，通过过滤器把自然风引入。有条件时还可把控制系统置于空调室内，应防止阳光直射。当安装有电阻器或电磁接触器等发热元件时，它们要远离 PLC 或把 PLC 安装在发热体的下面。

PLC 的安装都应考虑通风，PLC 的上下位置要留有 100mm 的距离，I/O 模块配线时要使用导线槽，以免妨碍通风。

(2) 防低温的措施

温度过低时，盘、柜内可设置加热器。冬季时这种加热器特别有效，可使盘、柜内温度保持在 0℃以上或在 10℃左右。设置加热器时要选择适当的温度传感器，以便在温度高时自动切断加热器电源,低温时自动接通电源。

停止工作时,不要切断控制器和 I/O 模块电源,从而可靠其自身的发热量使周围温度升高,特别是夜间低温时,这种措施是有效的。另外,在温度急剧变化的场合,不要打开盘、柜的门,以防冷空气进入。

(3) 湿度措施

若环境的湿度过大,盘、柜应设计成密封型,并放入吸湿剂,或把外部干燥空气引入盘、柜内,印制电路板上最好再覆盖一层保护层,如喷松香水等。在湿度低即干燥的场合进行检修时,人体尽量不接触集成电路块和电子元件,以防感应电流损坏器件。

(4) 防振动和冲击的措施

在有振动和冲击的场合,如果振动来自盘、柜之外,可对盘、柜采用防振橡皮,或远离振源;如果振动来自盘、柜内,则把产生振动的设备移出,单独设置,同时强固 PLC、I/O 模块及印制电路板等可产生松动的器件。

(5) 周围空气的影响

周围空气中不能混有尘埃、导电性粉末、腐蚀性气体、水分、油分、油雾、有机溶剂和盐分等,否则会引起下列不良现象:尘埃可能引起接触不良,或使滤网的网眼堵住,使盘、柜内温度上升;导电性粉末可能引起误动作,绝缘性能变差和短路等;油和油雾可能会引起接触不良和腐蚀塑料;腐蚀性气体和盐分可能会引起印制电路板的底板或引线腐蚀,造成继电器或开关类的可动部件接触不良。

2. 外部布线

为了抑制通过输入、输出信号传输线引入的干扰,一般应注意以下几点:

1) 开关量信号不易受外界干扰,可用普通单根导线传输。

2) 数字脉冲信号频率较高,传输过程中易受外界干扰,应选用屏蔽电缆传输。

3) 模拟量信号是连续变化的信号,外界的各种干扰信号都会叠加在模拟量信号上面造成干扰,因此要选用屏蔽电缆或带防护的双绞线。如果模拟量 I/O 信号距离 PLC 较远,应采用 4~20mA 或 0~10mA 的电流传输方式,而不用易受干扰的电压信号传输。最好将功率较大的开关量输入、输出线与模拟量输入、输出线分开敷设。

4) 输入、输出信号线要与动力线分开。在条件允许的情况下,两组线距离应在 20cm 以上,如果不能保证上述最小距离,可采取屏蔽措施,如将邻近部分动力线穿套管,并将套管接地。绝对不允许把 PLC 的输入、输出线与动力线、高压线捆在一起。

几种电缆敷设方式如图 8-4 所示。

5) 应尽量减小动力线与信号线平行敷设的长度,否则应增大两者的距离。一般两线间距离为 20cm,当两线平行敷设的长度在 100~200m 时,两线间距离应在 40cm 以上;当平行敷设的长度在 200~300m 时,两线间距离应在 60cm 以上。

6) PLC 的输入、输出线最好单独敷设在封闭的电缆槽架内(线槽外壳良好接地)。不同种类信号(如不同电压等级、交流、直流等)的输入、

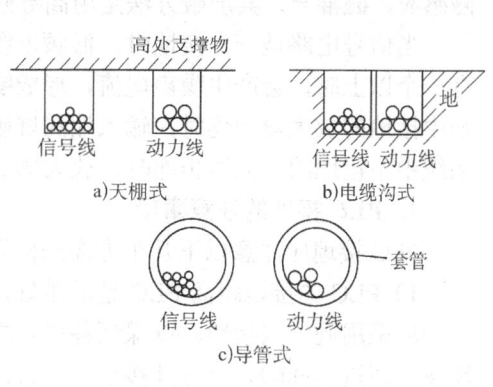

图 8-4 电缆敷设方式

输出线,不能放在同一根多芯屏蔽电缆内(引线部分更不允许捆扎在一起),而且它们在槽架内应隔开一定距离安放,屏蔽层应当接地。

8.2.2 控制系统的接地

在实际控制系统中,接地是抑制干扰、使系统可靠工作的主要方法。在设计中如能把接地和屏蔽正确结合起来使用,可以解决大部分干扰问题。

1. 接地方法

接地的一般要求如下:

1)接地电阻在要求范围内。对于 PLC 组成的控制系统,接地电阻一般应小于 4Ω。
2)要保证足够的机械强度。
3)要具有耐腐蚀的能力并做防腐处理。
4)尽量避开强电回路和主回路的电线,应尽量缩短走线长度。

在上述要求中,后三条只要按规定设计、施工就可满足要求,关键是第 1)条的接地电阻。图 8-5a、b 为控制系统的接地方法。

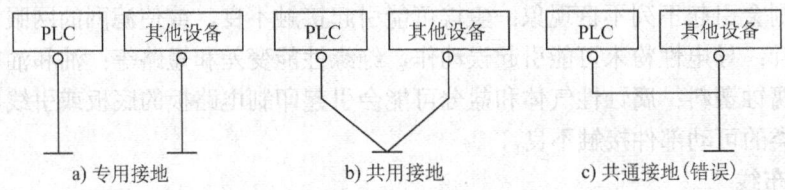

图 8-5 接地方法

图 8-5a 为控制器和其他设备分别接地方式,这种接地方式最好。如果做不到每个设备专用接地,也可使用图 8-5b 所示的共用接地方式,但不允许使用图 8-5c 所示的共通接地方式,特别是应避免与电动机、变压器等动力设备共通接地。

在控制系统中,为了减少信号中电容耦合噪声,以便准确检测和控制,对信号采用屏蔽措施是十分必要的。根据屏蔽目的的不同,屏蔽地的接法也不一样。若电场屏蔽是为了解决分布电容问题,一般接大地;若电场屏蔽主要避免雷达、电台等高频电磁场辐射干扰,屏蔽层用低阻、高导流金属材料制成,可接大地。磁屏蔽可防磁铁、电动机、变压器、线圈等的磁感应、磁混合,其屏蔽方法是用高导磁材料使磁路闭合,一般接大地为好。

当信号电路是一点接地时,低频电缆的屏蔽层也应一点接地。如果电缆的屏蔽层接地点有一个以上时,会产生噪声电流,形成噪声干扰源。当一个电路有一个不接地的信号源与系统中接地的放大器相连时,输入端的屏蔽应接至放大器的公共端;相反,当接地的信号源与系统中不接地的放大器相连时,放大器的输入端屏蔽也应接到信号源的公共端。

2. PLC 接地的注意事项

PLC 接地应注意以下几个方面的问题:

1)PLC 的接地距离 PLC 越近越好,即接地线越短越好。PLC 如由多单元组成,各单元之间应采用同一点接地,以保证各单元之间等电位。当然,如果有的 I/O 单元分散在较远的现场(超过 100m),可分开接地,但必须遵守上述有关规定。

2)PLC 输入、输出信号线采用屏蔽电缆时,其屏蔽层应采用一点接地,接地点应靠近

PLC这一端，另一端不接地，如图8-6所示。如果信号随噪声而波动，可连接一个0.1～0.47μF/25V的电容器到接地端。

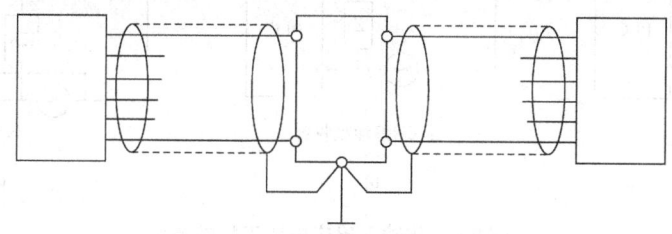

图8-6 屏蔽电缆的接地

3）接地线截面积应大于$2mm^2$，长度一般不超过20m。

4）接地线应尽量避开强电回路和主回路的电线，不能避开时，应垂直相交，应尽量缩短走线长度。

8.2.3 抑制电路的使用

1. 输入端的抗干扰措施

（1）防输入信号干扰的措施

输入信号的线间干扰（差模干扰）用输入模块的滤波可以使其衰减，但当输入端有感性负载时，为了防止反冲感应电动势损坏模块，应在负载两端并联电容C和电阻R（交流输入信号），或并联续流二极管VD（直流输入信号），如图8-7所示。图中，二极管的额定电流应选为1A，额定电压要大于电源电压的3倍；电容C为0.1μF/600V，电阻R为100Ω/0.5W，或者取电容C为0.047μF/600V，电阻R为22Ω/0.5W。

如果与输入信号并联的电感性负载大，使用继电器中转效果最好。

（2）防感应电压的措施

图8-8为感应电压产生的示意图，由图可知，感应电压的产生主要有以下三种途径：

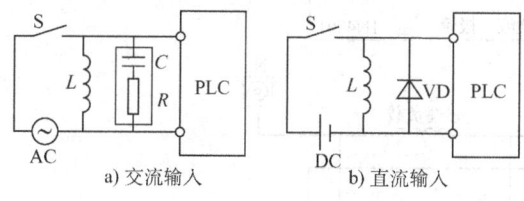

图8-7 输入信号抗干扰措施

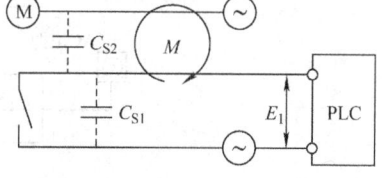

图8-8 感应电压的产生

1）输入信号线间的寄生电容C_{S1}。

2）输入信号线与其他线间的寄生电容C_{S2}。

3）与其他线，特别是大电流线的电气耦合M。

针对不同的产生机理，有三种防感应电压干扰的措施，如图8-9所示。

1）输入电压直流化。如果条件允许，在感应电压大的场合，改交流输入为直流输入，如图8-9a所示。

2）在输入端并联浪涌吸收器，如图8-9b所示。

3）在长距离配线和大电流的场合，感应电压大，可用继电器转换，如图8-9c所示。

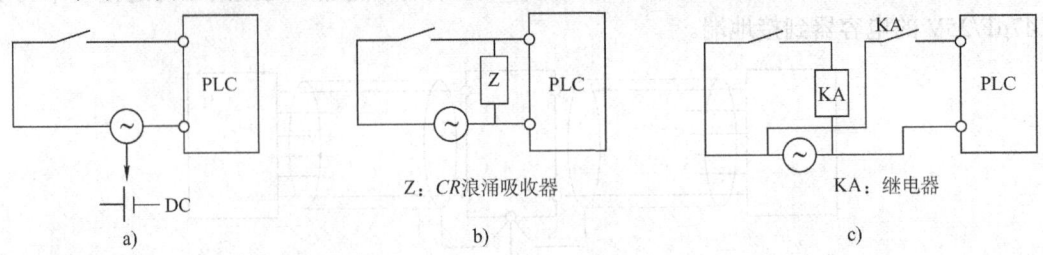

图8-9　防输入感应电压干扰的措施

2. 输出端的抗干扰措施

（1）输出端的保护

当S7-200 PLC驱动感性负载时应在负载两端接入吸收保护电路。当S7-200 PLC驱动直流回路的感性负载（如继电器线圈）时，用户可并联续流二极管（需注意二极管极性）；当驱动交流回路的感性负载时，用户可并联RC浪涌吸收电路，以保护PLC的输出触点。PLC输出触点的保护电路如图8-10所示。

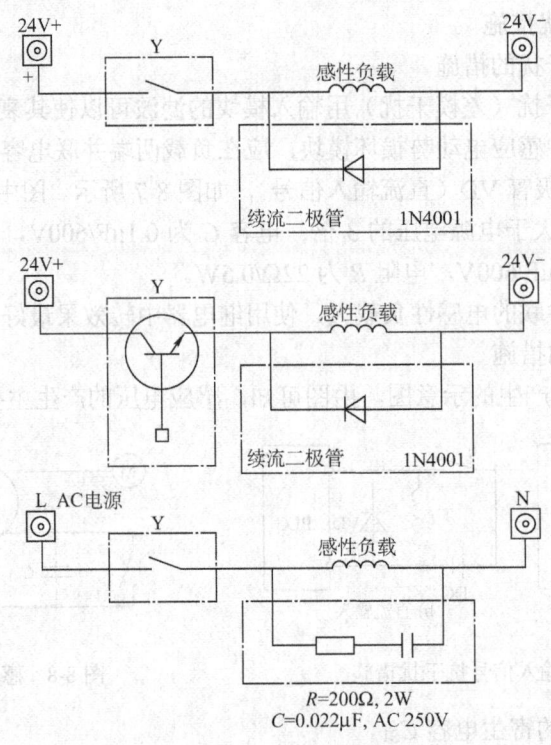

图8-10　PLC输出端的保护

（2）用旁路电阻防错

当输入信号源类型为晶体管或者光电开关，PLC输出元件为双向晶闸管或者晶体管，而外部负载又很小时，电路会在关断时有较大的漏电流，导致控制系统输入与输出信号的错误。为此，应在这类输入、输出端并联旁路电阻，以减小PLC输入电流和外部负载上的电流，如

图 8-11 所示。

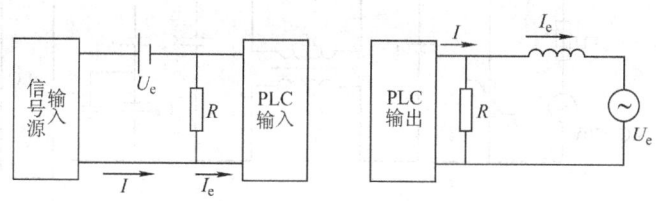

图 8-11 用旁路电阻防错

图 8-11 中旁路电阻的阻值由下式决定：

$$I\frac{R(U_e/I_e)}{R+(U_e/I_e)} \leq U$$

式中 　I——输入信号源或输出晶闸管最大漏电流；
　　　U——输入信号电压或外部负载电压最大值；
　　　I_e——输入点或外部负载的额定电流；
　　　U_e——输入点或外部负载的额定电压。

8.2.4　S7-200 PLC 的电源计算与抗干扰

1. 电源容量计算

S7-200 CPU 模块提供 DC5V 和 DC24V 电源。当有扩展模块时，CPU 通过 I/O 总线为其提供 5V 电源，所有扩展模块的 5V 电源消耗之和不能超过该 CPU 提供的电源定额。若不够用不能外接 5V 电源。每个 CPU 都有一个 DC24V 传感器电源，它为本机输入点和扩展模块输入点及扩展模块继电器线圈提供 DC24V 电源。如果电源要求超出了 CPU 模块的电源定额，可以增加一个外部 DC24V 电源来提供给扩展模块。进行电源容量计算时，用 CPU 所能提供的电源容量减去各模块所需要的电源消耗量。DC24V 电源需求取决于通信端口上的负载大小。CPU 上的通信口可以连接 PC/PPI 电缆和 TD200 并为它们供电，此电源消耗不必再纳入计算中。

2. 电源抗干扰

电源也是外部干扰侵入 PLC 的重要途径，一般情况下，PLC 应尽可能采用电压波动小、波形畸变较小的电源。PLC 的供电线路应与其他大功率用电设备或强干扰设备（如高频炉、弧焊机等）分开。在干扰较强或可靠性要求很高的场合，对 PLC 交流电源系统可采用以下两种抗干扰措施：

1）在 PLC 电源的输入端加接隔离变压器，由隔离变压器的输出端直接向 PLC 供电，这样可抑制来自电网的干扰。隔离变压器的电压比可取为 1∶1。在一次和二次绕组之间采用双屏蔽技术：一次侧采用漆包线或铜线等非导磁材料，在铁心上绕一层，注意电气上不能短路，并接到中性线；二次侧采用双绞线，双绞线能减少电源线间干扰。

2）在 PLC 电源的输入端加接低通滤波器，可滤去来自电网的高频干扰和高次谐波。

在干扰较严重的场合，可同时使用隔离变压器和低通滤波器，通常低通滤波器先与电源相接，其输出再接隔离变压器；或者同时使用带屏蔽层的电压扼流圈和低通滤波器。

一种电源滤波电路如图 8-12 所示。

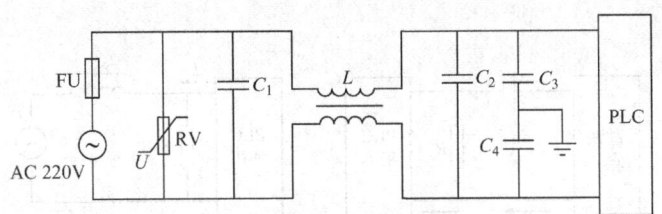

图 8-12 电源滤波电路

图 8-12 中 RV 是压敏电阻（可选 471KJ，击穿电压为 $220\times\sqrt{2}\times(1.5\sim2)$ V），其击穿电压略高于电源正常工作时的最高电压，电源正常时它相当于开路。有尖峰干扰脉冲通过时，RV 被击穿，干扰电压被 RV 钳位；尖峰干扰脉冲消失后，RV 可恢复正常。如电压确实高于压敏电阻的击穿电压，压敏电阻导通，相当于电源短路，把熔丝熔断。电容 C_1、C_2 和扼流圈 L 组成低通滤波器，以滤除共模干扰。电容 C_3、C_4 用来滤去差模干扰信号。电容 C_1、C_2 可选 $1\mu F$，L 电感量可选 $1\mu H$，电容 C_3、C_4 可选 $0.001\mu F$。

8.3 节省 PLC 输入/输出点数的方法

8.3.1 减少输入点数的方法

1. 分时分组输入

如图 8-13 所示，当控制系统具有自动和手动两种工作方式时，程序不会同时执行，输入信号可以分成两组见图 8-13a。I0.0 作为切换开关。二极管用来切断各开关的寄生电路，避免错误输入的产生。

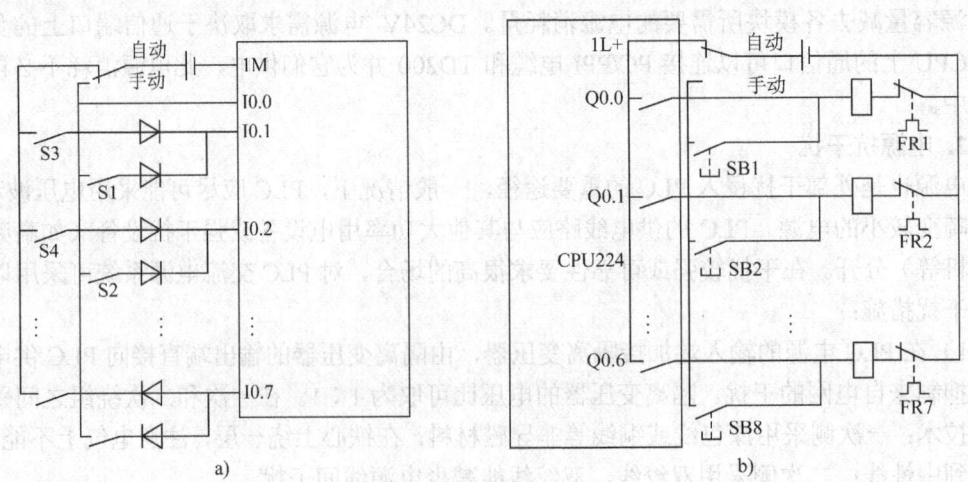

图 8-13 减少输入/输出点数的方法

2. 将信号设置在 PLC 之外

控制系统的某些输入信号，如手动操作按钮、过载保护动作后需手动复位的电动机热继电器 FR 的动断触点提供的信号，可以设置在 PLC 外部的硬件电路中，见图 8-13b。某些手动按钮需要串联一些安全联锁触点，如果外部硬件联锁电路过于复杂，则应考虑仍将有关信号送入 PLC，用梯形图实现联锁。

8.3.2 减少输出点数的方法

在 PLC 的输出功率允许的条件下，通/断状态完全相同的多个负载并联后，可以共用一个输出点，通过外部的或 PLC 控制的转换开关的切换，一个输出点可以控制两个或多个不同时工作的负载。与外部元件的触点配合，可以用一个输出点控制两个或多个有不同要求的负载。用一个输出点控制指示灯常亮或闪烁，可以显示两种不同的信息。在需要用指示灯显示 PLC 驱动的负载（如接触器线圈）状态时，可以将指示灯与负载并联，并联时指示灯与负载的额定电压应相同，总电流不应超过允许的值。可以选用电流小、工作可靠的 LED 指示灯。

此外，通过合理使用 S7-200PLC 的功能指令，也可减少 PLC 的输出点数。

8.4　S7-200 PLC 的模拟量 PID 控制及应用

PID 算法是过程控制领域中技术成熟、应用方便且广泛使用的控制方法。它是基于经典控制理论，并经过长期工程实践而总结出的一套行之有效的控制算法。在较早的 PLC 中并没有 PID 的现成指令，只能通过运算指令实现 PID 功能，但随着 PLC 技术的发展，很多品牌的 PLC 都增加了 PID 功能，有些是专用模块，有些是指令形式，这些大大扩展了 PLC 的应用范围。S7-200 PLC 中使用的是 PID 回路指令。

8.4.1　PID 算法简介

PID 控制（比例—积分—微分控制）算法在过程控制领域中的闭环控制中得到了广泛应用。图 8-14 为带 PID 控带器的闭环控制系统框图。

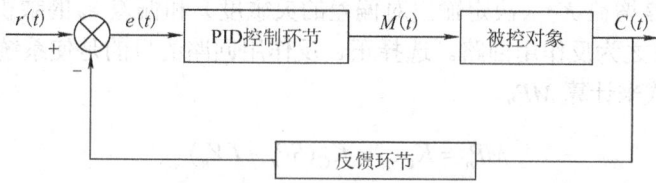

图 8-14　带 PID 控制器的闭环控制系统框图

PID 控制器可调节回路输出，使系统达到稳定状态。偏差 e 是给定值 SP 和测量值 PV 的差值。式（8-1）为 PID 控制的位置式算法，回路的输出变量 $M(t)$ 是时间 t 的函数，它可以看做是比例项、积分项、微分项三项之和，即

$$M(t) = K_C e + K_C \int_0^t e \mathrm{d}t + M_{\text{initial}} + K_C \mathrm{d}e/\mathrm{d}t \tag{8-1}$$

式中　$M(t)$——PID 回路的输出，是时间函数；

　　　K_C——PID 回路的增益；

　　　e——PID 回路的偏差；

$M_{initial}$——PID 回路的初始值。

数字计算机处理这个函数关系式,必须将连续函数离散化,对偏差周期采样后,计算输出值。式(8-2)是式(8-1)的离散形式:

$$M_n = K_C e_n + K_I \sum_{i=1}^{n} e_i + M_{initial} + K_D(e_n - e_{n-1}) \tag{8-2}$$

式中 M_n——在第 n 个采样时刻 PID 回路输出的计算值;
K_C——PID 回路增益;
e_n——在第 n 个采样时刻的偏差值;
e_{n-1}——在第 $n-1$ 个采样时刻的偏差值(偏差前值);
K_I——积分项的系数;
$M_{initial}$——PID 回路的初值;
K_D——微分项的系数。

式(8-2)中,积分项 $K_I \sum_{i=1}^{n} e_i$ 是包括从第 1 个采样周期到当前采样周期的所有误差的累积值。计算中没有必要保留所有采样周期的误差项,只需保留积分项前值 MX 即可。CPU 实际上是使用式(8-3)的改进形式的 PID 算式。

$$M_n = K_C e_n + K_I e_n + MX + K_D(e_n - e_{n-1}) = MP_n + MI_n + MD_n \tag{8-3}$$

式中 MX——积分项前值(在第 $n-1$ 个采样时刻的积分项);
MP_n——第 n 个采样时刻的比例项;
MI_n——第 n 个采样时刻的积分项;
MD_n——第 n 个采样时刻的微分项。

1. 比例项

比例项 MP_n 是增益 K_C(决定输出对偏差的灵敏度)和偏差 e_n 的乘积。增益为正的回路为正作用回路,反之为反作用回路。选择正、反作用回路的目的是使系统处于负反馈控制。

CPU 采用下式来计算 MP_n。

$$MP_n = K_C e_n = K_C(SP_n - PV_n) \tag{8-4}$$

式中 SP_n——第 n 个采样时刻的给定值;
PV_n——第 n 个采样时刻的过程变量值。

2. 积分项

积分项 MI_n 与偏差的和成正比,是各次积分项的累积值。CPU 采用式(8-5)来计算 MI_n。

$$MI_n = K_I e_n + MX = K_C T_S / T_I (SP_n - PV_n) + MX \tag{8-5}$$

式中 T_S——采样周期;
T_I——积分时间常数。

积分项前值 MX 是第 n 个采样周期前所有积分项之和。在每次计算出 MI_n 之后,都要用 MI_n 去更新 MX。第一次计算时,MX 的初值被设置为 $M_{initial}$(初值)。采样周期 T_S 是每次采样的时间间隔，而积分时间常数 T_I 控制积分项在控制量计算中的作用程度。

3. 微分项

微分项 MD_n 与偏差的变化成正比。

$$MD_n = K_D(e_n - e_{n-1}) = \frac{K_C T_D}{T_S}[(SP_n - PV_n) - (SP_{n-1} - PV_{n-1})] \tag{8-6}$$

为了避免给定值变化的微分作用而引起的跳变，可设置给定值不变（$SP_n = SP_{n-1}$）。那么计算公式可简化为

$$MD_n = \frac{K_C T_D}{T_S}(SP_n - PV_n - SP_{n-1} + PV_{n-1}) = \frac{K_C T_D}{T_S}(PV_{n-1} - PV_n) \tag{8-7}$$

式中　T_D——微分时间常数；

SP_{n-1}——第 $n-1$ 个采样时刻的给定值；

PV_{n-1}——第 $n-1$ 个采样时刻的过程变量值。

8.4.2 PID 回路指令

1. 指令格式及梯形图

S7-200 PLC 的 PID 回路指令梯形图与指令表格式见表 8-1。

2. 指令功能

PID 在 EN 端口执行条件存在时，运用回路表中的输入信息和组态信息，进行 PID 运算，编程极其简便。

该指令有两个操作数：TBL 和 LOOP。其中 TBL 是回路表的起始地址，操作数限用 VB 区域；LOOP 是回路号，可以是 0～7 的整数。在程序中最多可以用 8 条 PID 指令，PID 回路指令不可重复使用同一个回路号（即使这些指令的回路表不同），否则会产生不可预料的结果。

表 8-1　PID 回路指令的基本格式

名　　称	PID 运算
指令	PID
指令表格式	PID TBL, LOOP
梯形图格式	PID —EN　ENO— —TBL —LOOP
操作数	TBL　VB（BYTE 型）
	LOOP　常数（0～7）

回路表包含 9 个参数，用来控制和监视 PID 运算。这些参数分别为过程变量当前值 PV_n、过程变量前值 PV_{n-1}、给定值 SP_n、输出值 M_n、增益 K_C、采样时间 T_S、积分时间 T_I、微分时间 T_D 和积分项前值 MX。36B 的回路表格式见表 8-2。若要以一定的采样频率进行 PID 运算，采样时间必须输入到回路表中，且 PID 指令必须编入定时发生的中断程序中或者在主程序中由定时器控制 PID 指令的执行频率。

对于 PID 回路的控制，有些控制系统只需要比例、积分、微分其中的一种或两种控制类型。通过设置相关参数即可选择所需的回路控制类型。

如只需要比例、微分回路控制，可以把积分时间常数设置为无穷大。此时积分项为初值 MX。

只需要比例、积分回路控制，可以把微分时间常数设置为 0。

只需要积分或微分回路，则可以把回路增益 K_C 设置为 0.0，在计算积分项和微分项时，

系统把回路增益 K_C 当做 1.0。

表 8-2 PID 指令回路表

偏移地址	变量名	数据类型	变量类型	描述
0	过程变量当前值（PV_n）	实数	输入	必须在 0.0~1.0 之间
4	给定值（SP_n）	实数	输入	必须在 0.0~1.0 之间
8	输出值（M_n）	实数	输入/输出	必须在 0.0~1.0 之间
12	增益（K_C）	实数	输入	比例常数，可正可负
16	采样时间（T_S）	实数	输入	单位为 s，必须是正数
20	积分时间（T_I）	实数	输入	单位为 min，必须是正数
24	微分时间（T_D）	实数	输入	单位为 min，必须是正数
28	积分项前值（MX）	实数	输入/输出	必须在 0.0~1.0 之间
32	过程变量前值（PV_{n-1}）	实数	输入/输出	最近一次 PID 运算的过程变量值，必须在 0.0~1.0 之间

一般情况下，比例、积分回路控制应用较多。微分控制的作用不宜过强，否则易引起系统的不稳定。

3. PID 回路指令控制方式

S7-200 PLC 中，PID 回路指令没有控制方式的设置，只要 EN 端有效就可以执行 PID 指令。PID 指令执行称为"自动"方式，PID 指令不执行称为"手动"方式。当 EN 端口检测到一个正跳变（从 0 到 1）信号，PID 回路就从手动方式切换到自动方式。为达到无扰动切换，必须用手动方式将当前输入值填入回路表中的 M_n 栏，用来初始化输出值 M_n，且 PID 指令对回路表中的值进行一系列操作，以保证手动方式无扰动地切换到自动方式。

置给定值 SP_n=过程变量当前值 PV_n。

置过程变量前值 PV_{n-1}=过程变量当前值 PV_n。

置积分项前值 MX=输出值 M_n。

4. 回路输入/输出变量的数值转换及其范围

（1）回路输入变量的转换和归一化处理。

每个 PID 回路有两个输入变量，给定值 SP 和过程变量 PV。给定值 SP 通常是一个固定的值，如温度控制中温度的给定值。过程变量 PV 则与 PID 回路输出有关，并反映了控制的效果，如在温度控制系统中，测量并转换为标准信号的温度值就是过程变量。

给定值和过程变量一般都是实际工程物理量，其数值大小、范围和测量单位都可能不一样。执行 PID 指令前必须把它们转换为标准的浮点型实数。

1）回路输入变量的数据转换。把 A/D 模拟量单元输出的整数值转换为浮点型实数值，程序如下：

```
XORD    AC0, AC0      //清空累加器
MOVW    AIW0, AC0     //模拟量采集，送入 AC0
LDW>=   AC0, 0        //若为正，直接转换为实数
JMP     0             //否则，先对 AC0 中的值进行符号扩展
NOT
```

ORD	16# FFFF0000, AC0	
LBL	0	
DTR	AC0, AC0	//把 32 位整数转换为实数

2）实数值的归一化处理。把实数值进一步归一化为 0.0～1.0 之间的实数。归一化的公式为

$$R_{\text{noum}} = (R_{\text{raw}} / S_{\text{pan}} + O\!f\!f_{\text{set}}) \tag{8-8}$$

式中 R_{noum}——标准化的实数值；

R_{raw}——未标准化的实数值；

$O\!f\!f_{\text{set}}$——补偿值或偏置，单极性为 0.0，双极性为 0.5；

S_{pan}——值域大小，为最大允许值减去最小允许值，单极性为 32000（典型值），双极性为 64000（典型值）。

双极性实数标准化的程序如下：

/R	64000.0, AC0	//累加器值进行标准化
+R	0.5, AC0	//加上偏置，使其落在 0.0～1.0 之间
MOVR	AC0, VD100	//标准化的值存入回路表

（2）回路输出变量的数据转换

回路输出变量是用来控制外部设备的，如控制水泵的速度。PID 运算的输出值为 0.0～1.0 之间的标准化的实数值，在输出变量传送给 D/A 模拟量单元之前，必须把回路输出变量转换为相应的整数。这一过程是实数值标准化的逆过程。

1）回路输出变量的刻度化。把回路输出的标准化实数转换为实数，公式为

$$R_{\text{scal}} = (M_n - O\!f\!f_{\text{set}})S_{\text{pan}} \tag{8-9}$$

式中 R_{scal}——回路输出的刻度实数值；

M_n——回路输出的标准化实数值；

$O\!f\!f_{\text{set}}$、S_{pan} 的定义同式（8-8）。

回路输出变量的刻度化的程序如下：

MOVR	VD108, AC0	//将回路输出值放入累加器
−R	0.5, AC0	//对双极性输出，要减 0.5 的偏置（单极性无此句）
*R	64000.0, AC0	//得到回路输出的刻度值

2）将实数转换为整数（INT）。把回路输出变量的刻度值转换为整数（INT）的程序如下：

| ROUND | AC0, AC0 | //实数转换为 32 位整数 |
| MOVW | AC0, AQW0 | //将输出值输出到模拟量输出寄存器 |

（3）变量的范围

过程变量和给定值是 PID 运算的输入变量，因此，在回路表中这些变量只能被输出回路指令读取而不能改写。输出变量是由 PID 运算产生的，在每一次 PID 运算完成之后，需要把新输出值写入回路表，以供下一次 PID 运算使用。输出值应为 0.0～1.0 之间的实数。

如果使用积分控制，积分项前值 MX 要根据 PID 运算结果更新。每次 PID 运算后要更新积分项前值并写入回路表，用作下一次运算的输入。若输出值超过范围（大于 1.0 或小于 0.0），

那么积分项前值必须根据下列公式进行调整：

$$MX = 1.0 - (MP_n - MD_n)$$ 当计算输出值 M_n>1.0

$$MX = -(MP_n - MD_n)$$ 当计算输出值 M_n<0.0

式中 MX——经过调整了的积分项前值；

MP_n——第 n 个采样时刻的比例项；

MD_n——第 n 个采样时刻的微分项。

修改回路表中积分项前值时，应保证 MX 的值在 0.0～1.0 之间。调整积分项前值后使输出值回到 0.0～1.0，可以提高系统的响应性能。

5. PID 指令运行出错条件

PID 指令不检查回路表中的值是否在范围之内，所以必须确保过程变量、给定值、输出值、积分项前值、过程变量前值在 0.0～1.0 之间。如果指令操作数超出范围，CPU 会产生编译错误，导致编译失败。

如果 PID 运算发生错误，那么特殊存储器标志位 SM1.1（溢出或非法值）会被置 1，并且中止 PID 指令的执行。要想消除这种错误，单靠改变回路中的输出值是不够的，正确的方法是在下一次执行 PID 运算之前，改变引起运算错误的输入值，而不是更新输出值。

8.4.3 应用举例

1. 控制要求

某水箱其出水口流量是变化的，进水口流量可通过调节水泵转速控制，水位检测由差压变送器完成。现对水箱进行水位控制，使其水位保持在满水位的 75%。以 PLC 为主控制器，采用 EM235 模拟量模块实现模拟量和数字量的转换，差压变送器送出的水位测量值通过模拟量输入通道送入 PLC 中，PID 回路输出值通过模拟量转化控制变频器实现对水泵转速的调节。

2. 控制程序设计

在以上要求中，水位测量值为过程变量 PV，满水位的 75%为给定值 SP。本例中过程变量 PV 和回路输出量归一化采用单极性方案。控制方式采用比例、积分控制，PID 参数采用如下设置：K_C=0.25，T_S=0.15s，T_I=30min。程序如图 8-15 所示。

1）系统起动时，关闭出水口，用手动方式控制进水，使水位达到满水位的 75%，然后打开出水口，同时将控制方式从手动转为自动。I0.0 控制 PID 指令的启动，只需提供一个上升沿。

2）SBR_0 子程序中为 PID 参数设置及定时中断程序的启动。

3）定时中断程序 INT_0 中为数据的标准化、PID 指令的执行及控制量的输出。

3. PID 指令使用说明

1）采用主程序、子程序、中断程序的程序结构形式，可优化程序结构，减少周期扫描时间。

2）在子程序中，先进行组态编程的初始化工作，将 5 个固定值的参数（SP_n、K_C、T_S、T_I、T_D）填入回路表，然后再设置定时中断，以便周期地执行 PID 指令。

3）在中断程序中完成 3 个任务。

① 将由模拟量输入模块提供的过程变量当前值 PV_n 转换为标准化的实数（0.0～1.0 之间的实数），并填入回路表。

② 设置 PID 指令的无扰动切换的条件（如 I0.0），并执行 PID 指令，使系统由手动方式无扰动地切换到自动方式。将参数 M_n、SP_n、PV_{n-1}、MX 先后填入回路表，完成回路表的组态编程，从而实现周期地执行 PID 指令。

③ 将 PID 运算输出的标准化实数值 M_n 先刻度化，然后再转换为有符号整数（INT），最后送至模拟量输出模块，以实现对外部设备的控制。

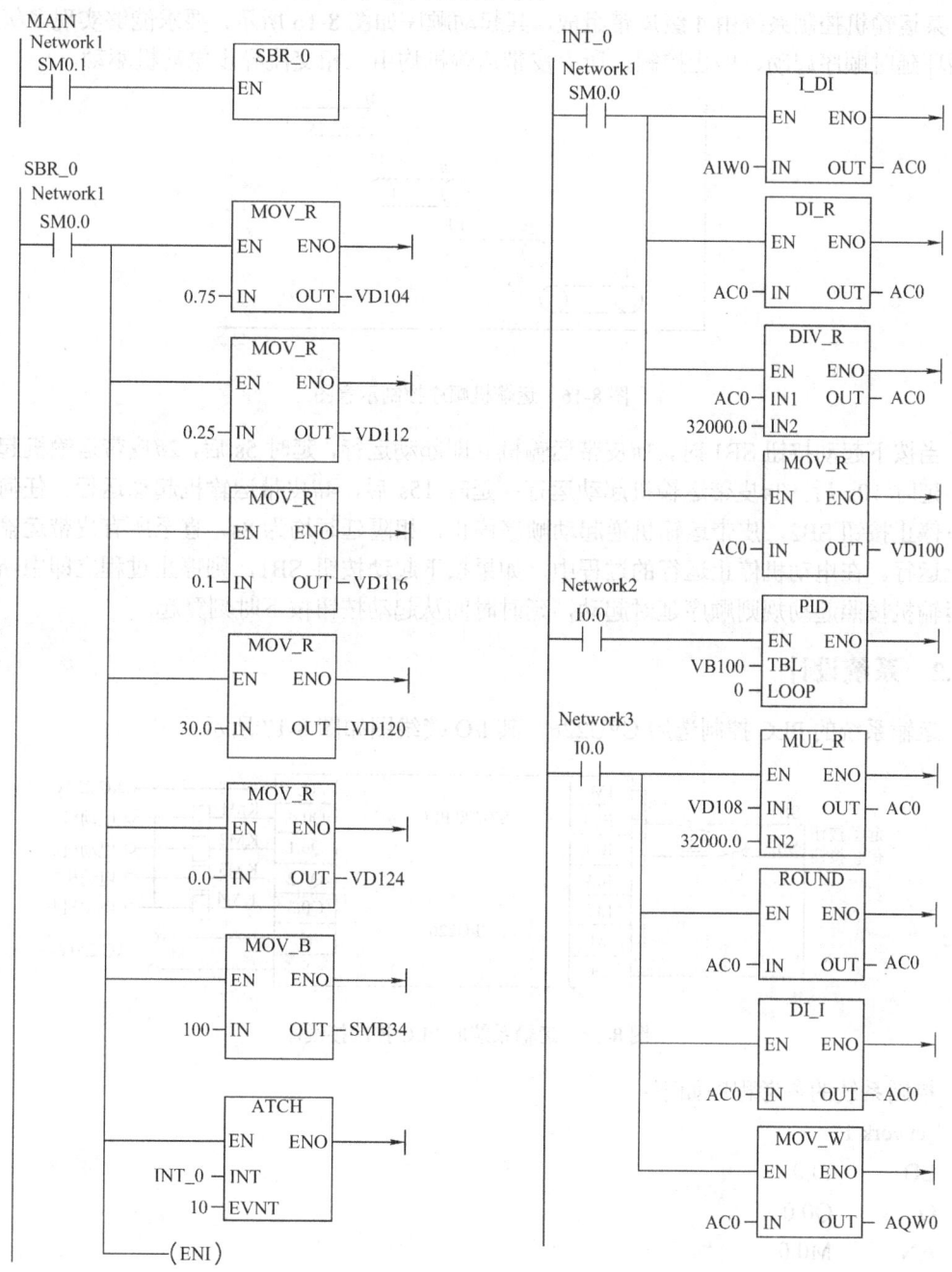

图 8-15　PID 控制程序

8.5 运输机顺序控制系统

8.5.1 控制要求

某运输机控制系统由 4 级皮带组成,其起动顺序如图 8-16 所示,要求能够实现多级皮带的循环延时顺序起动、停止控制,所有皮带运输机均由三相交流异步电动机驱动。

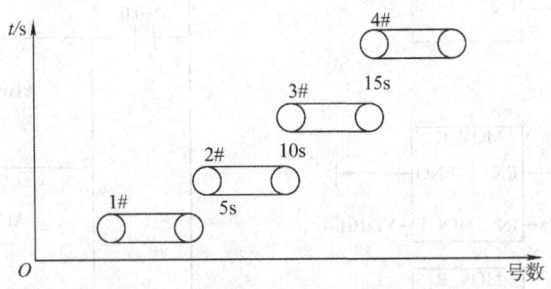

图 8-16 运输机顺序控制示意图

当按下起动按钮 SB1 时,1#皮带运输机立即起动运行,延时 5s 后,2#皮带运输机起动运行;延时 10s 后,3#皮带运输机起动运行;延时 15s 后,4#皮带运输机起动运行。任何时候按下停止按钮 SB2,皮带运输机逆起动顺序停止,相隔延时均为 8s,直至所有皮带运输机均停止运行。在电动机停止运行的过程中,如果按下起动按钮 SB1,则停止过程立即中断,皮带运输机按照起动规则顺序延时起动,延时时间从起动按钮按下时刻算起。

8.5.2 系统设计

运输系统的 PLC 控制选用 CPU226,其 I/O 接线图如图 8-17 所示。

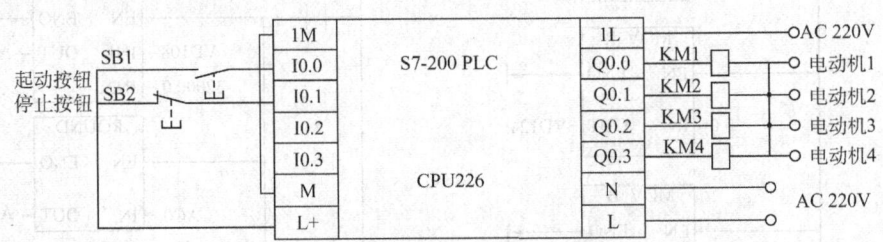

图 8-17 运输系统的 PLC 控制接线图

控制系统的参考程序如下:

```
Network 1
LD      I0.0
O       Q0.0
AN      M0.0
AN      M0.6
AN      M0.7
```

```
=        Q0.0           //1#起动
Network 2
LD       Q0.0
LPS
AN       Q0.1
TON      T37，50         //1#与2#间起动延时
LRD
LD       T37
O        Q0.1
ALD
AN       M0.5
AN       M0.1
=        Q0.1           //2#起动
LRD
A        Q0.1
AN       Q0.2
TON      T38，100        //2#与3#间起动延时
LRD
LD       T38
O        Q0.2
ALD
AN       M0.4
AN       M0.2
=        Q0.2           //3#起动
LRD
A        Q0.2
AN       Q0.3
TON      T39，150        //3#与4#间起动延时
LRD
LD       T39
O        Q0.3
ALD
AN       M0.3
=        Q0.3           //4#起动
LRD
A        I0.1
EU
LPS
AN       Q0.1
```

```
         AN    Q0.2
         AN    Q0.3
         AN    M0.1
         S     M0.0, 1
         LRD
         A     Q0.1
         AN    Q0.2
         AN    Q0.3
         AN    M0.2
         S     M0.1, 1
         LRD
         A     Q0.2
         AN    Q0.3
         AN    M0.3
         S     M0.2, 1       //无论何时停止，都应按逆向顺序停止
         LPP
         A     Q0.3
         S     M0.3, 1
         LRD
         LPS
         A     M0.3
         AN    M0.4
         TON   T40, 80       //4#与3#间停车间隔
         LPP
         A     T40
         S     M0.4, 1
         LRD
         LD    M0.4
         O     M0.2
         ALD
         AN    M0.5
         TON   T41, 80       //3#与2#间停车间隔
         LRD
         A     T41
         S     M0.5, 1
         LRD
         LD    M0.5
         O     M0.1
         ALD
```

```
        AN      M0.6
        TON     T42, 80         //2#与1#间停车间隔
        LPP
        A       T42
        S       M0.6, 1
Network 3
        LDN     Q0.0
        R       M0.0, 8
Network 4
        LD      M0.0
        O       M0.1
        O       M0.2
        O       M0.3
        O       M0.4
        O       M0.5
        O       M0.6
        A       I0.0
        S       M0.7, 1         //在停止过程中按起动按钮立即转为顺序起动
```

8.6 反应池送液控制系统

8.6.1 控制要求

某反应池送液控制系统示意图如图 8-18 所示。

系统中用三台泵向反应池输送液体。按下起动按钮后，三台泵顺序间隔 3s 起动。当液体达到 A 位置时，第一台泵停止，并发出间隔 1.5s 的闪烁信号；当液位达到 B 位置时，第二台泵停止，A 处闪烁信号停止，B 处发出间隔 1s 的闪烁信号；当液位达到 C 位置时，B 处闪烁信号停止，C 处发出间隔 1s 的闪烁信号；若 6s 后仍未按下停止按钮，则 C 处闪烁信号间隔为 0.5s，当液位超过 D 位置时，则溢流阀切断最后一台泵。

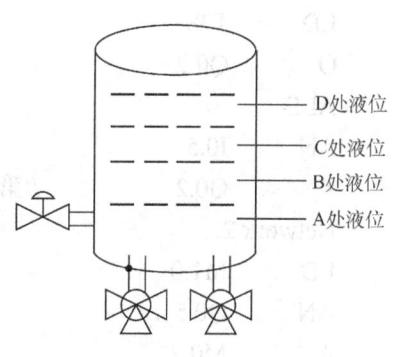

图 8-18 反应池送液系统

8.6.2 系统设计

根据系统要求，选用 CPU226，其 I/O 接线图如图 8-19 所示。
控制系统参考程序如下：

```
Network 1
        LD      I0.0
        O       M1.0
```

```
LPS
A       I0.1
=       M1.0        //总控继电器
LRD
LD      I0.0
O       Q0.0
ALD
AN      I0.2
=       Q0.0        //第一台泵工作
ALD
LD      T37
O       Q0.1
ALD
AN      I0.3
=       Q0.1        //第二台3s后工作
LRD
LD      Q0.1
O       M0.1
AN      Q0.2
ALD
=       M0.1        //保证第三台能按时起动
TON     T38, +30    //第二台与第三台起动的间隔时间
LPP
LD      T38
O       Q0.2
ALD
AN      I0.5
=       Q0.2        //第三台在第二台工作3s后开始工作
Network 2
LD      M1.0
AN      Q0.5
A       M0.2
TON     T43, +5     //液位到C处6s后闪烁
TOF     T46, 3
Network 3
LD      Q0.0
O       M0.0
A       M1.0
AN      Q0.1
```

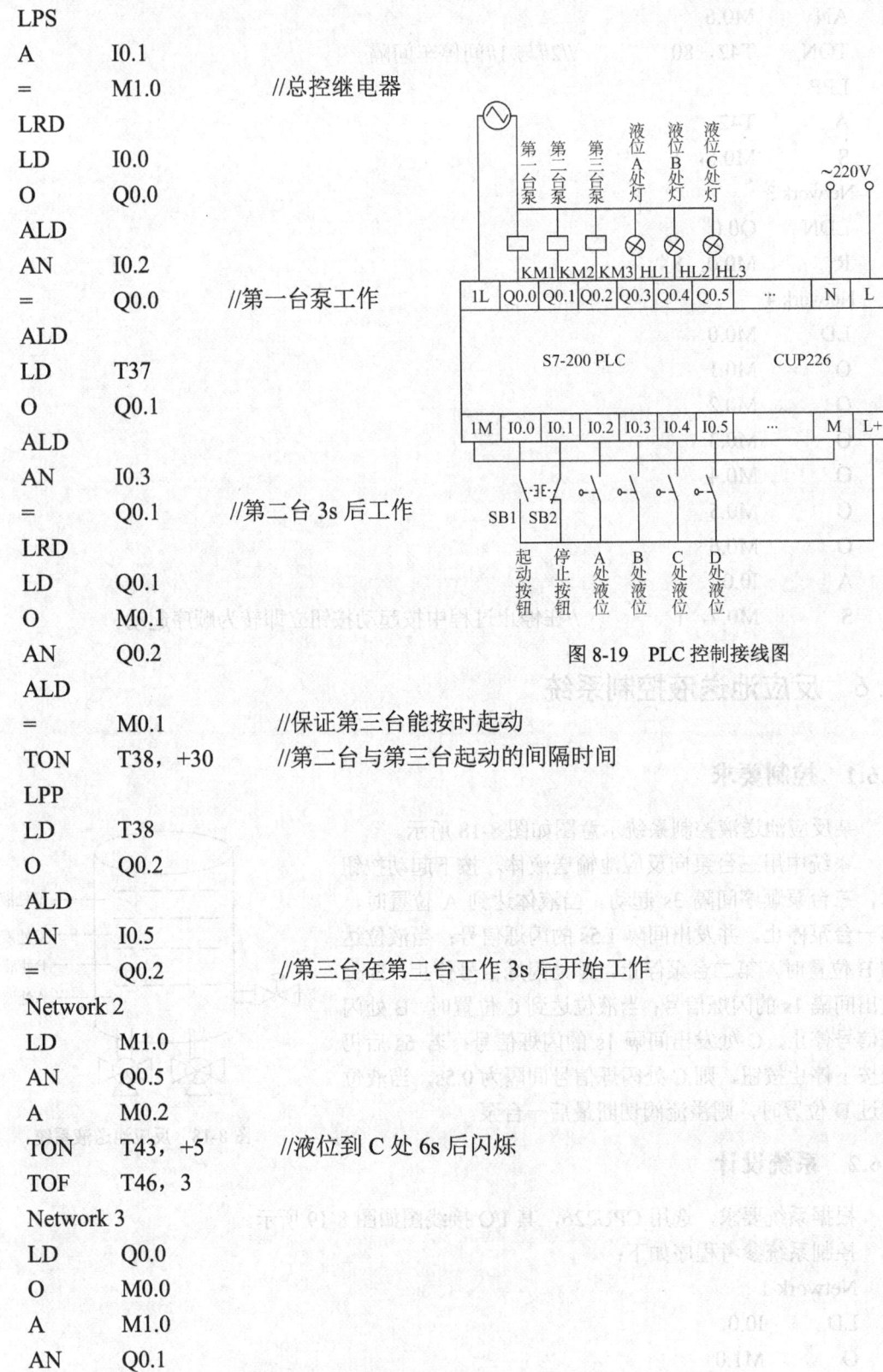

图 8-19　PLC 控制接线图

	M0.0	//保证第二台能按时起动
TON	T37, +30	//第一台与第二台起动的间隔时间

Network 4
LD	M1.0
A	I0.2
AN	Q0.3
AN	I0.3
TON	T39, 15	//A 处液位灯闪烁
TOF	T44, 3

Network 5
LD	T39
O	Q0.3
A	M1.0
A	T44
=	Q0.3	//A 处液位灯

Network 6
LD	I0.3
A	M1.0
AN	Q0.4
AN	I0.4
TON	T40, +10	//B 处液位灯闪烁
TOF	T45, 3

Network 7
LD	T40
O	Q0.4
A	M1.0
A	T45
=	Q0.4	//B 处液位灯

Network 8
LD	M1.0
AN	M0.2
A	I0.4
LPS	
A	I0.2
A	I0.3
AN	Q0.5
TON	T41, +10	//C 处液位灯闪烁
TOF	T47, 3
LPP	

```
        TON     T42, +60
Network 9

        LD      T41
        O       T43
        O       Q0.5
        LD      T47
        O       T46
        ALD
        A       M1.0
        =       Q0.5        //C 处液位灯
Network 10
        LD      T42
        O       M0.2
        A       M1.0
        =       M0.2        //C 处液位灯 6s 后改闪烁
```

8.7 电梯控制系统

8.7.1 控制要求

电梯设计为 5 层，采用的是曳引式电动机，这种类型的电梯是垂直交通工具中使用最普遍的一种。基本结构包括曳引系统、导向系统、门系统、轿厢、质量平衡系统等。系统主要由电动机、变频调速器、S7-200 PLC、按钮、按钮灯和开门灯等构成，总体框图如图 8-20 所示。

由图 8-20 可以分析出，该控制系统的输入点和输出点如下：

1）门厅呼叫按钮：位于电梯厅门旁，除了顶层（5 楼）只有向下呼叫按钮和底层（一楼）只有向上呼叫按钮以外，其余每层均有向上和向下呼叫按钮，共有 8 个按钮，即 8 个输入点。当每个按钮按下时，按钮内部的指示灯亮，此处为 8 个输出点。

2）楼层检测到位装置：采用霍尔元件感应器，位于每层的相应位置上，与装在电梯轿厢外部的磁铁发生磁感应，实现楼层检测，5 层共有 5 个输入点。

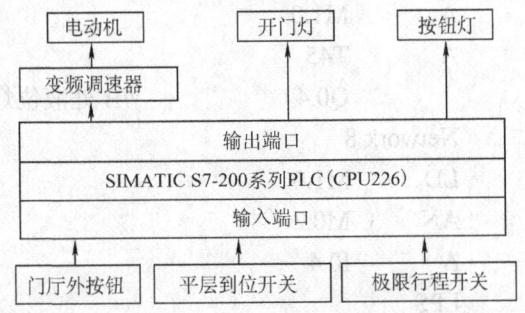

图 8-20 控制系统总体框图

3）上、下极限行程开关：需要 2 个输入点。

4）变频器控制：正转、反转、调速端口一、调速端口二，共 4 个输入点。

5）开门灯：位于电梯的最上部。开门时灯亮，关门时灯灭，这里需要 1 个输出点。

根据上述分析，该系统共有 19 个输入点，9 个输出点，选用 S7-200 PLC（CPU226）对其进行控制，而且 S7-200 PLC 的扩展模块还有利于今后系统的进一步扩展。

8.7.2 系统设计

根据控制要求，设计出 S7-200 PLC 的硬件接线图，如图 8-21 所示。

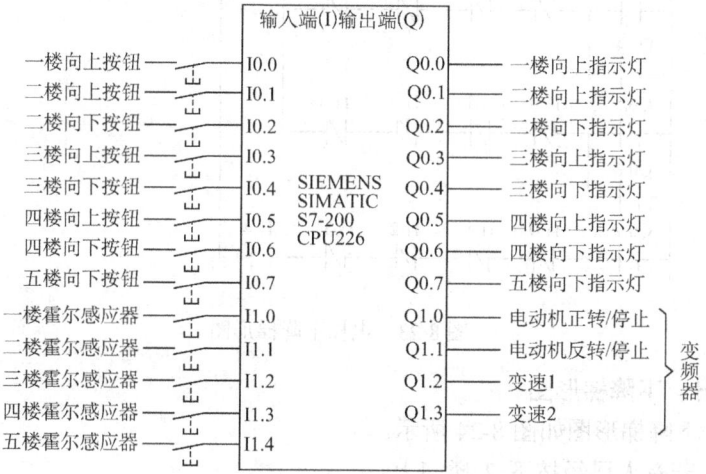

图 8-21　PLC 的硬件接线图

以 S7-200 PLC 为核心的电梯控制系统的主要梯形图及实现的具体功能如下。

1. 电梯上升和下降

电梯的运行方向取决于电动机的旋转方向，本系统中电动机正转对应于电梯上升，如图 8-22 所示；电动机反转对应于电梯下降，如图 8-23 所示。

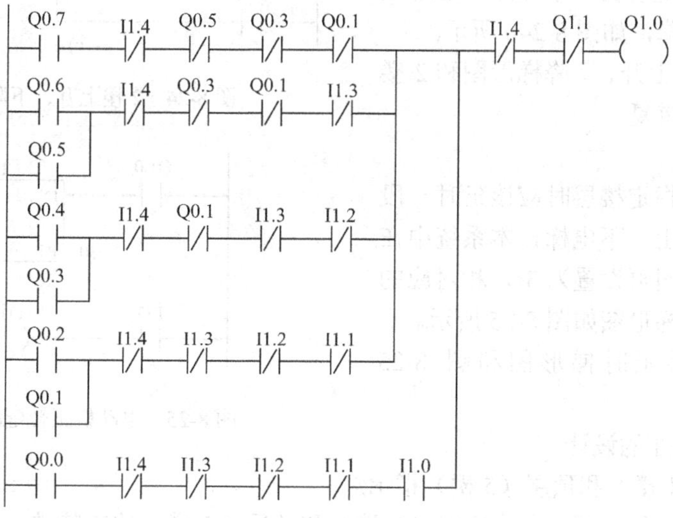

图 8-22　电梯上升梯形图

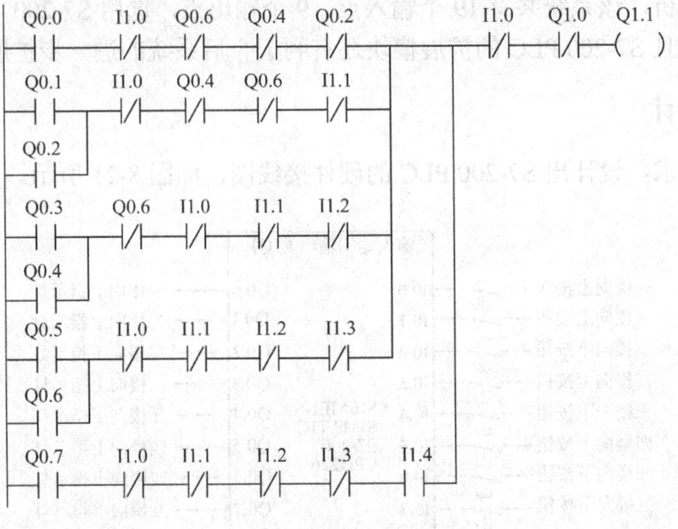

图 8-23 电梯下降梯形图

2. 2楼上升、下降梯形图

2楼上升、下降梯形图如图 8-24 所示。

程序分析：若有人已经按下 2 楼向上按钮，电梯停靠 2 楼，2 楼向上指示灯 Q0.1 熄灭，并且 2 楼的霍尔感应器 I1.1 有感应，给电动机一个脉冲，通过程序自锁，电梯上升，如图 8-24a 所示；若有人已经按下 2 楼向下按钮，电梯停靠 2 楼，2 楼向下指示灯 Q0.2 熄灭，并且 2 楼的霍尔感应器 I1.1 有感应，给电动机一个脉冲，通过程序自锁，电梯下降，如图 8-24b 所示。

3 楼、4 楼的上升、下降梯形图和 2 楼类似，这里不再重复。

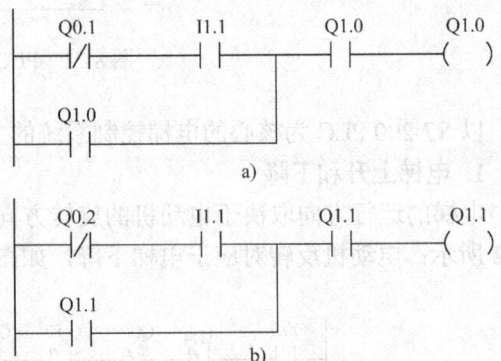

图 8-24 2楼上升、下降梯形图

3. 楼层延时

在电梯到达指定楼层时应该延时一段时间，以便乘客上、下电梯，本系统中在每一楼停留的时间暂设置为 3s，相对应的电动机正转延时梯形图如图 8-25 所示。

电动机反转延时梯形图和图 8-25 类似。

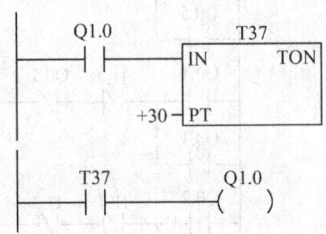

图 8-25 电动机正转延时梯形图

4. 指示灯程序的设计

（1）底层（1 楼）和顶层（5 楼）指示灯

在整个电梯系统控制过程中底层（1 楼）和顶层（5 楼）比较特殊，其梯形图如图 8-26 所示。

程序分析：当 1 楼按钮 I0.0 按下，并且此时 1 楼霍尔感应器 I1.0 没有感应，通过程序自锁，1 楼指示灯 Q0.0 一直亮。当电梯停靠 1 楼时，霍尔感应器 I1.0 有感应，其常闭触点断开，指示灯熄灭，如图 8-26a 所示。

当 5 楼按钮 I0.7 按下，并且此时 5 楼霍尔感应器 I1.4 没有感应，通过程序自锁，5 楼指示灯 Q0.7 一直亮。当电梯停靠 5 楼时，霍尔感应器 I1.4 有感应，其常闭触点断开，指示灯熄灭，如图 8-26b 所示。

（2）2 楼向下指示灯

2 楼向下指示灯梯形图如图 8-27 所示。

程序分析：当 2 楼向下按钮 I0.2 按下，并且此时 2 楼霍尔感应器 I1.1 没有感应，通过程序自锁，2 楼向下指示灯 Q0.2 一直亮，此时需要判断电梯是上升还是下降。当 1 楼指示灯 Q0.0 处于熄灭状态时，说明电梯是上升停靠 2 楼，此时电路导通，指示灯亮。当 3 楼向下指示灯 Q0.4 处于熄灭状态时，说明电梯是下降停靠 2 楼，霍尔感应器 I1.1 有感应，电路断开，指示灯熄灭。

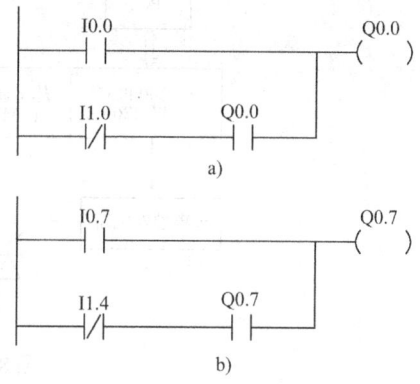

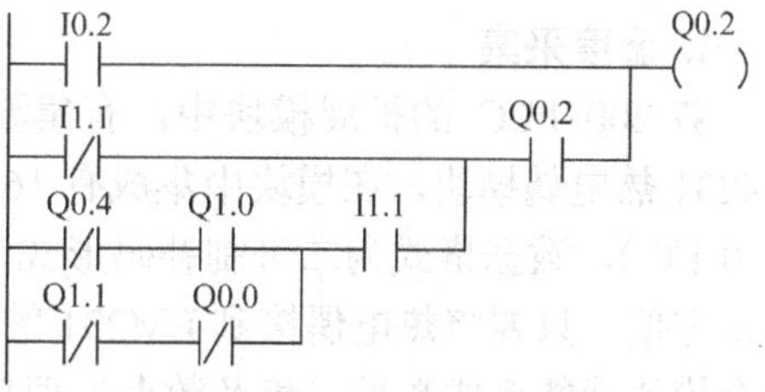

图 8-26　1 楼、5 楼指示灯梯形图

图 8-27　2 楼向下指示灯梯形图

2 楼向上指示灯以及 3 楼、4 楼指示灯梯形图和 2 楼向下指示灯类似，同样需要判断电梯是上升还是下降，这里不再重复。其余的一些小功能，如上、下极限行程开关以及开门灯的梯形图比较容易，这里不一一列举。本系统的电梯没有设置轿厢内响应，若只有某一层的指示灯亮（厅外），则电梯停靠该层，并且一直停止，直到有其他楼层呼叫。读者可以自己设计轿厢内响应程序。

在编程过程中，可以逐步尝试，从电梯经过楼层只有指示灯响应，到根据呼叫选择上下运行方向、停靠楼层延时，到最后能变频调速等，由易入难、由简入繁，就能使电梯控制系统的功能逐步完善，达到理想状态。

8.8　炉温控制系统

8.8.1　控制要求

本温度控制系统用 S7-200 PLC 的 CPU226 模块为主机，扩展智能温度数据采集模块 EM231 对热电偶采集到的加热炉的温度数据进行处理，并送到 PLC。在 PLC 程序中将采集到的实时温度与给定值进行比较后，从 PLC 的输出口输出控制信号，PLC 输出的控制信号经过外部过零触发电路发出触发信号控制双向晶闸管 VTH 的通断，以控制加热炉的通断或通断比来实现控温功能，构成的闭环温度控制系统，如图 8-28 所示。

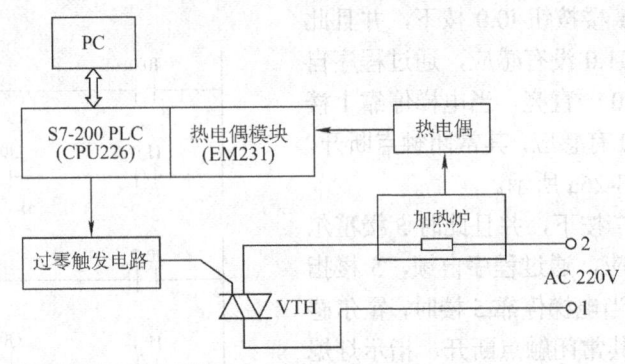

图 8-28 温度控制系统

8.8.2 系统设计

1. 温度采集

S7-200 PLC 的扩展模块中,有集温度采集和数据处理于一身的专用智能温度模块——EM231 热电偶模块。在模块中集成有 16 位 A/D 转换器(15 位数据位加 1 位符号位,分辨率达 0.1℃),数据格式为二进制补码形式,能自动进行线性化处理,有冷端补偿功能。其使用非常方便,只要将热电偶接到 EM231 的接线端子上,不再需要任何外部变送器或外部电路,一个模块就能完成数据采集及数据处理功能。EM231 热电偶模块可以同时输入 4 路温度数据。系统使用 K 型热电偶(镍铬—镍硅或镍铝),模块标定的有效温度范围为–200.0～+1300.0℃,其数字量对应为–2000～13000(F830H～32C8H)。此外,还标定了一个超出范围,当采集到的信号超出该范围时,模块向 PLC 报告上溢出(7FFFH)或下溢出(8000H)。

EM231 热电偶模块有 8 个 DIP 组态开关 SW1～SW8,向上为 1,向下为 0。SW1～SW3 为热电偶类型选择,K 型热电偶设为 001;SW4 保留;SW5 为断线检测方向,设为 0;SW6 为断线检测使能,设为 0;SW7 为摄氏温度或华氏温度选择,选摄氏度为 0;SW8 为冷端补偿选择,用模块具有的冷端补偿功能 SW8=0。用 DIP 开关对模块组态后,必须对 PLC 或用户电源重新上电,设置才会生效。

一路温度采集与控制时的热电偶模块及 PLC 接线如图 8-29 所示。热电偶模块通过扁平电缆接到 PLC,构成数据通道。同时热电偶模块还必须外接+24V 直流电源,接到 M、L+接线端,热电偶模块电源可以接到 PLC 的+24V 直流电源的输出端 M、L+,由 PLC 向热电偶模块提供+24V 工作电源,接上电源后模块上的直流+24V 指示灯点亮。当设置了断线检测时,4 个热电偶输入通道中未使用的通道必须短接,或者并接到其他通道上,否则模块上的 SF 指示灯闪烁,模块不能工作。主机 PLC 用的是继电器输出型,PLC 输出点输出的控制信号

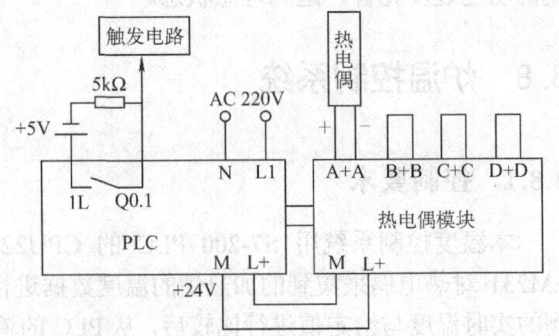

图 8-29 热电偶模块及 PLC 的接线图

应与外部触发电路需要的触发信号相匹配，即高电平"1"应为+5V，低电平"0"为地。因此 PLC 输出端外接电源不能用自身能够提供的直流+24V 电源，必须接外部+5V 电源，与外部双向晶闸管的触发电路共用直流+5V 电源、共地。其接线方法一般采用 PLC 输出公共端 1L 接+5V，输出点 Q0.1 等通过一个大电阻接地。

PLC 读取热电偶采集到的温度数据是按地址访问的，每个连接到 PLC 的热电偶输入通道都有一个固定的地址，该地址的确定按 PLC 扩展输入/输出模块地址分配的规定，一个模块 4 个模拟量输入通道以 2B 递增的方式分配地址，分别为 AIW0、AIW2、AIW4、AIW6，PLC 按此地址读数据。此外，热电偶模块全部 4 个通道的数据更新时间为 405ms，PLC 不读数据不更新。因此，PLC 读取温度数据的时间，即采样时间应在 405ms 左右。

2. 触发电路

控制触发电路如图 8-30 所示。双向晶闸管过零触发电路采用美国摩托罗拉公司生产的带过零触发的光电隔离集成芯片 MOC3061，该芯片由输入、输出两部分组成。与传统的触发电路结构相比，不需同步电源变压器、脉冲变压器、触发器的工作电源，运行十分可靠，性能价格比高。

一个热电偶模块可以接 4 个同一类型的热电偶，采集 4 路温度数据，

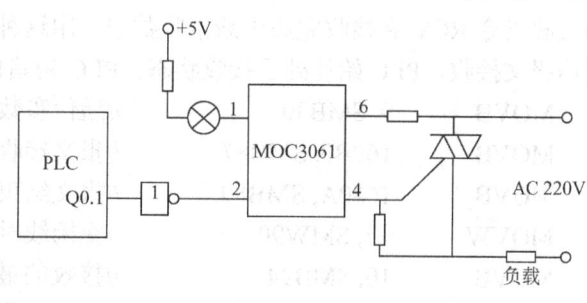

图 8-30 触发电路

利用 PLC 的多个输出点输出控制信号，能独立地控制多个炉温或多个温度段，互不干扰。用 MOC3061 构成的双向晶闸管过零触发电路，既可作强弱电的隔离，又可作外部大功率晶闸管的触发信号。

3. 显示扩展

PLC 设计的控制系统显示界面比较单调，一般通过观察控制柜上设置的指示灯或 PLC 本身的 LED 灯来了解控制仪的状态，对于像温度采集与控制之类的仪器仪表，这种显示界面远远不够。为了弥补 PLC 显示界面的不足，可以采用两种方法，一种是用 LED 数码显示器显示，另一种是用 PC 显示。

用 LED 数码显示器显示时，可以选用 LED 数码显示器驱动芯片 MAX7219，它与控制器采用 3 线串行接口，只占用 PLC 的 3 个输出点，可以驱动 8 个 LED 数码管，通过级联可以成倍增加扩展数码管的数量，能够满足多段实时温度的显示。PLC 扩展了 LED 数码显示器后可以构成独立完整的温度采集和控制系统，如图 8-31 所示。

CLK 为时钟输入端，接 Q1.1；DIN 为串行数据输入端，接 Q1.2，串行数据在时钟 CLK 的上升沿有效；LOAD 为加载数据输入端，在

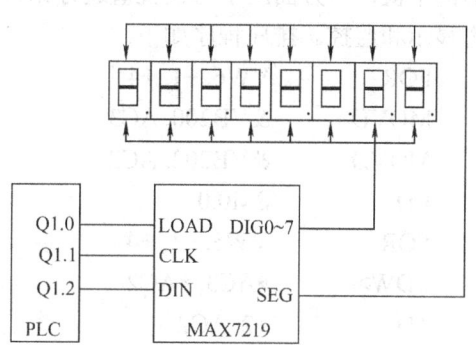

图 8-31 MAX7219 与 PLC 及显示器的接口

LOAD 为低时，数据输入允许，LOAD 由低到高，将已串行输入的数据锁存到 MAX7219 内部的 16 位移位寄存器；8 个段驱动信号 SEGA～SEGG 和 SEGDP 接每个显示器的段；8 个位选驱动信号 DIG0～DIG7 分别接显示器的共阴极公共地。

4. 软件设计

（1）初始化设置

在监控系统中 PLC 与 PC 的数据通信一般采用自由端口通信模式，用户编程控制 PLC 串行通信口。通信参数设置为波特率 9600bit/s、每个字符 8 位数据位、无奇偶校验位、选择自由端口协议。PLC 与 PC 通信采用主从方式的通信协议，PC 为主机，只有 PC 有权主动发送报文。PLC 接收数据有两种方式，字符接收和报文接收，都可以采用中断接收。字符接收是每接收到一个字符执行一次中断程序，从接收字符缓冲区 SMB2 中读取接收到的数据，这种方式不使用接收指令 RCV，在初始化程序中不需要设置 SMB87～SMB94。报文接收用 PLC 的接收指令 RCV 和接收完成中断接收数据，用这种方式需要设置 SMB87～SMB94，本系统采用报文接收，PLC 始终处于接收状态。PLC 初始化设置程序如下：

```
MOVB    9, SMB30            //通信参数
MOVB    16#B0, SMB87        //报文接收控制参数
MOVB    16#0A, SMB89        //报文结束字符为 0AH
MOVW    +5, SMW90           //空闲线时间为 5ms
MOVB    10, SMB94           //接收的最大字符数为 10
ATCH    INT_0, 23           //报文接收结束中断
ATCH    INT_2, 9            //发送结束中断
ENI                         //允许中断
RCV     VB30, 0             //执行接收指令，接收缓冲区指向 VB30
```

（2）数字滤波

PLC 定时采集热电偶模块的温度值，在存储器中开辟一个缓冲区 VB200～VB210 用于存放 5 次采集到的温度值，每个温度值占两个字节，依次存放，采集 5 次后调用子程序对这 5 个温度值排序，取中值作为采样值。排序采用冒泡法，由大到小排列，两数据交换采用双字循环移位指令 RLD *AC3, 16，移 16 次就实现了数据交换。为了使本次排序后的值不被下一轮的采集值覆盖，将其复制到 VB300 开始的存储单元，中值在 VW304 字中。经过数字滤波后的中值，一方面用于与设置值进行比较，另一方面会应上位 PC 的请求传送给 PC，用于动态显示和监控。排序程序如下：

```
FOR     VW6, +1, +4         //外循环执行 4 次
MOVD    &VB200, AC3         //VB200 的地址给指针 AC3
MOVD    &VB202, AC2         //VB202 的地址给指针 AC2
LD      SM0.0
FOR     VW5, +1, +4         //内循环执行 4 次
LDW>    *AC3, *AC2          //当 AC3 所指的字值大于 AC2 所指的字值时
+D      +2, AC2             //AC2 指向下一个字
+D      +2, AC3             //AC3 指向下一个字
LDW<=   *AC3, *AC2          //当 AC3 所指的字值小于 AC2 所指的字值时
```

```
RLD         *AC3, 16              //AC3 所指的字与 AC2 所指的字交换
+D          +2, AC2
+D          +2, AC3
NEXT
NEXT
```

(3) PLC 输出控制信号程序

用 Q0.1 输出控制信号，采用开关量控制时，当采样中值大于设置值时，输出 Q0.1=0，断电降温；当中值小于设置值时，Q0.1=1，通电升温。虽然开关量温度控制其控制精度不高，但只要采样时间尽量的短，做到能及时输出控制信号，完全能够满足一般工业控制对温度控制的要求。对于控温精度要求更高，可以采用 PLC 的 PID 指令实现，但 PID 参数的整定较麻烦，需要针对不同的控制对象设置不同的 PID 参数。以下为控制信号输出程序，其中 VW304 中的为中值，VW31 中的为温度设置值。

```
LD          SM0.0
MOVB        10, VB199             //准备复制从 VB200 开始的 10 个字节
MOVB        10, VB299             //准备复制从 VB300 开始的 10 个字节
SCPY        VB199, VB299          //VB200 开始的 10 个字节复制到 VB300 开始的 10 个字节
LDW<        VW304, VW31           //当采样中值小于设置的温度值时，Q0.1 置 1
=           Q0.1
LDW>=       VW304, VW31           //当采样中值大于设置的温度值时，Q0.1 置 0
R           Q0.1, 1
```

(4) 上位 PC 程序设计

PC 采用 VB 编程，主要有监控界面、当前温度显示、动态温度曲线显示、温度数据库管理、参数设置，与 PLC 通信等方面的程序设计。其中通信及数据处理是监控系统中的重要部分。通信参数设置为波特率 9600bit/s、8 位数据位、1 位停止位、无奇偶校验位，与下位机 PLC 的设置相一致，初始化设置程序如下：

```
With MSComm1                     //通信参数设置
CommPort = 1                     //通信口 COM1
Settings = "9600,n,8,1"          //波特率 9600bit/s，无奇偶校验位，8 位数据位，1 位停止位
InputLen = 2                     //一次读取 2 个字节
InputMode = comInputModeBinary   //二进制数据格式
PortOpen = True                  //打开通信口
End With
```

PC 每 2s 执行一次发送程序，向 PLC 发送命令和数据，PLC 也就每 2s 送上实时温度数据。PC 采用中断方式接收 PLC 上传的实时温度数据，即串口接收到数据，通信控件会及时触发 OnComm 事件，在 OnComm 事件程序中接收数据并处理。PLC 传送上来的实时温度为两个字节，高字节在前，低字节在后，但 PC 一次接收到的两个字节的温度数据其高低字节正好颠倒了。因此，程序要将接收变量中的两个字节数据的高低字节交换，并按照 PLC 温度采集的数据精度转换为温度值，显示精确到 0.1℃。

```
Private Sub MSComm1_OnComm()     //OnComm 事件
```

```
Dim av As Variant
Dim s As Variant
With MSComm1
Select Case .CommEvent
Case comEvReceive
av = .Input                                              //读接收缓冲区的数据
s = ((Right(Hex(AscW(av)), 2) + Left(Hex(AscW(av)), 2)))  //数据处理
Text1.Text = Val("&h" + s) / 10                          //数据转换为温度值显示
End Select
End With
```

西门子 PLC 有 RS-485 串行通信口，可以用专用 PC/PPI 通信电缆将其与 PC 连接起来，动态向 PC 传送采集的温度数据，还可以通过连网实现一台 PC 对多台 PLC 的网络监控。PC 强大的显示功能和软硬件资源，使 PC 不但起到温控虚拟仪器仪表的作用，而且起到管理机的作用，实现企业加热设备管理的现代化。

用 S7-200 PLC 扩展热电偶模块构成温度监控系统，能够充分利用 PLC 及智能模块的软硬件资源，使外部电路简单、系统可靠性高、软件设计及数据处理程序大大简化、系统的可扩展性强。不但能扩展多个热电偶模块用于更加复杂的温度控制系统，而且能扩展其他的智能模块构成综合 PLC 监控系统，其设计方法与设计思想对其他型号的 PLC 设计也具有指导意义。

8.9 组合机床动力滑台控制系统

8.9.1 控制要求

组合机床主要用于大批量生产零部件的打孔和扩孔等加工工序，其加工精度与加工效率要求均较高。组合机床由动力头和动力滑台两部分组成，动力滑台的机械进给运动可以采用液压驱动。为提高工效，进给速度通常分为快进与工进。液压动力滑台采用电磁换向阀来控制动力头的快进、工进和快退，其一个工作循环的工艺流程如图 8-32 所示。

控制要求：滑台在原始位置，按动起动按钮 SB1，电磁阀 YV1、YV2 得电，滑台快进，同时接触器 KM1 驱动主轴电动机 M 起动；压下行程开关 SQ1，YV2 失电，滑台由快进变为工进，进行切削加工；压下行程开关 SQ2，工进结束，YV1 失电，滑台停留 3s，延时时间到 KM1 失电，主轴电动机 M 停转，

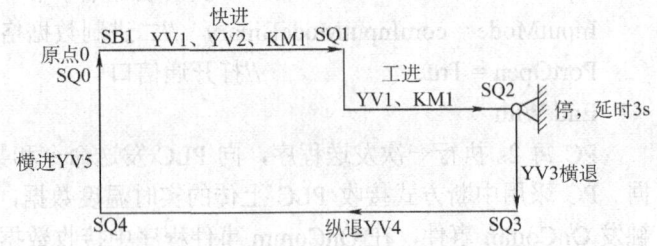

图 8-32 液压动力滑台工作循环流程图

同时 YV3 得电，滑台横向退刀；压下行程开关 SQ3，YV3 失电，横向退刀结束，YV4 得电，滑台纵向退刀；压下行程开关 SQ4，YV4 失电，纵向退刀结束，YV5 得电，滑台横向进给直

到原点；压下行程开关 SQ0，YV5 失电，完成一次工作循环。

机床起动后，滑台要做连续循环，按动停止按钮 SB2 后，滑台要返回原点才能停止。

8.9.2 系统设计

根据控制系统的设计要求，PLC 外部输入设备（如按钮和行程开关）可以直接作为 PLC 的输入。直流电磁阀的工作电流小于 1A，可直接用 PLC 的输出器件来驱动。电磁阀 YV 电源电压为直流 24V，且无高速动作要求，故 PLC 的输出形式可采用继电器型、晶体管型中的任意一种。

1. I/O 地址分配

根据控制系统的设计要求，考虑到系统的扩展和功能，选用 CPU224 小型 PLC 作为控制核心，CPU224 的 I/O 点数为 24 点（14 点输入、10 点输出）。列出 I/O 地址分配表，见表 8-3。

SB1、SB2 用作起、停控制开关信号，SQ0、SQ1、SQ2、SQ3、SQ4 作为位置检测开关信号，接至 PLC 输入端，主轴电动机的交流接触器 KM1 由中间继电器 KA 控制，KA 和液压系统电磁阀 YV 可以共用同一电源，设 KA 和电磁阀线圈的供电电源为 DC24V。PLC 电气接线图如图 8-33 所示。

表 8-3 液压动力滑台 I/O 地址分配表

输入	I/O	功能	输出	I/O	功能
SB1	I0.0	起动按钮	KA	Q0.0	主轴（KM1）
SB2	I0.1	停止按钮	YV1	Q0.1	快进、工进
SQ0	I0.2	原点	YV2	Q0.2	工进
SQ1	I0.3	工进	YV3	Q0.3	横退
SQ2	I0.4	终点停	YV4	Q0.4	纵退
SQ3	I0.5	纵退	YV5	Q0.5	横进
SQ4	I0.6	横进			

2. 程序设计

根据液压动力滑台自动循环工作过程的分析，工艺流程分为快进、工进、延时、横退、纵退、横进等加工步骤，一个循环结束时，根据停止按钮 SB2 的按动记忆，选择结束工作或者开始下一循环周期。系统的功能表图如图 8-34 所示。

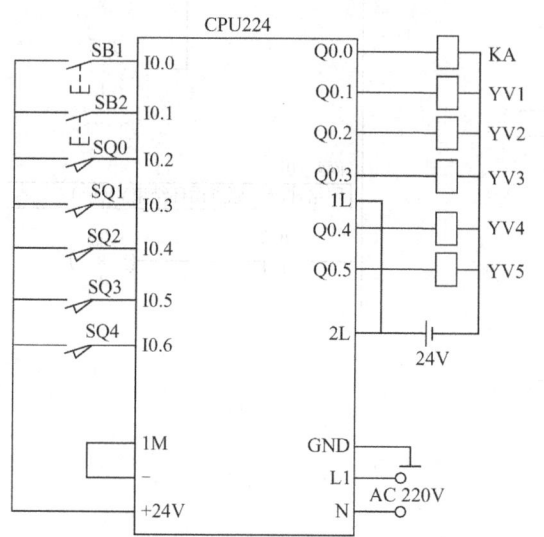

图 8-33 PLC 电气接线图

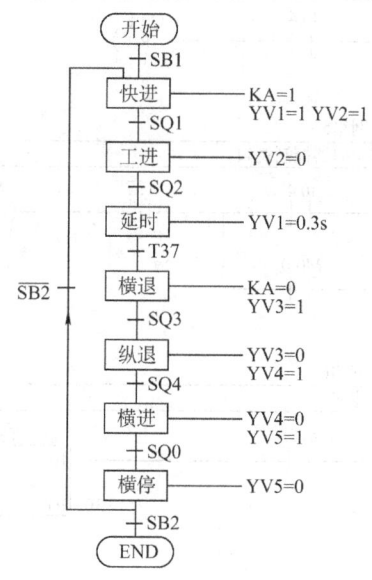

图 8-34 系统功能表图

液压动力滑台控制参考程序如图 8-35 所示,其中网络 1 可实现对停止按钮 SB2(I0.1)的按动记忆。若在滑台自动循环工作过程中,按动停止按钮 SB2(I0.1),内部标志位 M1.0 线圈得电自锁,其动断触点在网络 2 中将下一循环起动信号 SQ0(I0.2)封死,使得液压动力滑台循环过程结束;反之,滑台连续循环工作。

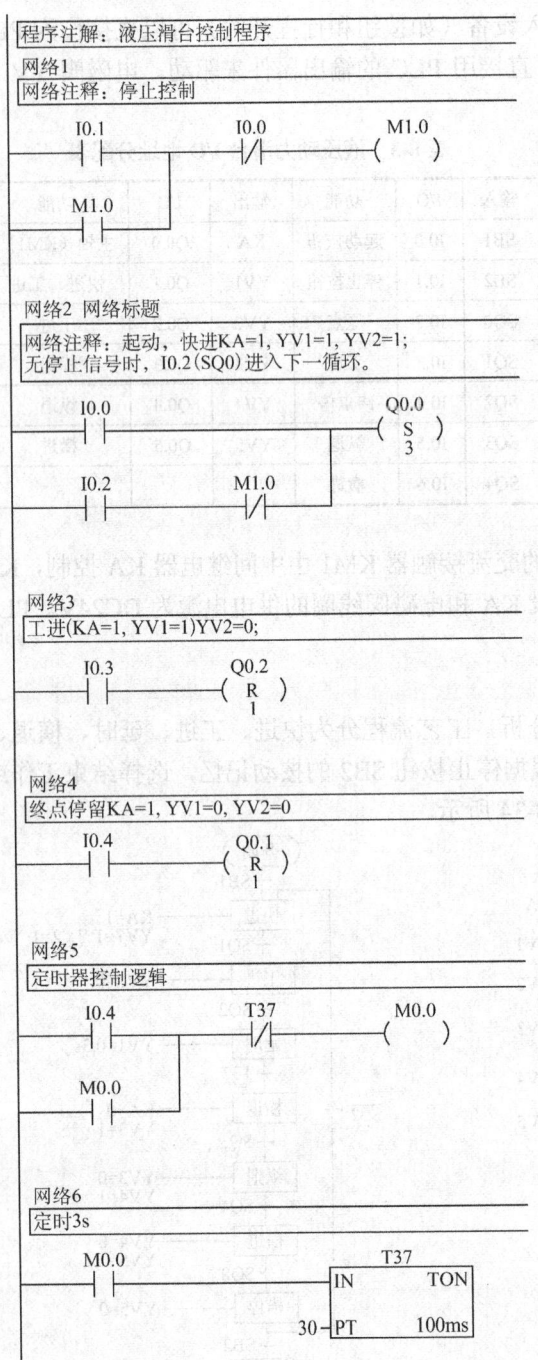
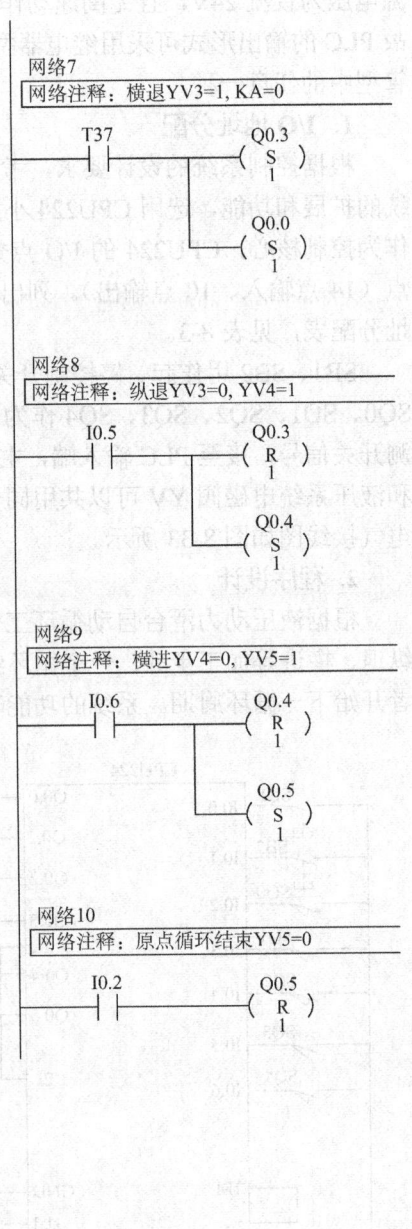

图 8-35 滑台控制程序

思考与练习

8-1 可编程序控制器系统设计一般分几步？

8-2 减少 PLC 输入、输出点数的方法有哪几种？

8-3 如何选择合适的 PLC 类型？

8-4 S7-200 PLC I/O 接线时应注意哪些事项？

8-5 PLC 如何接地？

8-6 PLC 控制系统对安装环境有何要求？PLC 的安装方式有哪几种？

8-7 PLC 输入、输出端抗干扰措施有哪些？

8-8 与 S7-200 PLC 配套的模拟量输入模块有哪几个？

8-9 S7-200 PLC 在工程实际中对模拟量的处理方式是什么？

8-10 PID 控制指令中回路表的含义是什么？有何作用？

8-11 设计一个汽车库自动门控制系统，其示意图如图 8-36 所示，具体控制要求为：当汽车到达车库门前时，超声波开关接收到来车的信号，门电动机正转，门上升；当门上升到顶点碰到上限位开关时，门停止上升，汽车驶入车库后，光电开关发出信号，门电动机反转，门下降；当门下降到下限位开关后，门电动机停止。试画出 S7-200 PLC 的 I/O 接线图，设计出梯形图程序并调试。

8-12 图 8-37 为一台机械手用来分选大、小球的工作示意图。系统设有手动、单周期、单步、连续和回原位 5 种工作方式，当机械手在最上面、最左边且电磁吸盘断电时，称为系统处于原点状态（或称为初始状态）。手动时应设有左行、右行、上升、下降、吸合、释放 6 个操作按钮；回原点工作方式时应设有回原位起动按钮；单周期、单步、连续工作方式时应设有起动和停止按钮。系统还应该设有起动和急停按钮。图中 SQ 为用来检测大、小球的光电开关，SQ 为 ON 状态时为小球，SQ 为 OFF 状态时为大球。根据以上要求，试为该大、小球分选系统设计一套 S7-200 PLC 控制系统。

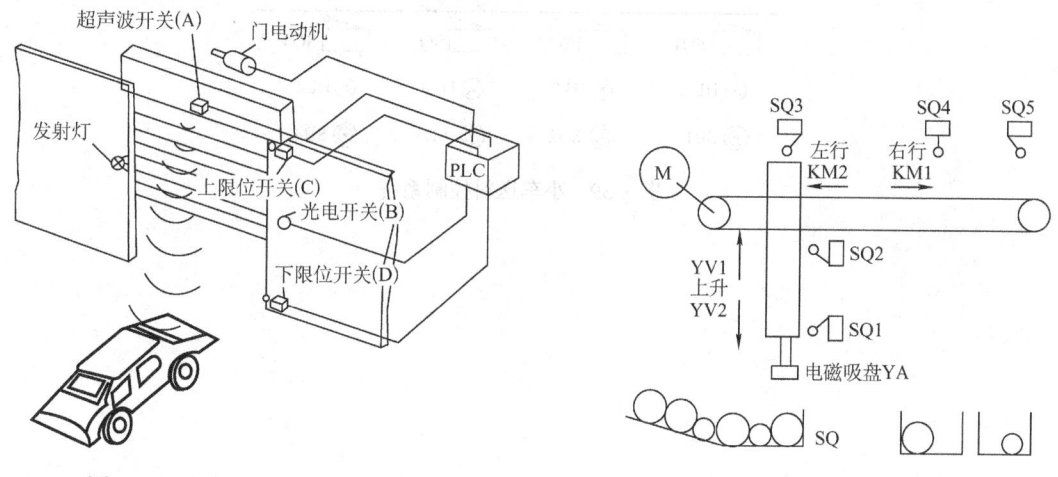

图 8-36 汽车库自动门控制系统   图 8-37 大、小球分选系统

8-13 试设计液体混合装置的 S7-200 PLC 控制系统。如图 8-38 所示，有两种液体 A、B 需要在容器中混合，初始时容器是空的，所有输出均关闭。按下起动信号，阀门 X1 打开，注入液体 A；到达 I 时，X1 关闭，阀门 X2 打开，注入液体 B；到达 H 时，X2 关闭，打开加热器 R；当温度传感器达到 60℃时，关闭 R，打开阀门 X3，释放混合液体；当混合液体到达最低位 L 时，关闭 X3，进入下一个循环。按下停止按钮，要

求停在初始状态。

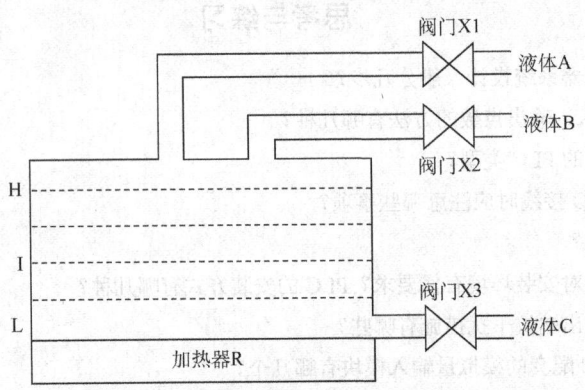

图 8-38 液体混合装置

起动信号 I0.0，停止信号 I0.1，高液位 H（I0.2），中液位 I（I0.3），低液位 L（I0.4），温度传感器为热电偶（K 型），阀门 X1（Q0.1），阀门 X2（Q0.2），阀门 X3（Q0.3），加热器 R（Q0.4）。

8-14 PLC4 站小车送料控制系统编程与实现。系统组成及控制要求：某车间有 4 个工作台，送料小车往返于各工作台之间，系统示意图如图 8-39 所示。当某工作台呼叫按钮 SB 发出呼叫信号后，小车运行至该工作台，碰触限位开关 SQ 后停车送料，同时该工作台信号灯 HL 点亮，小车离开本工作台后灯熄灭。小车到达某工作台 5s 后，其他工作台方可呼叫，否则无效。小车运行中呼叫无效。多方呼叫时，按时间优先原则响应一方。小车通过非呼叫工作台时，该台信号灯不得点亮。小车的初始位置不确定，随机停止在某工作台上。设计要求：设计安装 4 站，小车送料控制系统的主电路及控制电路应有必要的互锁。设计控制程序，并注意优化。

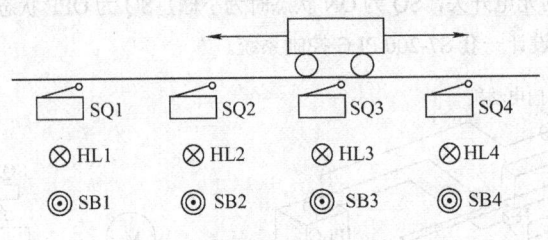

图 8-39 小车送料控制系统

参 考 文 献

[1] 刘美俊. 西门子S7系列PLC的应用与维护[M]. 北京：机械工业出版社，2008.
[2] 刘美俊. 可编程控制器应用技术[M]. 福州：福建科学技术出版社，2006.
[3] SIEMENS AG. SIMATIC S7-200 Programmable Controller System Manual, 2004.
[4] 张杨，蔡春伟，孙明健. S7-200 PLC原理与应用系统设计[M]. 北京：机械工业出版社，2007.
[5] 廖常初. S7-200 PLC基础教程[M]. 北京：机械工业出版社，2007.
[6] 李辉. S7-200 PLC编程原理与工程实训[M]. 北京：北京航空航天大学出版社，2008.
[7] 廖常初. S7-200 PLC编程及应用[M]. 北京：机械工业出版社，2010.
[8] 刘建昌，于洪磊，辛红，等. S7-300/400 PLC工业网络通信技术指南[M]. 北京：机械工业出版社，2009.
[9] 廖常初. PLC编程及应用[M]. 北京：机械工业出版社，2010.
[10] 柴瑞娟，陈海霞. 西门子PLC编程技术及工程应用[M]. 北京：机械工业出版社，2007.
[11] 杨后川，张瑞，高建设，等. 西门子S7-200 PLC应用100例[M]. 北京：电子工业出版社，2009.
[12] 高鸿斌，孔美静，赫孟合. 西门子PLC与工业控制网络应用[M]. 北京：电子工业出版社，2006.
[13] 刘美俊. 提高PLC控制系统可靠性的措施[J]. 电工技术杂志，2001(1): 17~19.
[14] 陈丽. PLC控制系统编程与实现[M]. 北京：中国铁道出版社，2010.